U0151775

功率逆变器

容错拓扑设计、建模和预测控制

GONGLÜ NIBIANQI
RONGCUO TUOPU SHEJI 、JIANMO HE YUCE KONGZHI

李颖晖 林 茂 李 宁 杨 健 著

西安交通大学出版社
XI'AN JIAOTONG UNIVERSITY PRESS
国 家 一 级 出 版 社
全国百佳图书出版单位

图书在版编目(CIP)数据

功率逆变器容错拓扑设计、建模和预测控制/李颖晖等著.—西安:西安交通大学出版社,2022.5
ISBN 978-7-5693-0837-2

Ⅰ.①功… Ⅱ.①李… Ⅲ.①逆变器—拓扑—设计—研究 ②逆变器—建立模型—研究③逆变器—预测控制—研究 Ⅳ.①TM464

中国版本图书馆 CIP 数据核字(2018)第 195845 号

书　　名 功率逆变器容错拓扑设计、建模和预测控制
著　　者 李颖晖　林　茂　李　宁　杨　健
责任编辑 郭鹏飞

出版发行 西安交通大学出版社
(西安市兴庆南路 1 号　邮政编码 710048)
网　　址 http://www.xjtupress.com
电　　话 (029)82668357　82667874(市场营销中心)
(029)82668315(总编办)
传　　真 (029)82668280
印　　刷 陕西龙山海天艺术印务有限公司

开　　本 787mm×1092mm　1/16　**印张** 10.5　**字数** 263 千字
版次印次 2022 年 5 月第 1 版　2022 年 5 月第 1 次印刷
书　　号 ISBN 978-7-5693-0837-2
定　　价 68.00 元

读者购书、书店添货或发现印装质量问题,请与本社市场营销中心联系、调换。
订购热线:(029)82665248　(029)82668357
投稿热线:(029)82668254
读者信箱:1410465857@qq.com

版权所有　侵权必究

前　言

随着航空工业的飞速发展，多电、全电飞机已逐渐成为未来先进战斗机的发展趋势，其中大多数关键机载设备都是依靠飞机供电系统提供的电力来工作的，例如飞行控制、导航、无线电通信、雷达及导弹发射装置等。供电的质量和可靠性将很大程度地影响这些机载用电设备的工作状态和性能发挥情况。为保证机载用电设备不因电能品质低劣而影响正常工作，甚至威胁飞行安全，就要求飞机供电系统提供高质量的交流电能。国军标181A《飞机供电特性》对飞机交流电中的波峰系数、畸变频谱、电压调制幅度、电压瞬变等指标做出了明确规定。

逆变电路是飞机电源系统的一个重要组成部分，在不同类型的电源系统中，承担着二次电源、应急电源和专用电源的功用。逆变电路的可靠性直接关系到飞机上所有交流用电设备，特别是某些特种设备能否正常运行，因此提高逆变电路的可靠性具有重要意义。目前，容错控制是改善可靠性的有效方法之一。

逆变电路的容错控制研究主要包括三个方面的内容：容错型电路拓扑结构的研究；可靠的故障诊断技术研究；高效的容错控制策略研究。多电平逆变电路的容错拓扑具有较好的容错性能，但存在控制复杂、难以实现的问题。为了得到容错性能良好、控制简单的逆变电路拓扑，本书设计了一种新型的逆变电路容错拓扑，并对新型电路的工作原理和容错性能进行了详细分析。新型电路能够实现多功率管同时发生故障时的容错运行，并且控制简单，易于实现。

本书共分为8章。

第1章概述了逆变电路容错拓扑、故障诊断方法及容错控制方法，介绍了两类主要的两电平逆变电路的容错拓扑，一类具有冗余桥臂，可利用冗余桥臂代替故障桥臂，从而实现电路故障后的容错运行，另一类不具有冗余桥臂，电路发生故障后，利用补充装置维持电路的工作，电路的容错性能由所采用的控制方法决定；介绍了逆变电路具有较强的非线性和较高的功率的特点，以及主要的故障诊断方法；逆变电路的控制经历了经典控制方法、现代控制方法和智能控制方法等阶段，近年来模型预测控制（MPC）广泛应用于逆变电路及电机驱动系统，具有良好的动态特性，能够兼顾系统的限制条件和非线性因素，便于处理多变量情况等，逆变电路的离散特性降低了有限时间约束优化问题的求解难度，为将MPC引入逆变电路降低了难度。

第2章结合航空领域的特殊环境设计了一种新的逆变电路容错拓扑，详细分析了其工作原理，对其初始拓扑进行了改进，以便于控制直流母线串联电容中心点电位，通过功率管实现了对中点电位的独立控制，并且可同时运行在两电平容错模式或改变控制策略，运行在三电平工作模式；对电路的故障隔离策略、电路拓扑重构方案等容错性能进行了分析，给出了新型电路单臂、双臂和三臂故障时拓扑的重构方案，实现了多功率管同时故障时良好的容错性能，并通过硬件设计抑制了拓扑伴随的干扰；新型逆变电路与三相三桥臂逆变电路和三相四桥臂逆变电路相比具有较好的可靠性。

第3章介绍了逆变器的一般建模方法，根据建模过程中对系统模型忽略程度的不同主要分为两种：小信号等效电路模型和大信号等效电路模型；逆变器等电力电子电路同时包含连续时间动态系统以及离散事件动态系统的特性，符合混杂系统的特征；从聚合和延拓两个方面详细介绍了几类典型的混杂系统模型的建模方法、一般形式以及特点，针对单相全桥逆变器选择了混杂系统MLD和PWA作为本书的逆变器的模型；介绍了逆变电路的线性控制、非线性控制以及模型预测控制(MPC)方法，MPC具有良好的动态特性，能够兼顾系统的限制条件和非线性因素，特别是逆变电路的离散特性降低了有限时间约束优化问题的求解难度，本书采用MPC进行逆变电路控制，并应用于永磁电机控制中。

第4章基于混合逻辑动态建模理论，通过对新型逆变电路的运行模式分析，考虑电路同一桥臂上的两个功率管同时关断的运行模式，建立了新型逆变电路的混合逻辑动态模型；利用仿真将电路传统开关函数模型和混合逻辑动态模型进行了对比，发现在考虑功率管导通延迟的条件下，电路的混合逻辑动态模型能够更为精确地反映电路的特性；研究基于混杂系统理论的电路故障诊断方法。首先，将电路的运行抽象为离散事件的变迁，电路每次功率管的动作被看作一次离散事件的变迁，通过监测电路实际事件变迁序列，并与期望变迁序列进行对比，从而实现故障诊断；针对监测所有事件变迁序列困难这一问题，对基于离散事件辨识的故障诊断方法进行了改进，利用故障事件识别向量，通过对故障事件的辨识来实现故障诊断，相比对所有离散事件变迁序列的监测，该方法简单易行，且诊断效果良好。将改进后的故障诊断方法应用于新型逆变电路和三相逆变电路的故障诊断，对两种电路的重要故障进行诊断和定位，仿真和实验结果证明该方法实现简单、结果可靠，仅需要将部分模块修改，便可以用于其他电路的故障诊断，因而具有良好的通用性。

第5章将电路MLD模型与MPC相结合，针对电路在线MPC面临的MIQP的求解复杂带来的很难在一个采样周期内计算出电路的控制序列问题，提出一种FCS-MPC策略，该策略充分利用了电路的离散特性，通过建立的预测模型预测电路未来的状态，选择使目标函数值最小的开关矢量作为电路的控制输入，实现了电路的在线MPC；设计了电路的负载电流观测器，在增强了控制的鲁棒性的同时降低了控制器对电路参数变化的敏感性;进一步研究了电路的P-DPC方法,通过计算相邻矢量的作用时间来完成电路的控制,将其与4+4电压矢量序列相结合,可以有效改善电路输出电压THD,并且获得恒定的开关频率,有利于滤波电路的设计以消除谐波干扰。

第6章研究了新型逆变电路的离线MPC方法,在给出可行解、可行状态以及n步可行状态向量集等相关概念的基础上,研究了电路详细的控制算法,并且引入可行解的思想来优化控制过程。通过离线求解最优解,并将结果存储于表格,电路运行时,通过实时监测电路的状态及其控制输入,利用在线查表的方法找出最优解作为电路的控制输入,从而实现电路的控制。

第7章设计了适用于三电平逆变器的模型预测控制策略,并设计了一种适用于多电平电路的快速模型预测控制算法。针对预测控制在应用到多电平逆变器中存在计算量大的局限性,且考虑到数字控制存在的延迟问题,往往采用两步预测补偿控制策略,这无疑增加了算法的计算负担和系统硬件要求。本章设计了简化搜索策略的模型预测控制方法,通过查表法将目标参考值与控制矢量进行对比,得到下一时刻的控制量,其中预测模型一个周期内仅需计算一次,相对于传统的三电平电路预测控制每周期需将27种控制矢量分别输入到模型中运算27次,大大减少了计算量,节约了计算时间,为两步补偿控制策略的实现提供了良好基础。实验验证了改进后预测控制策略的可行性和先进性。

第8章针对三电平驱动的永磁同步电机控制系统,采用有限集预测控制策略对其进行预测控制,目标函数选择为定子电流,保证了电机定子电流波形的质量。分析了永磁同步电机在参数不确定的情形下预测控制器的稳定性,并设计了改进的鲁棒预测控制器。首先阐述了PMSM预测电流控制器的设计概念及控制器对电机参数的敏感性分析,其次分析预测模型参数变化后对控制器稳定性的影响;在此基础上采用一种改进的误差电流修正方法对预测电流控制器稳定性及指令电流跟踪性能的影响。改进后的预测电流控制器可显著抑制采样电流噪声及电机参数变化等因素引发的输出电流谐波,提高了稳态过程状态估计精度及稳定性。

读者可以根据需要选择其中一部分阅读,也可全书通读,以了解预测控制的基本原理和在功率逆变器中的典型应用。

由于作者的学识、知识有限,不足之处在所难免,恳请广大专家、读者批评指正。

作　者

2020年12月

目　录

第1章　绪　论

全电飞机利用电能代替液压和气压能，飞机上所有设备均通过电能工作，而多电飞机是用电力系统部分取代液压和气压系统，多电飞机设计方案属于全电飞机方案的初级阶段[1]。

多电、全电飞机概念的提出给飞机动力系统带来了革命性的转变，已成为下一代民机和战机的重要特征，也是一个国家综合技术水平的体现。与现行飞机设计方案相比，多电、全电飞机的重要优点有：

(1)飞机和发动机的设备简化，空气动力特性改善，重量减轻；

(2)飞机和发动机的性能得到提高，而燃油消耗量减少；

(3)便于电传操纵与电力操纵之间的协调；

(4)提高了可靠性及生存能力，利于日常维护；

(5)有助于减少地面支援设备的数量，简化飞机上的多余接口，使飞机自足能力得到提高。

根据研究，多电、全电飞机的发展可划分为以下三个阶段。

(1)第一代：该阶段要求飞机电源系统的可靠性得到极大改善。另外，电力系统的功率密度需要进一步提高。

(2)第二代：飞机的非推进功率方面完全采用电能，并使飞机供电系统与第一代相比轻43%，可靠性高出14～19倍，功率密度增大2倍。

(3)第三代：第三代多电飞机，即全电飞机，要求发电机具有兆瓦级的发电功率，因此，有必要开展超导发电系统的研究。

目前，多电、全电飞机的典型代表有：完全按多电飞机电力系统设计的空客A380多电商用飞机、接近于全电飞机的波音787，以及美军的F-35多电战斗机等。

由多电、全电飞机的特点及其发展历程可见，电源系统在多电、全电飞机中具有重要地位。多电、全电飞机对电源系统也提出了新的要求，主要有：

(1)发电容量增大；

(2)供电可靠、容错能力较强，便于实现多余度不中断供电；

(3)为了满足不同的供电需求，需要提供多种类型的电能；

(4)能够实现计算机自动检测、监控、管理和保护，接受负载管理中心的管理。

逆变电路是飞机电源系统的一个重要部件，在不同类型的电源系统中，均发挥着重要作用。当飞机的主电源是直流电源时，承担二次电源，为飞机交流用电设备提供所需的电能[2～4]；当主电源为交流电源时，与蓄电池配合作为飞机应急交流电源，在主电源故障时，将蓄电池电能转换为飞机需要的交流电，以保证飞行所必需的交流用电设备的工作；另外，逆变电路还承担某些特种设备的专用交流电源。因此，逆变电路的可靠性直接关系到机上所有交流用电设备能否正常运行，特别是某些特种设备，将会威胁飞机的飞行安全。

容错控制是改善可靠性的重要手段之一，要实现逆变电路的容错控制，目前有两种方案：

方案一，用性能的牺牲来换取控制系统的稳定性，可以保证电路继续工作但性能下降；方案二，故障前，冗余资源用于改善电路性能；故障后冗余资源代替故障部件，保证电路的正常工作[5~8]。方案一可避免电路冗余结构的设计，但需要为故障后的电路重新设计控制策略，并且容错后电路处于降级运行状态，影响电路输出电能的质量，而方案二需要为电路设计冗余结构，电路正常工作时冗余部分用于改善电路性能，故障后用来取代电路的故障单元。考虑到航空领域的特殊性，精密机载设备对电能质量比较敏感，供电质量的下降及额外的干扰势必影响机载设备的正常工作，因此选择方案二来实现逆变电路的容错控制。

如图 1.1 所示是逆变电路根据方案二实现容错的原理图，故障诊断模块负责检测电路状态，并将电路的故障信息传至拓扑重构模块和控制信号切换模块；重构模块负责隔离电路的故障功率管；控制信号切换模块将故障功率管的控制信号切换至冗余功率管，由冗余功率管接替故障功率管工作，保证电路满足指标要求。可见，逆变电路容错的实现，主要包括以下三个方面的研究内容。

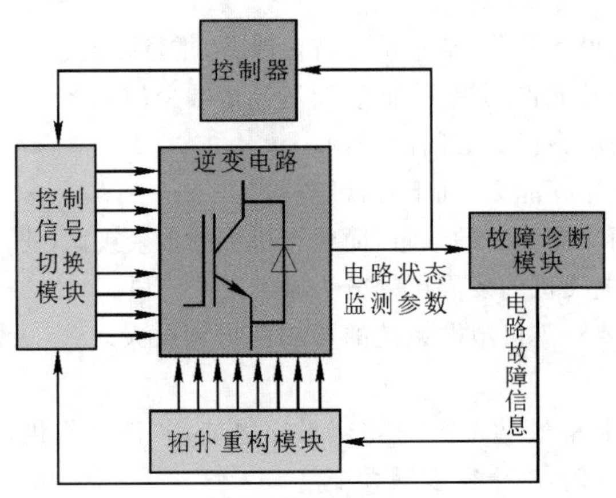

图 1.1　电力电子电路容错控制原理图

(1)容错拓扑。设计工作可靠、便于控制、容错性能良好的电路拓扑是实现逆变电路容错的基础。基于冗余的思想设计新型逆变电路拓扑，当电路正常工作时，冗余部分用于改善电路性能；当电路发生故障时，冗余部分用来代替故障单元，保证电路的输出满足航空要求。

(2)故障诊断方法。故障诊断的结果将进一步用于指导实施容错控制，因此，故障诊断是实现逆变电路容错的前提。当电路发生故障时，要求故障诊断方法能够迅速、准确地发现故障的类型及位置，便于采取对应的容错措施，因此要求故障诊断方法应具有较高的实时性和准确性，防止故障的漏报和误报。

(3)容错控制策略。简单、高效的容错控制策略是实现逆变电路容错性能的主要内容，电路的容错控制策略需要同时保证故障前电路的正常运行和故障后电路的容错运行，并使逆变电路的输出满足航空要求。

1.1　逆变电路容错拓扑

1.1.1　两电平逆变电路的容错拓扑

目前，两电平逆变电路的容错拓扑主要分为两类[9]，一类具有冗余桥臂，可利用冗余桥臂代替故障桥臂，从而实现电路故障后的容错运行；另一类不具有冗余桥臂，电路发生故障后，利用补充装置维持电路的工作，电路的容错性能由所采用的控制方法决定。两电平逆变电路的拓扑结构主要有以下几种。

(1)四开关三相逆变电路的容错拓扑[10~13]。如图1.2所示，电路不具有冗余桥臂，直流母线串联电容的中点通过三个双向晶闸管与负载相连。正常工作时，双向晶闸管 t_{ra}，t_{rb} 和 t_{rc} 处于关断状态，当功率管发生故障后，电路通过快速融丝F迅速隔离故障相，与故障相对应的双向晶闸管导通，电路继续工作。

假如a相故障，容错运行后，利用 F_{11} 和 F_{12} 切除a相，将b、c两相的输出电压通过坐标变换转化到两相静止坐标系，“1”表示上管导通，“0”表示上管关断，上、下管互补，可以得到四开关逆变电路的电压矢量图，如图1.3所示，包括四个幅值不等、相间90°的矢量，$\boldsymbol{u}_r$ 为参考电压，u_α 和 u_β 为参考电压在两相静止坐标系中的分量，通过判断参考电压所在的扇区，利用相邻的两个电压矢量合成参考矢量，从而实现电路的容错控制。由于四开关电路的平均电压矢量幅值为 $V_{dc}/2\sqrt{3}$（其中 V_{dc} 为直流母线电压），是故障前六开关电路电压矢量平均值的1/2，因此若要保持电路的输出功率与故障前相比不变，四开关电路直流母线的电压需要增大一倍。另外，电路直流母线电容中心点电压的不平衡会导致电路输出电压波动[10]，因此该电路还需考虑电容中心点电压的平衡问题。

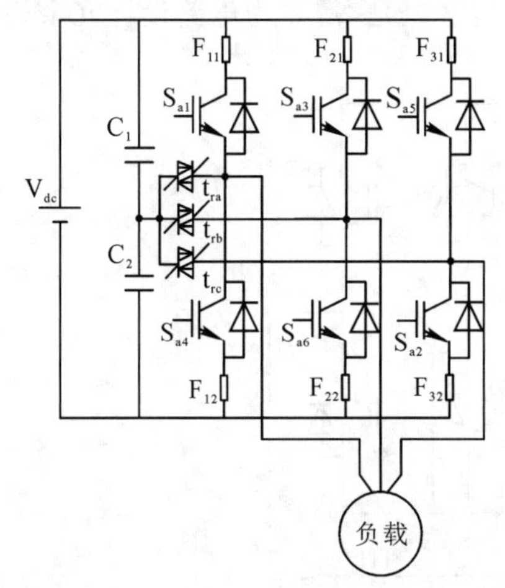

图1.2 四开关三相逆变电路的容错拓扑

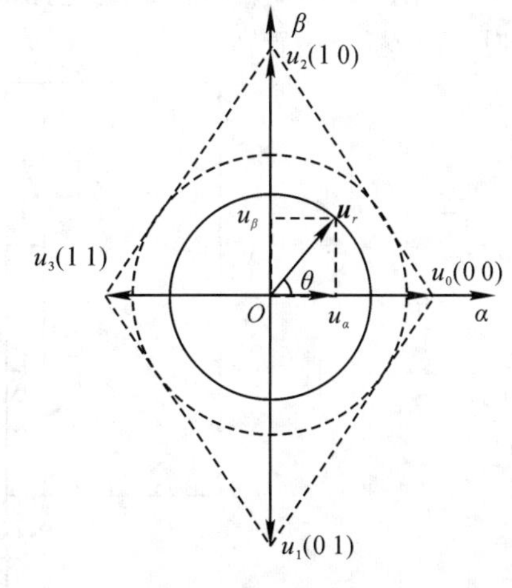

图1.3 四开关三相逆变电路的电压矢量图

(2)四开关两相逆变电路的容错拓扑[14,15]。如图1.4所示，该拓扑由T H Liu提出[16]，不具有冗余桥臂，正常工作时，双向晶闸管 t_{rn} 关断，发生故障时，迅速切除故障相，双向晶闸管 t_{rn} 导通，将负载中性点与直流母线串联电容的中点相连，保证电路继续工作。

故障后，负载中性点与直流母线中点相连，优点是便于剩余两相电流幅值和相位的独立控制。为了维持电路的性能，需要将剩余两相电流的幅值增大 $\sqrt{3}$ 倍。该电路存在的主要问题有：

①需要提供负载的中性点；

②剩余两相电流幅值的增加意味着电路及其负载承受更大的电流，将会增大电路损耗；

③中性点电流不为零，导致电容中心点电压不平衡，造成输出电压的波动。

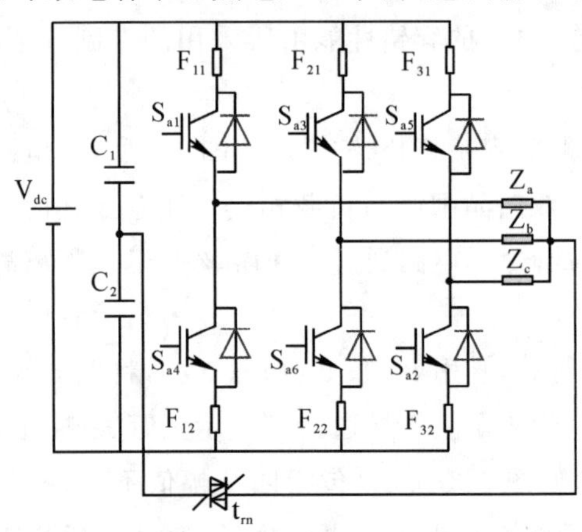

图 1.4　四开关两相逆变电路的容错拓扑

(3)三相四桥臂逆变电路的容错拓扑[17,18]。如图 1.5 所示，电路增加一个冗余桥臂。正常工作时，双向晶闸管 TH_a、TH_b、TH_c 关断，IS_a、IS_b、IS_c 导通，故障后，电路迅速关断与故障相对应的晶闸管 IS_a、IS_b 或 IS_c，同时导通与故障相对应的晶闸管 TH_a、TH_b 或 TH_c，并将故障桥臂的控制信号切换到冗余桥臂，保证电路继续工作。该电路的优势是故障后无须调整电压幅值及相位，容错运行时能较好维持电路故障前的性能。但是，需要为电路设计冗余桥臂，正常运行时，冗余桥臂闲置。

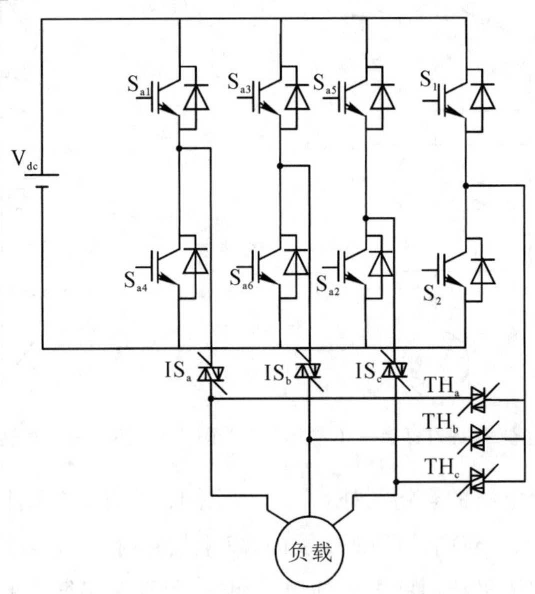

图 1.5　三相四桥臂逆变电路的容错拓扑

(4)两相四桥臂逆变电路的容错拓扑[19,20]。如图 1.6 所示，电路正常工作时，双向晶闸管 t_{rn} 关断；故障后，故障桥臂从主电路切除，双向晶闸管导通，电路冗余桥臂的中点与负载中性点相连。同样，若要维持电路故障前的输出功率，需要将剩余两相电流的幅值增大 $\sqrt{3}$ 倍。此电路的优势是可以通过控制冗余桥臂功率管的通断来实现电容中心点电压的平衡。

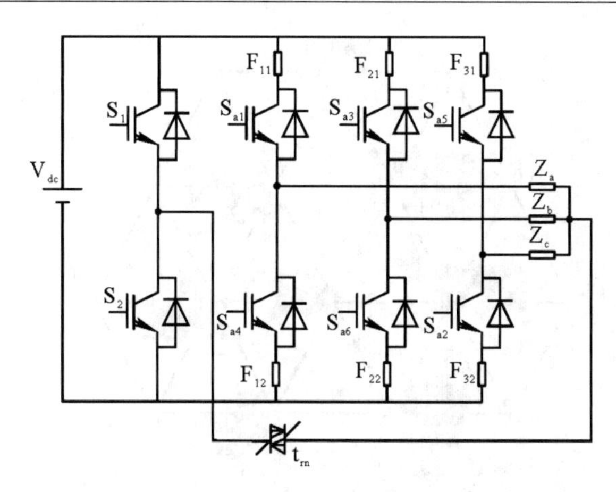

图 1.6 两相四桥臂逆变电路的容错拓扑

1.1.2 多电平逆变电路的容错拓扑

近年来,多电平逆变电路被广泛应用于大功率、高电压场合,其可靠性和容错性研究已经成为一个热点[21],多电平逆变电路的容错拓扑主要有以下几种。

(1)二极管箝位型多电平逆变电路的容错拓扑[22~24]。如图 1.7 所示,电路由 12 组可控功率装置(每组包括一个功率开关管和一个反向并联的二极管)和 6 个箝位二极管构成,图 1.8 为电压矢量图,“0”“+”“-”三种状态分别代表电路的交流输出端与直流母线的中点、正端、负端相连。电路共有 19 个电压矢量,但却有 27 种可能的组合,冗余的组合便为电路的容错提供了可能。

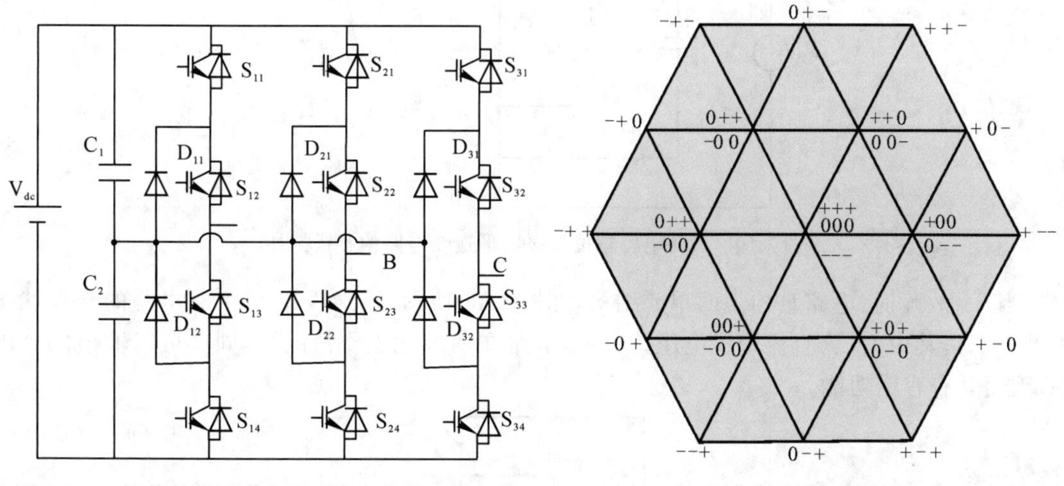

图 1.7 二极管箝位型多电平逆变电路的容错拓扑

图 1.8 电压矢量图

如图 1.9 所示是开关管 S_{11} 发生短路故障后电路的矢量图,所有要求 S_{11}“导通”的矢量全部失效,如图阴影部分所示,7 个失效的电压矢量均有冗余,2 个失效的矢量可用其他矢量合成,而幅值最大的 6 电压矢量全部有效,因而可以通过改进调制和控制方法实现电路的容错运行。

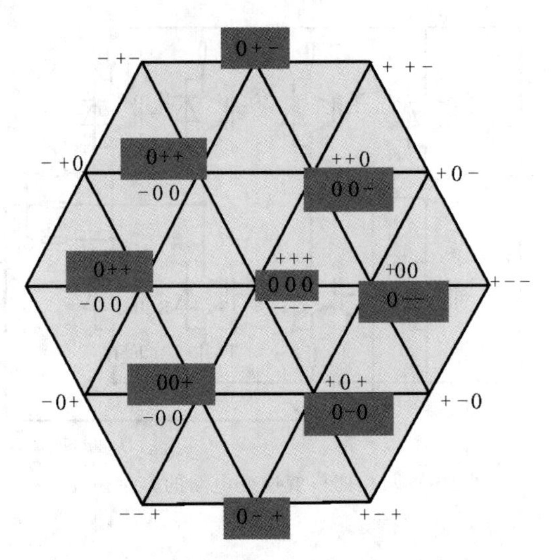

图 1.9　S_{11}短路故障后电路的矢量图

对于大多数功率管故障，电路的容错策略与 S_{11} 故障时相同。但是，某些功率管故障会导致电路不具有冗余矢量的矢量失效，即幅值最大的 6 电压矢量，对于这些功率管的故障，该电路不具有容错功能。

(2)飞跨电容箝位型多电平逆变电路的容错拓扑[25]。如图 1.10 所示是一个三单元四电平的飞跨电容型逆变电路拓扑，三个单元的电压比为 $V_{x1}:V_{x2}:V_{x3}=1:2:3$。

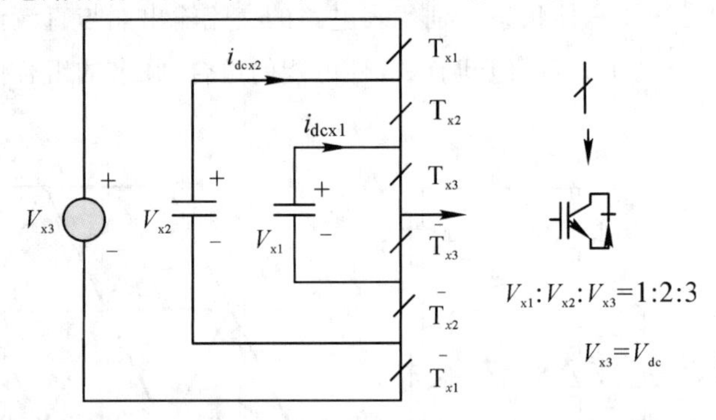

图 1.10　飞跨电容箝位型多电平逆变电路的容错拓扑

当 T_{x1} 故障时，电路重构为两单元结构，如图 1.11 所示，$V_{x1}:V_{x3}=1:3$，电路的开关状态表见表 1.1，其中 V_{dc}为直流母线电压。可见，电路在两单元工作情况下，同样可以输出四个电平，因而具有容错功能。

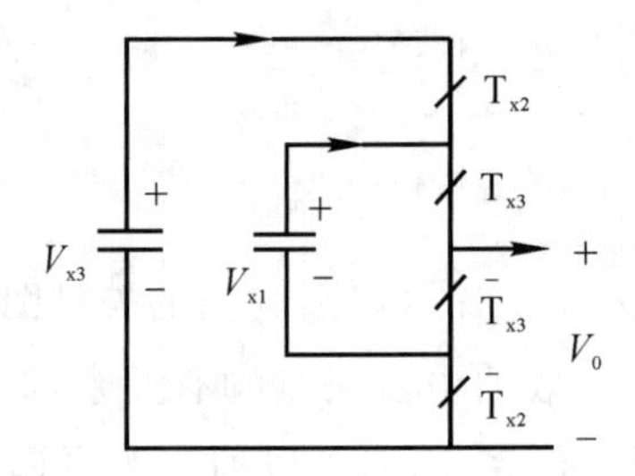

图 1.11　T_{x1}故障后电路容错拓扑

表 1.1　T_{x1} 故障后的开关状态表

T_{x2}	T_{x3}	输出电平
0	0	0
1	0	$\frac{2}{3}V_{dc}$
0	1	$\frac{1}{3}V_{dc}$
1	1	V_{dc}

(3)通用型多电平逆变电路的容错拓扑[26,27]。如图 1.12 是一种通用型多电平逆变电路的单相容错拓扑，所有电容均具有电压自平衡功能，表 1.2 为电路的开关状态表，可见，对于“0”电平，该电路有 6 种容错方案，“V_{dc}”和“$-V_{dc}$”各有 4 种容错方案，而“$2V_{dc}$”和“$-2V_{dc}$”仅有一种开关状态，无法实现容错运行。针对此问题，文献[27]已经提出了改进型拓扑，使电路的各个电平均具有容错能力。

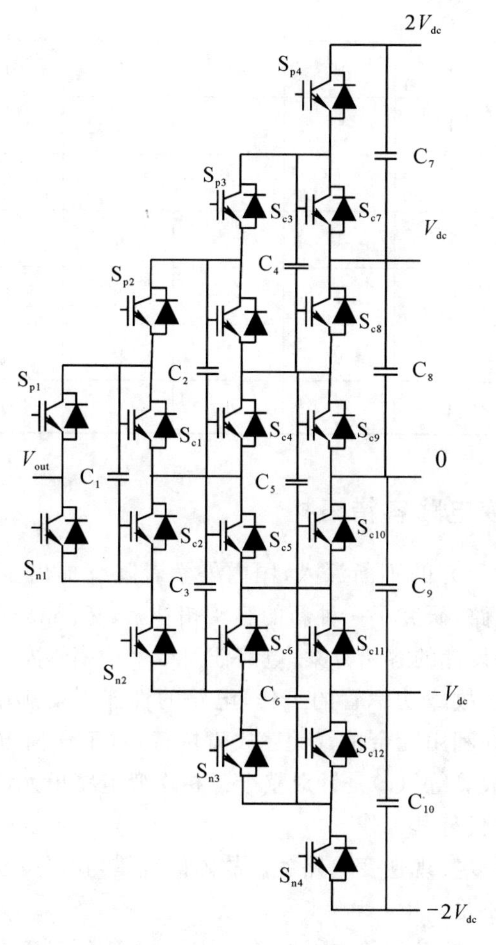

图 1.12　通用型多电平逆变电路的单相容错拓扑

表 1.2　正常工作时电路开关状态表

输出电压	开关状态							
	S_{P1}	S_{P2}	S_{P3}	S_{P4}	S_{n4}	S_{n3}	S_{n2}	S_{n1}
$-2V_{dc}$	0	0	0	0	1	1	1	1
$-V_{dc}$	1	0	0	0	1	1	1	0
	0	0	0	1	0	1	1	1
	0	0	1	0	1	0	1	1
	0	1	0	0	1	1	0	1
0	1	1	0	0	1	1	0	0
	0	0	1	1	0	0	1	1
	1	0	1	0	1	0	1	0
	1	0	0	1	0	1	1	0
	0	1	0	1	0	1	0	1
	0	1	1	0	1	0	0	1
V_{dc}	1	1	1	0	1	0	0	0
	0	1	1	1	0	0	0	1
	1	0	1	1	0	0	1	0
	1	1	0	1	0	1	0	0
$2V_{dc}$	1	1	1	1	0	0	0	0

1.1.3　几种新型的逆变电路容错拓扑

随着逆变电路可靠性研究的不断深入，国内外学者陆续提出了一些新的电路容错拓扑。文献[28]基于三相逆变电路，研究了一种新的容错拓扑，该拓扑具有很好的通用型，如图 1.13 所示，(a)是针对单管故障设计的容错方案，电路任何单个功率管发生故障，均可迅速切除故障功率管，用冗余功率管代替故障功率管的工作，电路的性能不受影响；(b)是针对电路桥臂故障设计的容错拓扑，该拓扑利用冗余桥臂代替故障桥臂，对于任何电路的桥臂故障均可容错，包括功率管故障、二极管故障等；(c)是针对整个三相逆变电路单元设计的容错拓扑，当电路发生故障时直接用冗余电路代替其工作。

上述容错拓扑基本可以实现逆变电路各类故障的容错，且不受负载类型的约束，具有很好的通用型，但也存在以下不足：

(1)电路正常运行时，冗余功率管、桥臂、单元闲置，未能得到充分的利用；

(2)大量的冗余设计增加了电路的成本和体积;

(3)三相逆变电路是该拓扑的主要工作电路,因而电路在大功率、高电压场合的应用受到了一定的制约。

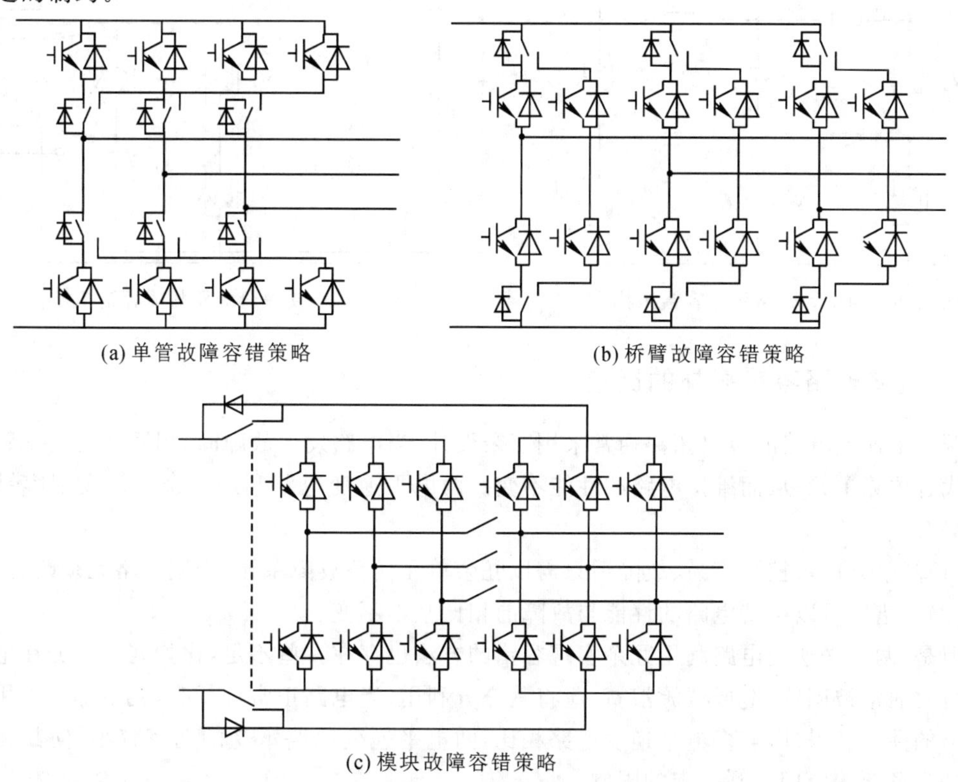

(a) 单管故障容错策略

(b) 桥臂故障容错策略

(c) 模块故障容错策略

图 1.13　三相逆变电路的新型容错拓扑

文献[29]研究了一种九开关逆变电路容错拓扑,如图 1.14 所示,该电路适用于两组负载的场合,可通过独立控制为两组负载提供不同的电能。

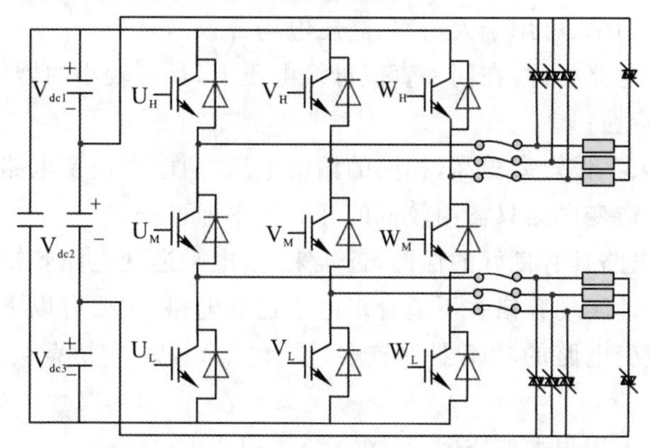

图 1.14　九开关逆变电路的容错拓扑

当电路发生功率管故障时,电路隔离故障桥臂,并进行拓扑重构,如图 1.15 所示,通过改善控制策略,调整直流母线电压、电流的幅值和相位,可以维持电路的性能满足要求。图 1.16 所示是功率管短路故障的容错拓扑。

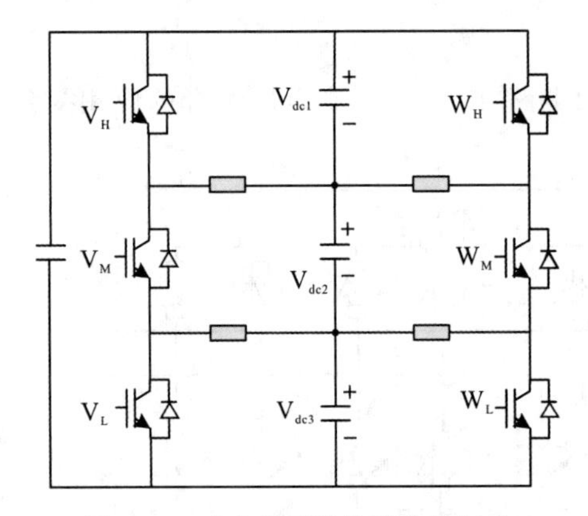

图 1.15　功率管开路故障容错拓扑

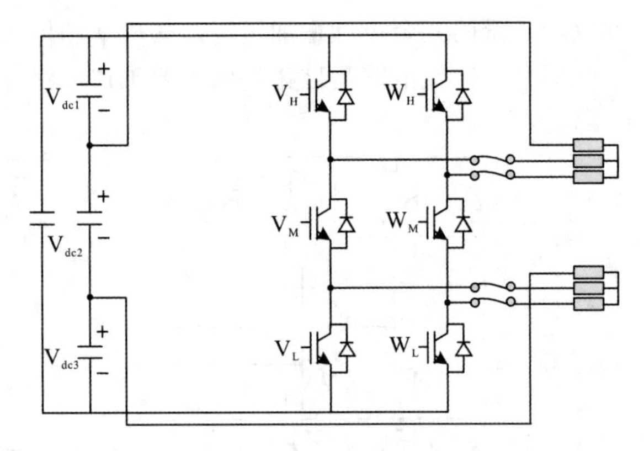

图 1.16　功率管短路故障容错拓扑

1.1.4　逆变电路容错拓扑的比较

两电平逆变电路的容错拓扑通常采用冗余设计，当电路发生故障时，用冗余的功率管或者桥臂代替故障单元，从而维持电路的性能不变。两电平逆变电路利用冗余设计实现容错的主要优势有：

(1)简单、可靠、控制容易、故障后只需以冗余单元代替故障单元，控制策略无须改变；

(2)容错后可以维持电路的性能与故障前相比基本不变。

但是，两电平逆变电路利用冗余实现容错的方法也存在一些不足，比如冗余部分在电路正常运行时通常被闲置，造成资源浪费，应将其充分利用，当电路正常运行时，冗余部分可用来改善电路的性能。另外，与多电平逆变电路相比，两电平逆变电路承受的功率较小，使其在一些较大功率场合的应用受到一定的限制。

与两电平逆变电路相比，多电平逆变电路具有自身的优势，主要包括：

(1)由于电路电平数的增加，输出电压的波形得到了改善，并且有利于减小输出电压的谐波含量；

(2)能够承受较大功率，可用于大功率、高压电场合；

(3)与两电平逆变电路相比，在同一直流母线电压下，具有较小的器件应力，从而很好地改善了电路的电磁干扰特性；

(4)开关损耗减小、工作效率提高，相同的输出电压，两电平逆变电路需要较高的开关频率才可以获得，而多电平逆变电路只需用较低的开关频率即可获得。

由于多电平逆变电路具有良好的性能，近年来，多电平逆变电路容错拓扑的研究成为一个热点，但是通过冗余设计实现容错并不适合多电平逆变电路，主要有以下原因[30]：

(1)构成多电平逆变电路的功率器件较多，设计冗余模块或桥臂会导致系统的成本大大增加；

(2)冗余部分必然占用很大的空间，导致系统体积变大；

(3)导致大量器件闲置，造成资源浪费。当电路某桥臂中的一个器件出现故障时，整个桥臂将从系统中被切除，而以冗余桥臂代替其工作。如此一来，故障功率管所在桥臂中的其他功率管将不被利用，处于闲置状态。

多电平逆变电路的容错方法主要依赖自身资源及控制策略的调整。多电平逆变电路大量的器件可以为电路的容错设计提供冗余资源，故障后通过改变电路的控制策略，利用电路自身资源实现电路容错是多电平逆变电路通常采用的方法，而多电平逆变电路的容错主要面临以下问题：

(1)大量功率器件的存在势必影响电路的总体可靠性；

(2)电路的调制策略和控制方法通常比较复杂，具有较大的实现难度，容错运行时，需要调整电路的控制策略。

1.2　逆变电路故障诊断方法

逆变电路的故障诊断具有自身的特点，主要表现为逆变电路作为被诊断对象，具有较强的非线性和较高的功率，而且电路对故障诊断的实时性具有较高的要求。与数字电路和模拟电路的诊断原理不同，通过给集成数字电路和模拟电路施加激励，然后检验输出实现故障诊断的方法对于逆变电路将不再适用[31]。

控制电路、驱动电路以及主电路是组成逆变电路的三个主要部分，因此对这几个部分的故障诊断是逆变电路故障诊断的主要内容。但是，在实际工作中，主电路的故障率远远高于其他部分，因此有关逆变电路故障诊断的研究大多数都是针对主电路部分。同样，本书也是对逆变电路主电路的故障诊断进行研究[32]。

结构性故障和参数性故障是逆变电路的两种主要故障类型，由于器件参数变化与正常值发生偏离而导致的故障称为参数性故障，参数辨识是诊断参数性故障的主要方法；由于器件短路、断路及驱动电路故障而引起电路拓扑变化，从而导致的电路故障称为结构性故障。由于结构性故障是电路的主要故障，通常所说的电路故障均指结构性故障[33]。

逆变电路常见故障如图 1.17 所示[34~36]，不同开关的断开或闭合表示电路的五类常见故障。

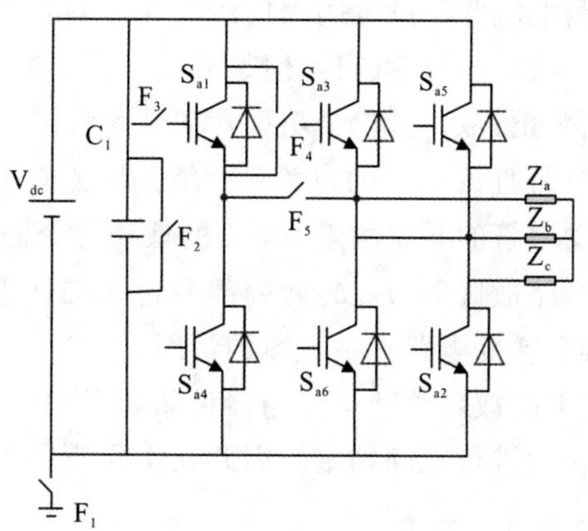

图 1.17　逆变电路常见故障

F_1：表示电源直流母线负端接地故障；

F_2：表示直流母线电容两端短路故障；

F_3：表示功率管驱动信号故障或功率管断路故障；

F_4：表示功率管短路故障；

F_5：表示逆变电路一相桥臂发生开路故障。

故障的检测与诊断是逆变电路容错运行的一个关键环节，故障诊断是实现电路容错的前提。目前，逆变电路故障诊断的方法可以分为直接检测法、频谱分析法、基于动态数学模型法和人工智能法等几种。

1.2.1 直接检测法

1.直流母线检测法

文献[37]研究了电机驱动系统的故障诊断与保护方法，提出在直流母线上设置电流传感器，如图1.18所示，如果逆变电路出现同一桥臂两个开关同时短路或者电机两相短路故障，电流传感器将会检测到很大的短路电流 I_{SH}，I_{SH} 与限幅电流值 I_{limit} 比较，发出故障信号 Error。

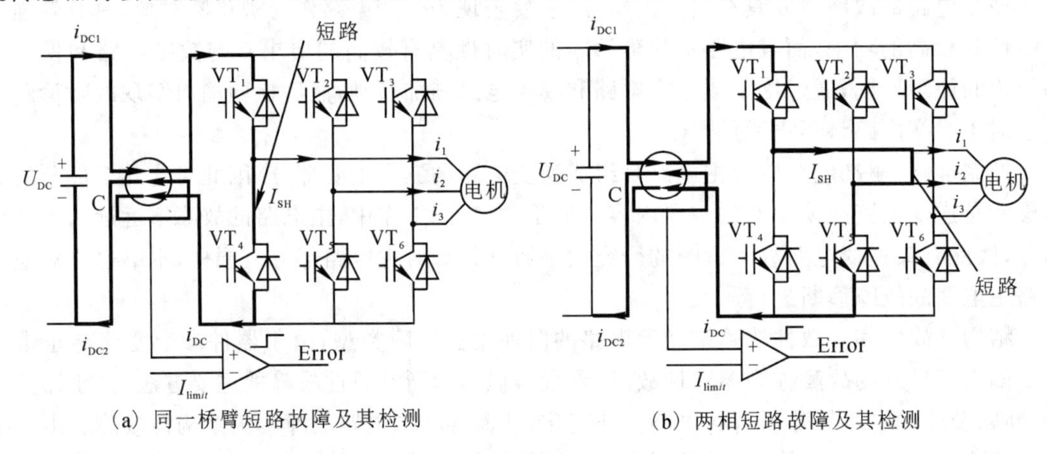

(a) 同一桥臂短路故障及其检测　　(b) 两相短路故障及其检测

图 1.18　直流母线故障检测法

文献[38]研究了一种利用直流母线电流进行故障诊断和保护的方法，将单个电流传感器设置于直流母线上，实时监测电流并与设定的阈值进行比较，可以完成对逆变电路短路故障、绕组接地故障的诊断与保护，该方法简单易行，但是其缺点是不能确定故障的具体位置。

文献[39]分别对逆变电路正常运行、单个功率管的开路故障、电路一相桥臂开路故障进行了研究，通过双傅里叶分析电路直流母线的电流，将信号高频成分滤除，电路正常时，i_{DC} 的低频部分中有直流成分；单个功率管的开路故障时，i_{DC} 的低频部分同时包括直流成分、谐波成分和调制信号；电路一相桥臂开路故障时，i_{DC} 的低频部分包含二次谐波成分和直流成分。从而根据母线电流的低频成分实现逆变电路三种故障的诊断。

直流母线检测法是逆变电路故障诊断中使用器件最少的方法，但该方法只适用于检测电路短路故障，而无法对故障位置进行准确判定。因此在实际应用中，多用于保护直流电源。

2.功率开关管参数检测法

作为逆变电路的主要组成部分，由于功率开关管具有自身的一些物理约束，因此通过检测功率开关管的参数，包括：功率管两端电压和桥臂电流等，判断器件的工作状态，从而完成器件的故障诊断。

文献[40]研究了三相电机驱动系统的故障诊断方法，能够快速判断逆变电路功率开关管的开路和短路故障，将故障诊断的时间控制在 10 μs 以内。但是，该方法需要安装电压测试装置用来监测功率开关管的电压，而且此方法依赖于功率管的特性，仅适用于 IGBT 故障的诊断。

文献[41]研究了基于空间矢量调制的逆变电路功率开关管开路故障的诊断方法，分析得出结论：功率开关管开路时，桥臂下端功率管承受的电压为直流母线电压的一半，电路正常工作时，桥臂下端功率管承受的电压为0或者等于直流母线电压。因而通过设计合理的算法，监测电路下端功率管的电压来完成电路功率开关管开路故障的诊断。

文献[42]介绍了一种结合桥臂电流和功率开关管电压进行故障诊断的方法，监测逆变电路三相桥臂的故障电流，并与电路正常时的桥臂电流进行比较，同时对每个桥臂下端的功率开关管电压进行监测，将二者结果综合进行判断，可以快速完成对电路故障的诊断。

文献[43]也研究了通过电路桥臂电流对单个功率管开路故障进行诊断的方法。

利用功率开关管电压以及桥臂电流这两个参数，可以实现逆变电路开路及短路故障的检测，但检测参数需要较多的检测器件，不便安装，并且电路可靠性会受到影响。另外，成本也会上升，限制了该方法的实际应用。所以，上述两种方法大多用于功率管的保护。

3.输出参数检测法

输出参数检测法是一种较为常用的逆变电路故障检测方法，包括电路输出电压检测法和输出电流检测法。而在常见的电机调速系统中，已经安装了检测输出电压和电流的传感器，用以实时检测电路的输出电压和输出电流，将其作为闭环控制的反馈信号，无需安装新的传感器，在可靠性和成本方面具有一定的优势，在实际电路的故障检测中得到了广泛应用。

文献[44]～[46]研究了基于输出电流Park矢量法的逆变电路故障诊断方法，此方法多用于电压源型逆变电路，将电路输出电流进行Park变换得到相关矢量，通过对矢量幅值及相位的分析实现故障诊断。但是，电流Park矢量法的诊断算法比较复杂，实现起来具有一定的困难。

文献[47]研究了利用电路输出电流的空间矢量进行故障诊断的方法，根据矢量轨迹的斜率确定故障桥臂，电流矢量图缺失的部分用于定位故障功率管。

文献[48]对此方法进行了改进，从而可以实现多故障的诊断。但是，该方法故障诊断的速度较慢。

1.2.2　频谱分析法

1.傅里叶变换法

逆变电路故障信息的波形一般具有周期性，为了突出故障特征，通过傅里叶变换，将故障信息的波形从时域变换到频域，有助于电路故障的进一步判断。傅里叶变换能够反映整个时间范围内信号的频率成分，但大多数时候，由于受到时域信号有限、存储空间不够、运算速度和时间受到限制等因素的影响，通过引入加窗傅里叶变换可以解决此问题，如式(1.1)所示，利用窗函数对故障信息的主要部分进行傅里叶变换，从而利用频谱分析完成故障诊断。

$$WFT(\omega,b)=\int_{-\infty}^{\infty} f(t)\omega(t-b)\mathrm{e}^{-\mathrm{j}\omega t}\,\mathrm{d}t \tag{1.1}$$

其中：$\omega(t)$是窗函数。

文献[49]把傅里叶变换和神经网络相结合，研究了逆变电路的故障诊断方法，通过加窗傅里叶变换得到逆变电路输出电压的正序对称分量，引入谱残差的概念，利用所得到的谱残差完成逆变电路的故障诊断。另外，文献[39]利用双傅里叶变换技术，研究了基于直流侧电流检测的逆变电路开路故障诊断方法。

文献[50]研究了逆变电路并联系统的功率管开路故障诊断方法，利用傅里叶变换对并联系统各模块的电流分解，通过对比分解结果和电路无故障运行时的电流傅里叶函数分量，从而实现电路开路故障的诊断。

2.沃尔什变换法

类似于傅里叶变换，沃尔什变换是将电路的故障信息波形分解成沃尔什函数分量，从而“放大”故障特征，便于故障的发现和诊断。但沃尔什变换仅仅需要加减运算，处理及执行速度比傅里叶变换快。

文献[51]将沃尔什变换法用于电路的故障诊断，其基本思路是把电路的输出电压信号进行沃尔什变换，得到四个幅值频谱特征值，用以诊断电路的故障类型，另外还有四个相位频谱特征值，用来定位具体的故障器件。

3.小波分析

小波分析是以傅里叶变换为基础发展的一种局部时频分析方法，与傅里叶变换相比，主要有以下特点：

(1)小波分析可以对时域和频域进行同时分析；

(2)小波分析可以有效检测奇异、突变信号，并确定其在时域中发生及持续的时间；

(3)小波分析属于时间一尺度分析方法，因而具备尺度伸缩特征。

文献[52]结合小波分析和支持向量机研究了电力电子电路的故障诊断方法，首先采用小波分析得到电路的故障特征，然后通过支持向量机对故障特征进行识别、分类，从而实现电路的故障诊断。

文献[53]针对电机驱动系统，将电路输出电流进行小波变换，然后把得到的小波系数作为三层 BP 神经网络的输入，完成对故障开关管的定位。

文献[54]、[55]将小波变换法和模糊法相结合，研究了逆变电路功率管开路故障和驱动信号丢失故障的定位方法。利用小波分析监测电路电流的突变，当电流发生突变时，利用模糊逻辑对电流的直流偏移量进行分析，从而实现电路故障的判定。

1.2.3 基于动态数学模型法

1.观测器法

电路功率器件参数及电路结构变化所致的故障可能引起电路状态变量的变化，因此，通过检测逆变电路的状态变量，可以对逆变电路的故障进行诊断。如图 1.19 所示，通过建立电路数学模型，从而得到电路状态变量的估计值，将估计值与电路实际值进行比较，得到二者之间的误差，对误差包含的信息进行分析，可以实现电路的故障诊断。

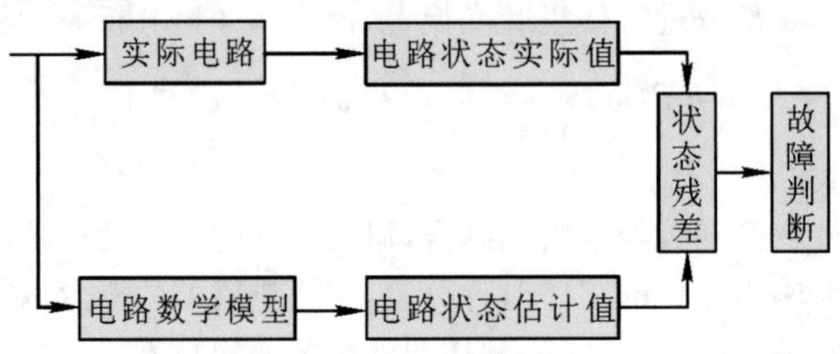

图 1.19 基于观测器的电路故障诊断原理

文献[56]基于观测器研究了电机驱动系统的开关管开路故障诊断方法。该方法无需额外的测量装置，可以降低故障诊断系统的成本，但却需要详细的电机参数信息，给其实际应用带来了一定的困难。

文献[57]对三相逆变电路的故障进行了详细地分析、分类，并建立了电路的卡尔曼数学模型，在此基础上，针对电路功率管断路故障，通过设计故障观测器实现对电路故障的定位与分离。

2.参数辨识法

文献[58]研究了基于开关函数模型的逆变电路开路故障诊断方法，采用高速光耦检测逆变电路下端功率管电压，并把电压转化成高速光耦的脉冲输出信号，然后基于逆变电路的开关函数模型，对电路的运行模式进行分析，通过逻辑计算光耦输出信号与开关信号，从而实现功率管开路故障的诊断和定位。

文献[59]建立了逆变电路的电压模型，通过将逆变电路功率管开路故障的相电压、电机相电压、电机线电压，以及电机中性点电压与电路无故障时的电压进行比较，根据测量的偏差信息可以快速判定功率管的开路故障。

文献[60]通过建立电路的混杂系统模型，通过电路状态与参数估计设计强跟踪滤波器算法，从而完成电路故障的实时诊断。

1.2.4 基于知识的故障诊断方法

1.专家系统

基于专家系统的故障诊断方法就是利用理论研究、实际经验以及实验数据建立电路的历史故障数据库，包括故障类型和电路变量、故障点和电路变量之间的因果关系，当输入电路的实际变量信息后，利用规则库进行推理，从而确定电路的基本工作状态以及故障信息。

2.神经网络

神经网络能够拟合任何非线性函数，并且对样本具有良好的自适应学习功能，便于对并行数据进行处理，有助于信息的分布式存储。近年来，神经网络广泛地应用于各种电力电子电路的故障诊断。

文献[61]基于谱估计和神经网络研究了逆变电路的故障诊断方法。通过将无故障时电路的输出电压信息与电路故障输出电压进行比较，通过参数最小二乘估计，利用电路的谱残差估计方程，获得逆变电路的实时谱残差估计，完成电路的故障检测，然后将谱残差转化为相对谱残差，利用多层感知器神经网络将逆变电路的故障进行分离，从而实现故障诊断。文献[49]把神经网络与傅里叶变换相结合，研究了逆变电路功率开关管的开路和短路故障的检测与定位方法。

文献[62]基于五层聚类自适应神经元模糊推理研究了逆变电路功率开关管开路故障的诊断方法。聚类算法可以简化系统维数，提高神经网络的学习效率，该方法对于负载扰动及电路参数变化具有很好的鲁棒性，但该算法实现较为复杂。

1.3 逆变电路控制策略

逆变电路的发展以功率器件、电路拓扑结构和控制理论的发展为基础。控制理论的发展，大概经历了经典控制理论、现代控制理论和智能控制等阶段[63]。而对于逆变电路的控制，根据电路数学模型和控制方法的特性,可以将电路的控制方法分为线性控制和非线性控制[64]。

1.3.1 线性控制

比例、积分和微分控制(简称PID控制)是通过三角载波与调制波进行比较,生成控制脉冲,控制电路输出理想波形的,其过程简单、有效,因此在实际电路的控制中得到了较为广泛的应用。

由PID控制的原理可知,PID控制无法实现对正弦波的无静差跟踪[65],在电机驱动系统的调速控制中,具有较差的抗负载干扰性[66,67],因而文献[68]通过增加平均值外环的方法来提高控制系统的稳态精度,文献[69]将电感电流瞬时值作为控制系统的反馈,通过电流内环和电压外环的双环反馈控制系统提高系统的动态性能。而将现代先进控制策略与PID控制技术相结合,可以有效改善控制系统的稳态和动态性能[70],但PID控制难以优化非线性控制系统。

1.3.2 非线性控制

由于受关断时间、功率器件上升/下降时间、直流母线电压跳变等因素的影响,逆变电路表现出较强的非线性特性[71],为了更好地达到电路的控制目标,大量的非线性控制方法被用于逆变电路的控制。

1.滞环控制

滞环控制的原理是将参考输出信号与电路的实际输出信号进行比较,由误差大小生成逆变电路的控制信号,使电路实际输出以参考输出波形为中心上下波动,误差被限制在一定范围内,滞环控制的结构如图1.20所示。滞环控制原理简单,易于实现,其最大的不足是存在开关频率较高和不固定的问题[72],导致开关损耗较大,滤除输出电压的谐波具有较大困难,此问题可以通过可变滞环带开关控制策略加以改善[73],但会增加控制的复杂度。

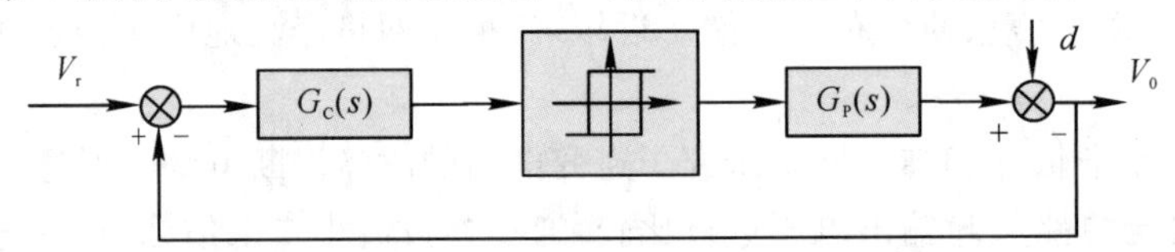

图1.20 滞环电压/电流控制结构图

2.状态反馈控制[74]

由于状态反馈可以通过任意配置系统的极点来提高系统的动态特性,因而可以将状态反馈与其他控制策略相结合,将状态反馈当作内环,把其他控制策略设计为外环,从而形成复合控制方案,用来解决逆变电路空载阻尼比小、动态特性差等问题[75]。

但是,设计状态反馈控制时,需要重点对负载的扰动进行考虑,并采用相应的措施,否则容易引起系统的稳态偏差以及导致动态特性的改变,如此会造成控制难度和复杂性加大。

3.重复控制

重复控制技术假定扰动具有周期性,“记忆”前一个基波周期中波形畸变的位置,当下一个基波周期重复出现时,控制器以给定信号与反馈信号的误差为根据,生成校正信号,并把校正信号与控制信号叠加,从而消除后面每个周期中重复发生的畸变。重复控制的原理框图如图

1.21 所示，由延迟正反馈环节和补偿器组成，$S(Z)$是一个截止频率与 $P(Z)$相近的一阶滤波器，用来实现高频衰减，Z^k 实现 $S(Z)P(Z)$的相位补偿，Z^{-N}为周期延迟环节。

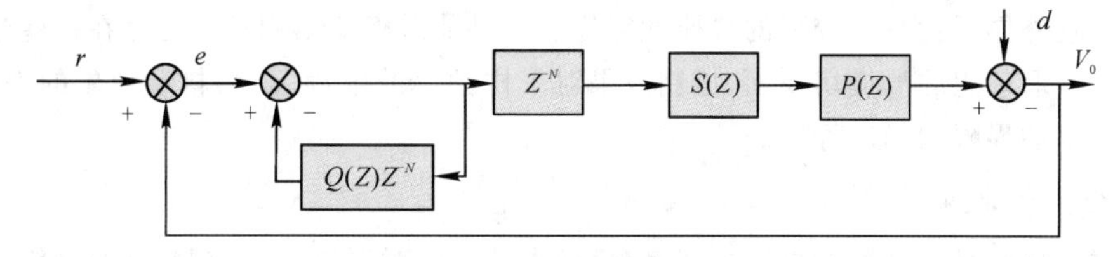

图 1.21 重复控制的原理框图

重复控制可以克服逆变电路的死区，并且能够消除由非线性负载所导致的输出波形周期性畸变[76]。但动态性能差是其主要缺点，并且在消除干扰时有一个周期的滞后。为解决此问题，将重复控制与其他控制方法结合，主要有：自适应重复控制、状态反馈控制与重复控制构成的双环控制等多种方案，用来改善系统的动态特性[77]。

4.无差拍控制

无差拍控制的原理是利用逆变电路的状态方程以及输出反馈计算电路下一采样周期的脉冲信号的宽度，生成控制信号控制开关动作，使电路下一采样时刻的输出准确跟踪给定的参考信号，其原理如图 1.22 所示。

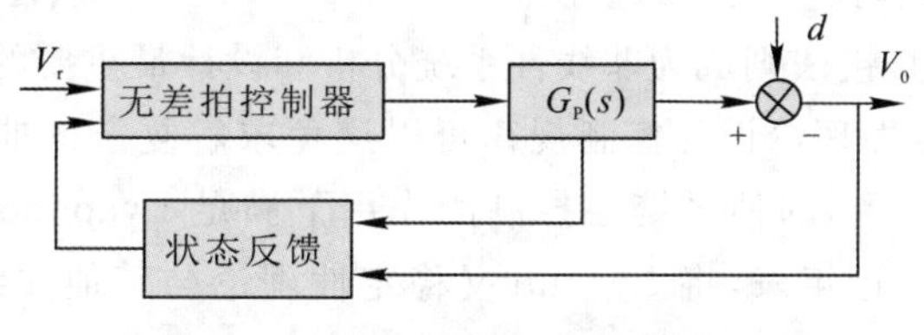

图 1.22 无差拍控制原理框图

无差拍控制的主要优点有：

①非常快的动态响应；

②波形畸变率小；

③即使开关频率较低，也可以获得比较理想的输出波形品质；

④通过调节逆变电路的输出相位，可以弥补 LC 滤波器的相位延时问题，使电路输出电压的相位免于负载的影响。

但是，无差拍控制也具有自身的一些缺点，主要表现为：无差拍控制对电路数学模型依赖性较大；无差拍控制消除误差时，控制器会发生瞬时调节量较大的现象，当电路模型不够准确时，容易导致输出振荡，不利于逆变电路稳定运行[78,79]。

5.模糊控制

模糊控制是智能控制的一种，模糊控制对于非线性函数具有良好的拟合能力，并且对电路数学模型依赖性较小，对电路参数变化及外界干扰具有较强鲁棒性[80]。但由于技术水平的限制，模糊控制理论还需要进一步完善，如模糊变量的分档、模糊规则的数目、指导确定隶属函数的理论等[81]。

6.滑模变结构控制

滑模变结构控制是一种不连续的控制方法，滑模变结构控制迫使系统遵守滑动模态条件沿状态轨迹进行滑模运动，一旦系统在滑动模态内后，其运行方式将仅仅与切换面方程有关，而系统原来参数对其影响将非常有限，可以实现对任意连续变化信号的跟踪[82]。

文献[66]将滑模变结构控制用于电机驱动系统，具有动态响应快、设计及实现简单、对电路参数变化及外界干扰具有较强的鲁棒性等优点。目前滑模变结构控制还存在一些难题需要解决，包括：选取理想的滑模切换面、控制效果对采样频率的依赖、高频抖动现象的消除、不确定性参数和扰动界限的确定等[83,84]。

7.神经网络控制[85,86]

神经网络控制是一种智能控制方式，它模仿人的大脑对系统进行控制，神经网络通过对实验及仿真数据的学习，获得对系统的最优控制规律，用于实际电路控制时，可以根据网络输入给出最佳控制信号，实现电路的在线控制。神经网络能够同时用于线性和非线性系统的控制。由于神经网络控制的控制规律不依赖电路的数学模型，如果学习实例能够包含各种情况，控制系统就具有很强的鲁棒性，并且具有良好的控制效果。

8.基于 Lyapunov 稳定性理论的控制[87]

19 世纪末，Lyapunov 发表了论文“运动稳定性的一般问题”，介绍了两种稳定性的分析方法：线性化方法和直接法，从此成为研究非线性控制系统最常用的方法。

20 世纪 60 年代初，拉塞尔等人通过深入研究，使 Lyapunov 提出的理论得到了进一步的发展，并引起了控制工程界大量人士的重视。Lyapunov 线性化方法已经成为线性控制设计的理论判据，而 Lyapunov 直接法则成为非线性系统分析和设计最重要的工具。

利用 Lyapunov 稳定性理论设计控制规律可以避免求解复杂的非线性微分方程，其控制目标与传统的稳定观念一致，即使系统在控制的作用下满足 Lyapunov 稳定性理论的充分条件，物理概念清楚。因此，近年来，将 Lyapunov 稳定性理论与其他非线性控制方法相结合的方式，在电力系统及其电力电子电路的控制中获得广泛的应用。

1.3.3 模型预测控制技术

模型预测控制(model predictive control, MPC)是 20 世纪 60 年代在工业领域提出的，并于 70 年代后期成功应用到化工领域。直到 80 年代预测控制才应用到低频功率系统中。受当时处理器技术限制，该控制技术算法存在计算时间长、实现成本高等问题。随着近年来处理器技术的迅猛发展，预测控制技术在电力电子应用方面得到了越来越多的关注。预测控制的主要特点依据系统的数学模型和当前状态预测未来控制变量的变化，通过设定的最优控制目标决定控制器的操作变量。模型预测控制其基本概念是：基于系统当前状态，根据控制系统的数学模型预测未来的状态变化，通过求解一个开环有限时域最优控制问题，获得操作变量的最优值。主要包括预测模型、滚动优化和误差矫正三个要素。智利学者 Patricio Cortes 等人将模型预测控制主要分为两类：具有连续控制指令的模型预测控制(continuous control set model predictive control，CCS－MPC)和有限控制集指令的模型预测控制(finite control set model predictive control，FCS－MPC)。对于第一类，需要设置系统的调制器，控制变量通常为变换器输出电压，其控制变量一般在容许范围内连续变化，在每个采样点都会计算输出值，具有固定开关频率，可包含约束条件。对于第二类，它根据电力电子变换器的离散特性，每个控制周期存在有限的可能操作序列，按照离散化的系统模型来计算下一时刻被控变量预测值，然后从预测值中选择一个最接近目标值的操作变量。同时针对系统的每步可能的操作变量预测步长，根据处理器性能甚至可以达到 $N(N>1)$ 步。相比 CCS－MPC，FCS－MPC 无需调制算法即可实现系统的直接控制，简化了预测控制的复杂度，近年来成为电力电子控制领域的研究热点。

文献[88]研究了有限控制集模型预测控制（FCS－MPC），并将其用于电力电子变换电路的控制，得到了良好的控制效果。文献[89]、[90]将 MPC 应用于电机驱动系统，用于同时减少开关损耗和定子电流的谐波畸变，并将控制结果与传统调制技术进行了对比，MPC 能够较好满足控制目标。文献[91]研究了一种改进的预测电流控制方法，通过将开关频率与采样时间解耦，从而在降低开关损耗的同时，改善电机定子电流的波形。文献[92]对模型预测控制进行了具体分类，并将五种不同的控制分别用于电力电子电路和电机驱动系统，并对控制效果进行了对比分析。文献[93]将 MPC 与无差拍控制相结合用于三相逆变电路的电流控制，并为控制器设计了电流观测器以提高其鲁棒性。文献[94]将 MPC 用于三相四桥臂逆变电路的控制，选择使输出电流与参考电流之间误差最小的开关序列作为电路下一时刻的控制，从而实现电路的控制目标。

考虑到功率变换器和传动装置的广泛应用，设计相应的控制方法时，充分考虑电力电子器件的非线性离散特性和有限范围内操作的开关元器件，而预测控制器适合对此类系统的控制主要因为以下几方面：控制系统直接基于系统模型，简单直观；预测控制器相比传统的控制器的级联式结构，具有更快的动态响应；易于实现含有约束条件和具有非线性特性的系统等。针对以上特点模型预测控制均可较为简单地实现，因此，本书主要针对模型预测控制开展研究。

1.3.4 基于逆变器驱动的永磁同步电机控制技术

永磁同步电机（permanent magnet synchronous motor，PMSM）相对普通的永磁无刷电机和普通直流电机，具有重量轻、转动惯量小、动态响应快、工作效率高等良好特性，因此，大量应用在工业、军事等领域。将其应用到多电飞机上的电力作动器也具有广阔的前景。文献[95]、[96]研究了通过矢量控制的方式，实现对永磁同步电机的高精度、高性能的伺服控制，适合应用在电力作动器（electric machine actuators，EMA）上，PMSM 是高精度定速驱动的理想选择。因此，对在逆变器拓扑设计的基础上探索其驱动的 PMSM 设计方案和控制策略具有重要意义。

目前，应用于永磁同步电机控制的技术主要有以下几种。

1.矢量控制技术

电机矢量控制技术也称为磁场定向控制，最初由德国学者 K.Hass 提出[97]，后由西门子 F.Blaschke 教授将这一理论形成系统的概念[98]，其基本思想就是将交流电动机的数学模型通过坐标变换与直流电动机统一起来，通过对感应电机定子电流矢量进行分解，根据旋转空间矢量-转子磁链为参考坐标，将定子电流分解为正交的两个分量，一个为与磁链同方向的定子电流励磁分量；另一个为与励磁方向正交的定子电流转矩方向，实现电机磁链和电机转矩的解耦，并分别对其进行独立控制，对交流调速系统进行高性能控制。但也存在转矩响应慢，控制器易受电机参数影响等问题。永磁同步电机矢量控制方法主要有：$i_d=0$ 控制、$\cos\phi=1$ 控制、恒磁链控制、最大输出功率控制、弱磁控制、最大转矩/电流控制，如图 1.23 所示。

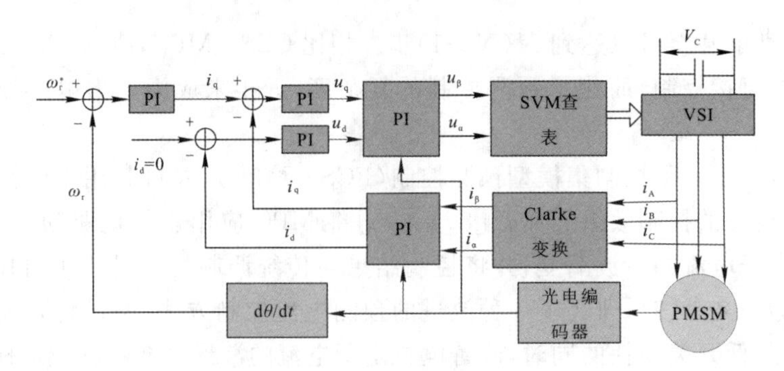

图 1.23　PMSM 矢量控制

2.直接转矩控制(direct torque control,DTC)技术

DTC 技术是由德国 Depenbrock 教授于 1985 年提出,后经日本学者 Takahashi 应用在异步电机上的一种新型交流电机调速控制方法[99~101]。它的主要策略是通过对定子电流电压的实时监测,计算电机的磁链和转矩,在与目标值对比后,得到电机的控制信号,结合逆变器的开关矢量表以及定子磁链的扇区最终确定逆变器的控制矢量,其控制结构原理如图 1.24 所示。

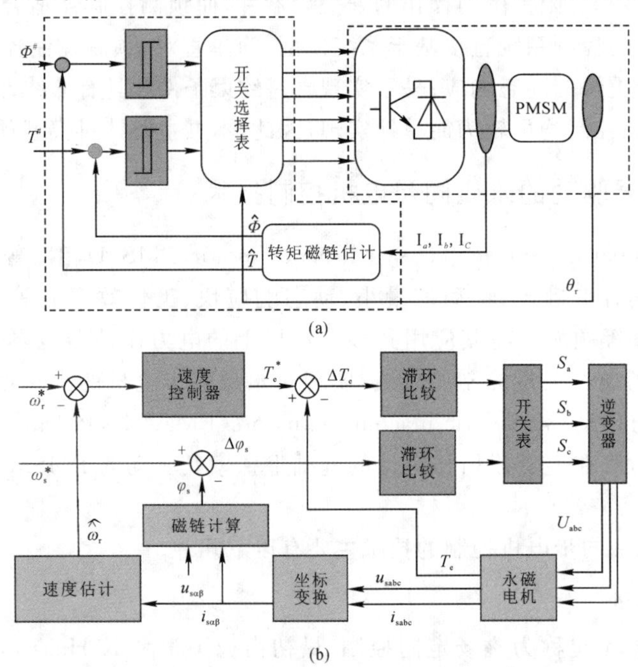

图 1.24　PMSM 直接转矩控制

该方法将目标磁通、转矩值和计算值对比后确定电压矢量,不用将交流电动机与直流电动机作比较,省去了定子电流矢量变换等复杂的计算过程,设计简单,只需在定子坐标系下分析交流电动机的数学模型,强调对电机的转矩进行直接控制。对永磁同步电机采用同步牵引区别于异步电机的控制转差频率,在应用 DTC 控制策略时,不能直接复制,且应用过程中存在电机低速转矩脉动的问题。文献[102]提出借鉴空间矢量调制的控制策略,将每个周期的控制矢量用相邻的控制矢量和零矢量合成,明显减小了传统 DTC 存在的转矩脉动问题,改善了直接转矩控制的性能。

3.现代控制技术

传统矢量控制系统的电流控制、转速控制以及直接转矩控制系统的转速控制均采用PI控制器。PI控制具有结构简单、容易实现的优点，但其参数调整依赖于操作者的经验，性能受系统参数变化影响较大，对不同的负载，需要重新设定PI参数，增加了工作量，实际中的控制效果一直不尽如人意。为了提高和改善控制的效果，将现代控制技术引入永磁同步电机控制策略之中能达到出人意料的效果，这也是许多研究者正在进行的工作之一。在矢量控制或直接转矩控制的基础上，近年来，国内外学者引入永磁同步电机控制策略中的现代控制技术，主要有：自适应控制、无传感器控制、反推控制滑模变结构控制、模型预测控制、模糊控制、神经网络控制等[103~116]。

(1)非线性系统反馈线性化控制技术。反馈线性化的优点具有物理概念清晰、实现方法简单等特点。永磁同步电机是一个非线性系统，反馈线性化是研究交流电机系统的一种有效方法，如文献[106]，采用根据反馈线性化基本原理，根据永磁同步电机的系统输出方程，通过微分同胚变换和非线性状态反馈将永磁同步电机系统解耦为转子磁链子系统和转速子系统，实现电机系统角速度和电流方程的动态解耦合线性化，然后根据线性控制理论分别设计各子系统控制器，使系统达到预期的性能指标。

(2)鲁棒控制技术。反馈线性化方法由于设计反馈环节时容易引入干扰项，使得控制算法的稳定性较差。为了增强电机伺服控制系统的稳定性，抑制外界扰动造成的影响，我们引入了鲁棒控制技术。文献[108]提出的基于信号补偿的鲁棒控制方法通过对扰动进行观测补偿来达到抑制的目的，首先对电动机建立电机方程并进行变换，通过模型变换将电机模型变换成标称模型和不确定项的形式(包含全部扰动)，然后设计鲁棒控制器对不确定项进行补偿，最后通过在永磁同步电机伺服系统上的实验，验证了该方法可实现在不同扰动下的鲁棒速度伺服控制。

(3)自适应控制技术。如文献[109]所述，针对时变惯量、时变负荷负载情形，基于模型参考自适应理论，采用时间递推算法对时变惯量、负荷进行辨识，对辨识得到的惯量值和负载力矩值进行控制器参数的调整和补偿，使电机在系统转动惯量和负载转矩改变时仍能保持良好的控制性能。自适应控制与常规反馈控制类似，类属基于数学模型的控制方法，区别是自适应控制需要模型和扰动的先验知识较少，且需要在系统运行中不断更新和完善模型信息，因此该方法是应对电机参数变化影响的有效方法之一，同时这也是自适应控制应用的难点，即如何使建立的模型更准确、更完善、更接近现实的控制对象[110]。

(4)滑模变结构控制技术。滑模控制器是由苏联学者于20世纪50年代提出的一种非线性鲁棒控制方法，具有控制实现简单，系统响应快，瞬态性能好等特点[111~113]。滑模变结构控制是基于滑模和变结构控制理论的一种控制策略，它根据被调量的偏差及其导数，通过系统结构离散变化的开关控制系统，使其有目的得将系统沿着设计好的滑模面轨迹运动，具有较强的鲁棒性。文献[114]根据矢量控制PMSM调速系统的特点，设计了一种积分型滑模变结构控制器，在滑模面中加入状态变量的积分项，消除了稳态误差。考虑到负载扰动的情况，设计了龙伯格状态观测器对负载转矩进行观测，实时观测负载转矩的变化，最后结果表明该方法对负载扰动具有较强的鲁棒性。与此同时，滑模变结构控制方法也存在一些问题，控制量离散的切换会带来控制器的抖动现象，可能会引起非模型的动态响应和机械损伤。

4.智能控制技术

智能控制是一种借鉴人类大脑的思维方式，与传统的经典、现代控制方法相比，具有很强的非线性特征，且不依赖于系统的数学模型，以实际控制效果为控制依据。同时，针对对象更为复杂系统，智能控制可以采用分层信息处理和决策的方式。目前，智能控制在交流电动机控制系统应用中较为广泛的有神经网络控制、模糊控制，以及集成智能控制。文献[115]在PMSM数学模型基础上，将BP神经网络和PID控制算法相结合，应用于PMSM伺服系统，最后结果表明：采用该方案提高了系统的响应速度，且具有较好的动态性能。文献[116]针对传统控制方法在电机系统参数变化和负载扰动时控制结果不理想，设计一种自适应模糊PID复合控制策略，并与矢量控制相结合应用到速度环控制当中，仿真实验对该方法的可行性和有效性进行了验证。虽然将智能控制用于交流伺服系统的研究已取得了不少的成果，但仍有很多技术问题尚待解决，如主观经验在智能控制中起主要作用，缺乏客观实际情况的评判标准，且解释机理不强，对系统硬件条件要求较高。

1.3.5 模型预测控制理论在电机控制领域中的应用

2009年，Samir Kouro等提出将FCS－MPC应用到电力电子和传动领域，通过与传统的线性控制器进行对比表明，预测控制器控制规则设计简单，且在不同电力电子拓扑和电机控制场合具有很强的通用性。文献[117]、[118]的作者Florent Morel等提出将模型预测控制应用到永磁同步电机的控制当中，针对两电平驱动的PMSM设计电流预测控制器，并与传统的直接功率、转矩控制进行比较，证明了方法的有效性，最后可将该方法推广到其他交流驱动系统。2011年，Cortes总结了模型预测时滞问题，提出了提前一步的预测方法，可以减少预测时滞对调速系统的影响。文献[119]中，S. Alireza Davari等人给出了交流电动机模型预测控制目标函数的权重参数设计方法。文献[120]提出了针对三相四桥臂的两电平逆变器预测控制策略，并详细介绍了软硬件实现方法，此算法直接对16种开关状态进行在线评估，选出使目标方程最小的开关状态，其控制简单、灵活；2013年，Jose Rodriguez等将模型预测控制在电力电子中的几种典型拓扑的应用情况进行分析，主要针对两电平逆变器、NPC逆变器、H桥变换器、滤波器、交流电动机等主要应用场合，讨论了相应电路FCS－MPC目标函数的建立方法，并对下一步预测控制需要解决的目标函数权重参数选取、控制延时、稳态误差等问题进行探讨，为FCS－MPC的进一步广泛应用提供理论支撑[121]。文献[122]采用模型预测控制对五相交流电动机进行驱动，预测目标函数直接对定子$d-q$轴电流进行控制，最后与PI－PWM电流控制进行对比，表明该算法具有更稳定的稳态响应。文献[123]模型预测控制应用到多电平MMC(modular multilevel converter)变换器中，结果表明预测控制动态响应比传统的PI控制器更具有优势。相比传统线性控制方法，FCS－MPC控制周期较短，采样频率较高，其运行性能受系统延迟影响较为明显。然而在实际应用中，信号采样、处理，及程序计算、执行等控制过程均会产生控制延迟问题。针对数字控制固有的延迟问题，一些文献进行了研究，文献[125]采用两步法对延迟进行补偿，并给出详细的计算步骤。

随着计算机和微电子等技术的飞速发展，数字处理器的运算量大大提高，因此可以将先进的智能算法与传统的矢量控制等方法相结合，应用到PMSM控制领域，提高电机控制系统的控制性能。例如本书研究的模型预测控制就是将模型预测控制与矢量控制相结合，通过在控制周期内进行大量计算寻找控制矢量，可以极大地提高电机的控制性能。另外，FCS－MPC控制方法主要基于系统的数学模型进行预测，模型的准确性对控制结果有直接影响，因此算法对系统参数精度要求较高。实际交流传动系统中存在电感、电容、电阻等元件的参数随着系统的运行条件改变(如温度、磁路的饱和等因素)而发生改变的情况。考虑到许多模型不确定的因素，改进预测控制算法，对其进行补偿，以降低参数不确定性对算法造成的影响，这是预测控制需要解决的一个重要问题。

1.4 混杂系统理论及应用

1.4.1 混杂系统理论简介

1.4.1.1 混杂系统的定义

控制工程较多地关注于连续变量，而对系统中的离散变量缺乏系统的考虑，计算机科学正好相反，所建立的模型对系统连续特性的描述不够充分。过去，对于同时包含离散变量和连续变量的系统，处理方法大多是基于对系统实践经验的分析和综合，得到系统的启发式规则，完成控制系统的设计[126]。此方法虽然适用于某些具体的实例，但缺乏一般的理论指导。因此，研究能够同时包含离散变量和连续变量的数学建模方法显得尤为重要[127]。

近年来，为了建立能够详细描述离散变量、连续变量以及离散变量与连续变量之间相互关系的通用框架，已经出现了大量有关混杂系统理论的研究成果，如：American control conference(ACC)，conference on decision and control(CDC)，Hybrid system：computation and control(HSCC)，automation des processus mixed(ADPM)，IEEE transactions on automatic control 等[128~130]。

离散事件特性和连续动态特性同时存在，二者相互作用，此类系统称为混杂系统。离散事件发挥监控管理的功能，而连续部分的演化依赖于时间的发展，离散事件与连续部分相互交替，互相作用，使系统以整体离散而局部连续的形式运行[131]。

目前，具有代表性的混杂系统定义主要有以下两种。

(1)A.Benveniste 的代数方程式定义：

$$\begin{aligned} \xi_{n+1} &= f(\xi_n, y_n) \\ 0 &= g(\xi_n, y_n) \end{aligned} \tag{1.2}$$

式中，f、g 为线性或非线性的函数集；ξ_n、y_n 为连续或者离散变量，其中 y_n 包括输入变量集合和输出变量集合，ξ_n 为状态变量集合。

(2)P.Peleties 的定义：混杂系统是一个决策系统和一个离散事件系统或连续时间系统的结合。

1.4.1.2 混杂系统的特点

混杂系统不同于连续系统和离散系统，其特点主要包括[132]：

(1)系统同时包含离散和连续两种变量，并且两种变量存在对应关系；

(2)系统状态的演化由时间和事件共同驱动，在确定的状态空间内，系统状态又仅随时间演化，而从一个状态空间到另一个状态空间的转移由事件来决定；

(3)根据连续变量的值将系统状态空间进行划分，阈值由相邻状态空间分界面上连续变量的值定义，从而根据阈值决定系统从一个状态空间到另一个状态空间的变迁；

(4)连续变量的性质以及演化规律由离散状态决定；

(5)混杂系统的控制必须考虑对离散状态和连续状态进行集成控制；

(6)通过对定性/定量双重指标的集成优化来达到对系统优化的目的。

混杂系统的上述特点反映了其复杂性。根据系统中离散子系统和连续子系统的耦合方式不同,混杂系统可以分为关系型和层次型两类。对于层次型混杂系统而言,离散子系统和连续子系统利用一个接口相互耦合,用微分或差分方程来描述连续部分,而离散事件用来驱使系统改变运动模式,层次型混杂系统整体上表现为离散事件动态系统。与层次型混杂系统不同,关系型混杂系统的连续子系统和离散子系统交互作用,整体上表现为连续变量动态系统的特点。

1.4.1.3 混杂系统的主要研究内容

1.混杂系统建模

建模是混杂系统分析和研究的基础。针对关系型和层次型两类混杂系统,混杂系统的建模方法主要包括两类:聚合类建模方法和延拓类建模方法[133]。

聚合类建模方法把混杂系统当作离散系统的扩展,因而此类方法侧重于对系统离散特性的描述,主要建模方法有:递阶结构模型[134]、自动机模型[135]、Petri 网模型[136,137]等。

延拓类建模方法将混杂系统的离散事件嵌入到差分或微分方程组中,用微分或差分方程来处理系统的问题,此类建模方法主要有:切换系统模型(Switching System)[138]、混合逻辑动态模型[139]、事件流公式模型[140]等。

2.混杂系统分析

混杂系统的分析主要包括:季诺性分析、稳定性分析、镇定分析、能控性分析、能观性分析[141]和可达性分析[142]等内容。由于混杂系统的结构比较复杂,对其研究的时间比较短暂,上述问题尚未找到合理而又统一的描述方法。稳定性分析和季诺性分析是混杂系统分析的主要内容,主要对这两个方面进行简要说明。

混杂系统的稳定性分析是一个复杂的问题,从连续时间的角度考虑,运动轨迹有界是连续变量稳定的目标;但是从离散事件角度考虑,则是离散事件的安全性和有限性。因而,混杂系统稳定性概念应该同时考虑混杂系统的离散属性和连续属性。传统李雅普诺夫意义下的稳定性只能用于连续系统,而离散系统大多利用拉格朗日有界稳定概念来进行分析,这两种方法均不适用于混杂系统稳定性的研究。混杂系统稳定性研究的焦点是如何将传统的李雅普诺夫稳定性理论进行扩展,并用于混杂系统的研究,一种常用的方法是通过定义不变集和对应的稳定性概念,与连续系统的稳定性理论相结合,用于混杂系统稳定性的分析。主要包括:公共李雅普诺夫函数法[143]、类李雅普诺夫函数族的方法[144]、线性矩阵不等式法[145]等。

季诺(Zeno)问题是指在有限的时间内混杂系统的离散变迁次数是无限的。季诺问题在实际物理系统不存在,但是建模时对系统的过度抽象和简化,可能导致系统发生季诺问题。季诺问题的后果是计算机仿真时导致死机现象的发生,以及无法控制实现系统的期望变迁。目前,关于混杂系统季诺问题的研究尚不成熟,但也获得了一些成就,主要有:非线性向量场的季诺混杂自动机描述[146]、ω 极限集和季诺集的概念[147]以及反季诺综合方法[148]等。

3.混杂系统故障诊断

混杂系统的混杂系统模型可以同时描述系统的控制变迁和条件变迁行为,可以通过对系统的故障进行建模,把故障当作系统的一种离散事件引入,监测系统的运行状态并进行分析,可以实现混杂系统的故障诊断。

近年来,经过大量研究,混杂系统的故障诊断方法得到了很大发展,主要的方法有:基于马尔可夫链模型的故障诊断[149]，基于 Petri 网的故障诊断方法[150]、基于混合逻辑动态（mixd logic dynamic，MLD）模型的故障诊断[151]、基于时间因果图的故障诊断[152]等。

4.混杂系统控制

混杂系统研究的另一个重要内容是混杂系统的优化控制，其原理是利用系统化的理论以及方法设计混杂系统的控制器，使系统的某些性能指标达到最优，并满足设定的约束条件。对于混杂系统的优化控制，通常将系统的性能指标转化为目标函数的形式，从而把优化问题转变成一个数学问题来求解。值得注意的是，有别于连续系统和离散系统，混杂系统的控制是在定性和定量双重指标下的集成控制问题，因而，求解混杂系统控制问题比普通系统要复杂得多。目前，混杂系统优化控制的主要方法有：变分法[153]、动态规划法[154]、MPC 法[155~157]和分层递阶控制方法[158]。

1.4.2 电力电子电路的混杂特性分析

由于功率器件的存在，电力电子电路的工作具有多种模式，每种工作模式对应一种特定的电路拓扑。当电路的触发时刻到达、功率管电压或电流穿越阈值或电路输入变化时，电路的工作模式也将发生变化，由一种拓扑切换到另一种拓扑，即完成一次离散事件的变迁，呈现出电路的离散事件动态特性；另一方面，当电路工作于某种特定的拓扑时，电路的状态变量随着时间和电路输入的变化而变化，表现出电路的连续时间动态系统特性。连续时间动态特性与离散事件动态特性二者互相作用，共同决定电路的运行状态，从而使电力电子电路表现出典型的混杂系统特性。因此，逆变电路作为电力电子电路中的一种，是一种典型的混杂系统，可以利用混杂系统理论分析和解决逆变电路存在的问题。

1.4.3 混杂系统理论在电力电子电路中的应用

由于直流变换电路、整流电路及逆变电路等电力电子电路是典型的混杂系统，因此利用混杂系统理论建立电路的数学模型，在此基础之上研究电路的故障诊断、控制以及状态估计等问题，具有很大的研究价值及实际意义[159]。近年来，已经出现了大量的有关这方面的文献及研究成果。

文献[159]在建立 DC－DC 变换器混杂系统模型的过程中，通过引入逻辑变量，将开关频率作为约束条件嵌入到建立的模型，结合 MPC 在线求解混合整数线性规划，有效降低了变换器的非线性畸变和开关损耗。

文献[160]基于 DC－DC 电路的混杂系统模型，通过求解约束最优控制，将结果存储于表格，利用实时查表实现电路的控制，使输出电压能很好地跟踪参考电压，并对输入和负载扰动具有很好的鲁棒性。

文献[161]建立了 buck 变换器的混杂系统模型，在此基础之上，研究了电路的 MPC，文献[162]将该方法进行了扩展，用于 AC－DC 整流电路的控制，极大地改善了电路的动态特性。

文献[163]针对三相整流电路建立了其混杂系统模型，并对其稳定性进行了分析研究。

文献[164]、[165]建立了逆变电路的混杂系统模型，并且对逆变电路基于混杂系统理论的故障诊断方法进行了详细地研究。

第 2 章　一种新型的逆变电路容错拓扑研究

2.1　引　言

逆变电路含有大量的功率器件，是飞机电源系统中易于发生故障的部分。另外，随着现代飞机用电设备所需功率的不断提升，电路功率管承受的功率也不断增大，导致功率管损耗和故障率增加。因此提高逆变电路的可靠性对于保证飞机可靠供电具有重要意义。

容错是提高电路可靠性的主要手段之一，而具有容错功能的拓扑结构是实现电路容错运行的基础，本章设计了一种新型的逆变电路容错拓扑，并对其工作原理、容错性能及其可靠性进行了详细分析，仿真和实验对新电路及其可靠性进行了验证。

2.2　逆变电路容错拓扑的设计要求

逆变电路容错拓扑的设计应当遵循一定的要求，主要有以下几点：

(1)电路可靠性以单元可靠性为基础，因此应该首先考虑提高电路单元的可靠性；

(2)当进行电路的并联冗余设计时，应当注意冗余超过一定数量时，将大大降电路可靠性提高的效果；

(3)冗余代表增加成本，因此在设计电路时费效比是必须考虑的问题；

(4)利用冗余进行容错设计，应根据电路实际情况决定，一般对低级别部位进行冗余设计，其效果要比对高级部位进行冗余设计效果更好；

(5)并非任何单元均可进行冗余设计，比如无法有效隔离失效单元时，就不能使用冗余设计。

另外，在多电、全电飞机中，要求飞机电源系统提供的功率越来越大，因此设计逆变电路容错拓扑时，在保证容错性、可靠性的前提下，还应考虑到电路便于在较大功率场合使用。

2.3　新型逆变电路的容错拓扑设计

三相四桥臂逆变电路控制简单、易于实现，但其不具有对多功率管故障的容错功能，且与多电平逆变电路相比，适用于较小功率场合。多电平逆变电路具有良好的容错性能，每种电压矢量均有冗余矢量来保证电路的容错运行。但是，多电平逆变电路中功率管较多，因而控制复杂，并且往往需要为电路故障前、后设计不同的控制策略，实际应用较为复杂。本章利用冗余的思想设计了一种新型的逆变电路容错拓扑，故障前工作在两电平状态冗余部分用于改善电路的性能，并且重新设计控制算法后对上、下桥臂独立控制该电路具有三电平逆变器运行的能力;故障后,利用互补桥臂代替故障桥臂,保证电路正常工作。新型电路对于多功率管、多桥臂故障均具有良好的容错功能,而且控制简单,易于实现。

设计的新型逆变电路容错拓扑如图 2.1 所示,C_1、C_2 为直流侧箝位电容,T_1 和 T_2 是两个变比为 1∶1 的三相变压器,具有隔离和消除干扰的作用。R_a、L_a、C_a 分别为 a 桥臂的滤波电阻、滤波电感和滤波电容,其他桥臂定义相同。为了便于后文描述,现将逆变电路 a、b、c 三臂统称为电路上部三臂,A、B、C 三臂为电路下部三臂。工作前,中点 O 的电位为 $V_{dc}/2$,事实上,工作时由于充、放电时间的不同,O 点电位很难稳定在 $V_{dc}/2$,中点电位的不平衡会给电路的运行带来较大干扰,这是本电路需要解决的一个重要问题。

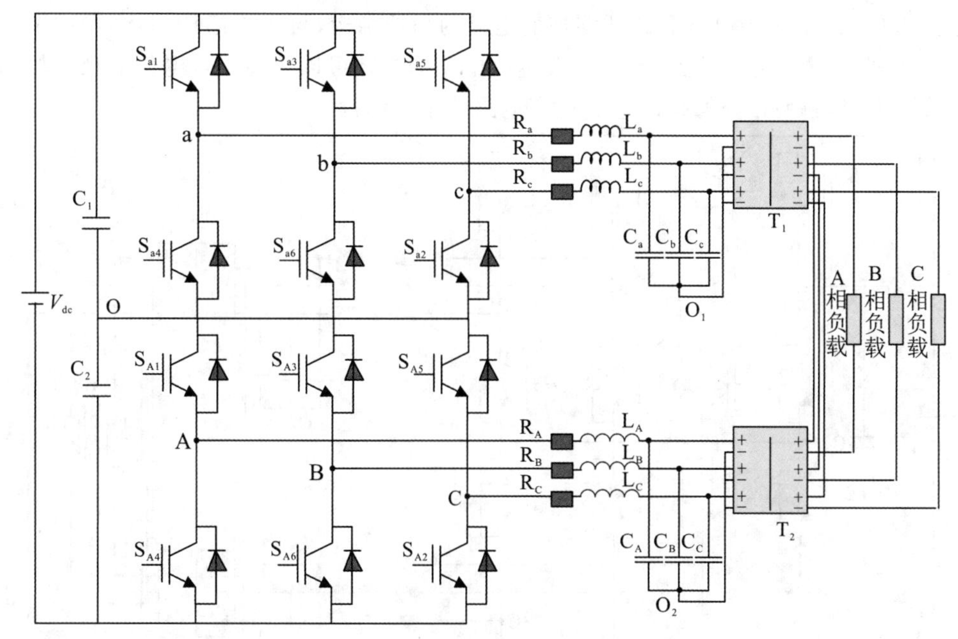

图 2.1　新型逆变电路的拓扑

正常工作状态下,电路每个功率管承受的关断电压为直流母线电压 V_{dc} 的一半,有利于减小开关损耗,降低开关管的故障率,延长开关管的寿命,而且有助于电路在较大功率场合地使用。由于电路上部三臂与下部三臂对称,且 a 与 A、b 与 B、c 与 C 互补,因此新型逆变电路的控制易于实现,并且对于多功率管同时故障具有容错功能,表 2.1 所示为电路 A 相输出电压的开关状态表。

表 2.1　A 相输出电压开关状态表

(s_1, s_4, s_7, s_{10})	(u_{aO}, u_{Ag})	A 相输出电压
(1,0,1,0)	$(V_{dc}/2, V_{dc}/2)$	V_{dc}
(0,1,0,1)	(0,0)	0
(0,1,1,0)	$(0, V_{dc}/2)$	$V_{dc}/2$
(1,0,0,1)	$(V_{dc}/2, 0)$	$V_{dc}/2$
(0,0,0,0)	(0,0)	0

其中:s_1-s_6 是图 2.1 功率管 $S_{a1}-S_{a6}$ 的控制信号,s_7-s_{12} 是功率管 $S_{A1}-S_{A6}$ 的控制信号。

由于直流母线电容通常采用铝电解电容，而统计表明：铝电解电容的短路故障占其故障的83％，开路故障占17％，电容容易发生短路故障，而正是这种电容的短路故障才会危害逆变电路的功能。另外，在新型逆变电路中，存在直流母线的中点电位难以平衡的问题。因此，为了进一步提高电路的可靠性，并且解决电路中点电位的平衡问题，对电路的拓扑进行改进。

由于电容充放电时间不同及干扰的作用，在实际工作中，图2.1所示拓扑存在电容中点电位难以平衡的问题，通过控制实现中点电位平衡具有很大的难度，有时平衡中点电位与控制电路主拓扑对控制变量的要求甚至会出现矛盾。

基于图2.1所示拓扑的电路存在电容中点电位难以平衡的问题，对该电路的拓扑结构进行改进。如图2.2所示为改进后的新型逆变电路的拓扑结构，与初始拓扑相比，增加了功率管S_1-S_4，将原来的两个电容减少为一个，改进后电路的拓扑可以实现中点电位的独立控制。后文若无特别说明，新型拓扑均指改进后逆变电路的拓扑结构。

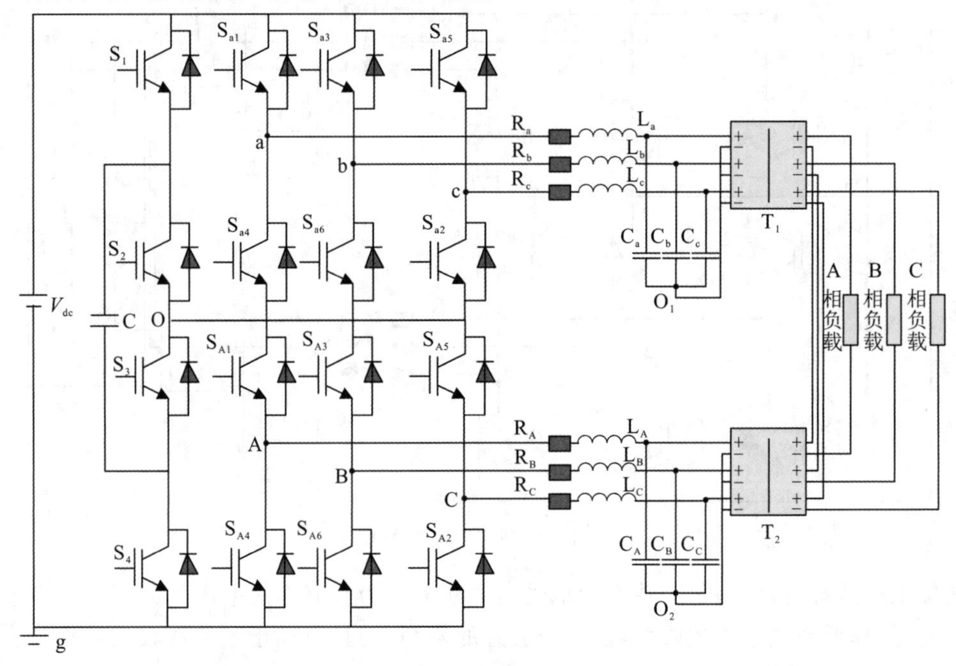

图2.2　新型逆变电路拓扑结构

本节主要对电路中点O的电位控制方案进行分析研究。

首先给出ΔU和ΔI的相关定义如式(2.1)所示，逆变电路中点电位的控制原理为：当电路工作时，监测并判断ΔU及ΔI的方向，通过控制功率管S_1-S_4的通断，完成电路中点电位的控制，与主电路控制相互独立，简单且易于实现。

$$\begin{aligned}&\Delta U=V_{dc}/2-U_c\\&\Delta I=d_{s_a}i_{s_a}+d_{s_b}i_{s_b}+d_{s_c}i_{s_c}+d_{s_A}i_{s_A}+d_{s_B}i_{s_B}+d_{s_C}i_{s_C}\end{aligned}\tag{2.1}$$

式中：d_s为相应功率管的导通比；U_c为直流侧电容电压；i_s为流出对应桥臂的电流，流出主电路方向为正。

下面对电路中点电位的具体控制策略进行研究，本章2.6节仿真和实验对控制效果进行了验证。

当$\Delta U<0$且$\Delta I<0$，此时$U_c>V_{dc}/2$，电容放电，电容电压U_c下降，导通S_1、S_3，电路中点

电位 $U_O = V_{dc} - U_c$，将增大至 $V_{dc}/2$；

当 $\Delta U<0$ 且 $\Delta I>0$，此时 $U_c>V_{dc}/2$，电容放电，导通 S_2、S_4，中点电位 $U_O = U_c$，将减小至 $V_{dc}/2$；

当 $\Delta U>0$ 且 $\Delta I<0$，此时 $U_c<V_{dc}/2$，电容充电，电容电压 U_c 增大，导通 S_1、S_3，电路中点电位 $U_O = V_{dc} - U_c$，将增大至 $V_{dc}/2$；

当 $\Delta U>0$ 且 $\Delta I>0$，此时 $U_c<V_{dc}/2$，电容充电，导通 S_2、S_4，中点电位 $U_O = U_c$，将减小至 $V_{dc}/2$。

2.4　新型拓扑的容错性能分析

逆变电路的容错系统主要包括以下三个方面：

(1)故障的监测与诊断；

(2)故障的隔离；

(3)电路硬件拓扑及软件控制的重构。

故障的监测与诊断是实现电路容错的前提和基础。逆变电路的故障主要包括开路故障和短路故障，对于电路的短路故障，主要借助于保护系统将短路故障转化为开路故障，按照开路故障的方法进行处理，关于开路故障的诊断方法，已经有很多研究，并取得了一定的成果。文献[166]研究了电路故障的隔离及其拓扑重构策略，文献[167]、[168]研究了电路具体的容错策略。本章围绕电路容错系统的三个方面，对新型逆变电路的容错性能进行详细分析。

2.4.1　故障的检测与诊断

逆变电路的功率管发生故障会导致电路运行在非正常状态，导致剩余器件的电压以及电流应力增加，轻则影响飞机电源系统的供电质量，重则使飞机电源系统崩溃，影响飞行安全。因此，当功率管发生故障时，需要对其进行及时、准确的诊断。逆变电路常见故障有：功率开关管的短路故障和功率管开路故障。短路故障主要由辅助电源失效、电路驱动信号错误、功率管击穿等引起，导致短路电路在极短的时间内增大，短路故障因其存在时间非常短(通常在 10 μs 以内)，因此很难被诊断。因此正如文献[35]的研究和总结，对于电路短路故障，多采用基于硬件电路的设计来实现对故障的诊断和保护。比如，在逆变电路中植入快速熔丝，通过快速熔丝可以将电路功率管的短路故障转变为开路故障，从而利用开路故障的诊断方法进行处理。对于电路功率管开路故障，需要采集电路的故障信息，并结合一定的技术手段来实现故障的诊断和定位。目前有关逆变电路故障的诊断的研究，大多集中在功率管开路故障上。功率管破裂、电路驱动信号丢失，以及电路失效等是造成功率管开路故障的主要原因。

2.4.2　故障的隔离策略

当电路的功率开关管或者桥臂发生故障时，需要首先将故障部件进行隔离，然后通过拓扑重构实现故障的容错运行。对于逆变电路功率开关管的开路故障，可以通过切除控制信号的方法将故障部件进行隔离，而功率管短路故障的隔离策略如图 2.3(a)所示，利用两个触发式晶闸管和两个快速熔丝将故障桥臂与主电路隔离。当完成故障隔离后，两个电容可以帮助关断触发式晶闸管。图 2.3(b)是种简化的故障隔离策略，利用较大的短路电流直接熔断熔丝完成故障桥臂隔离。

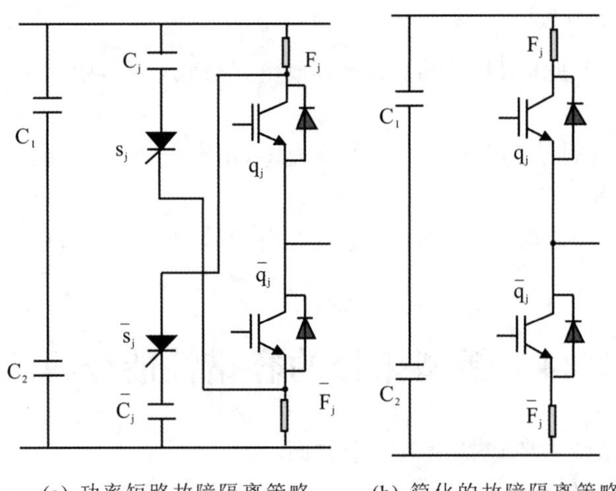

(a) 功率短路故障隔离策略　　(b) 简化的故障隔离策略

图 2.3　两种故障隔离策略

2.4.3　拓扑的重构方案

2.4.3.1　重构策略

对于新型逆变电路，由于其上部三臂与下部三臂对称，控制策略相同，且 a 与 A 臂互补、b 与 B 臂互补、c 与 C 臂互补，因此，当某一桥臂的一个或者两个功率开关管同时发生故障时，利用隔离电路迅速将故障桥臂从主电路中切除，并且以互补桥臂代替故障桥臂的工作，完成故障后电路的容错运行，容错运行时无需调整电路的控制策略，简单可靠，易于实现。下面分别对电路单臂故障、双臂故障及三臂故障时的容错方案进行分析。

图 2.4 所示为电路 a 桥臂的功率管 S_{a1} 或 S_{a4} 发生故障时电路的重构方案，将故障管所在的

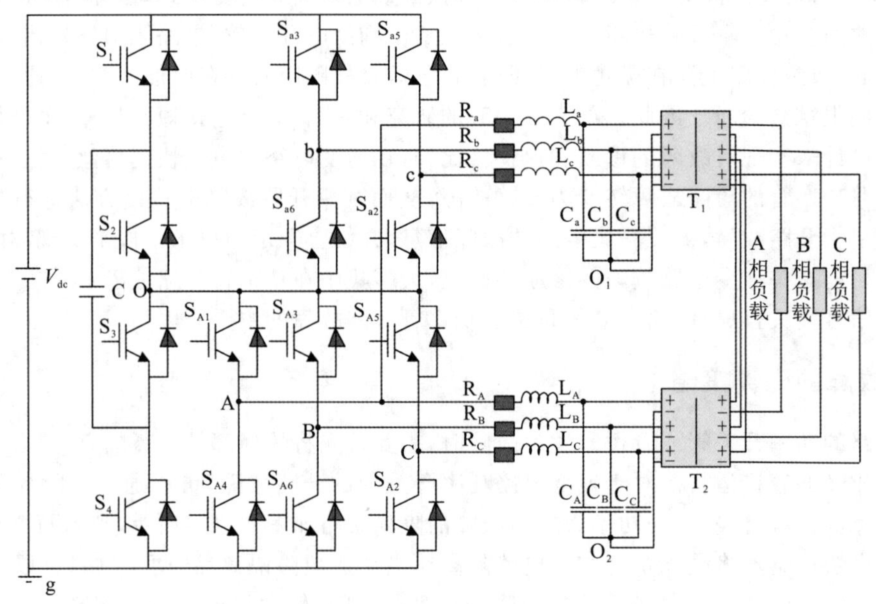

图 2.4　单管故障电路重构方案

桥臂 a 整体从电路中切除，然后把 a 桥臂的输出切换到与其互补的 A 桥臂，A 桥臂同时承担两个桥臂的电能输出，需要指出的是该容错方案会给电路带来较大的干扰，通过对电路的拓扑结构和控制策略进行调整和改善可以有效消除干扰。

图 2.5 是电路两个桥臂同时发生故障时电路的重构方案，即当 a、b 桥臂故障时，将其输出分别切换至 A、B 桥臂，实现容错运行，同样，容错后会给电路带来干扰。

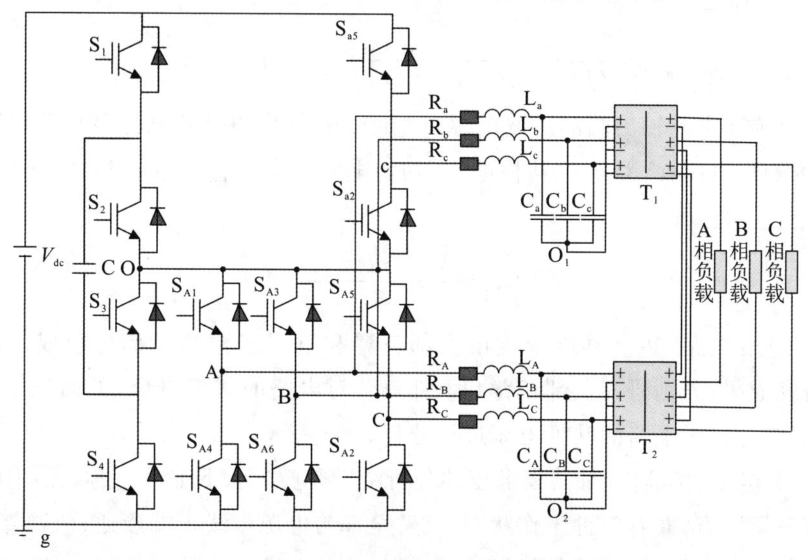

图 2.5　双管故障电路重构方案

图 2.6 是三个桥臂同时故障时电路的重构方案，由电路中心点电位控制策略可知开关管 S_2 和 S_3 不会同时导通，因此电容 C 不存在短路情况，同样重构后电路存在干扰，若不采取措施，电路输出将无法满足航空领域的要求。

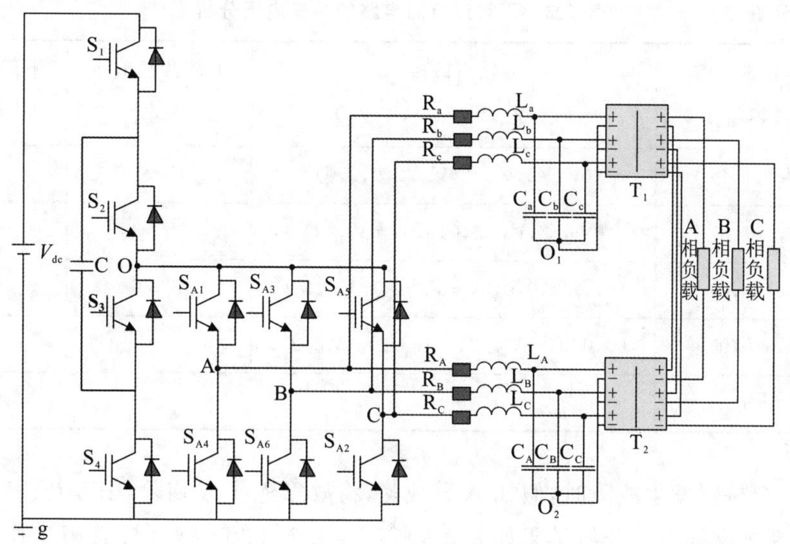

图 2.6　三管故障电路重构方案

2.4.3.2 重构后电路干扰的分析及抑制

文献[169]对三相三桥臂逆变电路和三相四桥臂逆变电路的干扰进行了详细研究，研究结果表明共模干扰是电路干扰的一个主要组成部分，由其研究成果可知，三相逆变电路的共模电压可用式(2.2)来描述。

$$V_g=\frac{1}{(L_f+L)C_g s^2+RC_g s+3}(V_a+V_b+V_c) \tag{2.2}$$

式中，L_f是逆变电路输出端的滤波电感；L 和 R 是负载的等效电感和电阻；V_a,V_b,V_c 分别为各自相的输出电压；C_g是等效共模电容，均为电路的结构性参数，当共模电容 $C_g\to 0$ 时，共模电压变为：

$$V_g=\frac{(V_a+V_b+V_c)}{3} \tag{2.3}$$

对于新型逆变电路，共模电压干扰由上部三臂和下部三臂两个部分组成，因此，利用文献[169]的研究成果，分别研究上部三臂和下部三臂对电路的共模电压，下面先结合电路的开关状态对无故障运行时电路的共模电压进行分析。

表 2.2 是电路无故障运行时共模电压的分析结果，电路上、下部分对称，控制策略相同，因此，对于上部三臂而言，共有四种工作状态：三臂全部与电源母线正端接通；两臂与母线正端接通，另外一臂与中心点接通；一臂与母线正端接通，另外两臂与中心点接通；三臂全部与中心点接通，下部三臂与上部三臂的工作状态保持一致。上部三臂的共模电压用 O_1 点与电源负端 g 点之间的电压 V_{O_1g}来描述，下部用点 O_2 与 g 间的电压 V_{O_2g}来描述。由分析结果，在一个开关周期内，由于电路 $V_{O_1g}+V_{O_2g}$的平均值为 0，因此电路正常工作时，共模电压较小。

表 2.2 正常运行时电路的共模电压分析

开关状态 $(s_a,s_b,s_c,s_A,s_B,s_C)$	输出电压 $(V_a,V_b,V_c,V_A,V_B,V_C)$	上部共模电压 V_{O_1g}	下部共模电压 V_{O_2g}
(1,1,1,1,1,1)	$(V_{dc}/2,V_{dc}/2,V_{dc}/2,0,0,0)$	$V_{dc}/2$	0
(1,1,0,1,1,0)	$(V_{dc}/2,V_{dc}/2,0,0,0,-V_{dc}/2)$	$V_{dc}/3$	$-V_{dc}/6$
(1,0,0,1,0,0)	$(V_{dc}/2,0,0,0,-V_{dc}/2,-V_{dc}/2)$	$V_{dc}/6$	$-V_{dc}/3$
(0,0,0,0,0,0)	$(0,0,0,-V_{dc}/2,-V_{dc}/2,-V_{dc}/2)$	0	$-V_{dc}/2$
$V_{O_1g}+V_{O_2g}$	—	0	0

当电路一个桥臂发生故障时，假如 A 臂故障，将故障桥臂 A 切除，由互补桥臂 a 代替其工作。此时，电路的共模电压分析结果如表 2.3 所示。由于此时 a 臂代替 A 臂工作，A 臂输出的电位发生变化，即“+”电平由 0 变为 $V_{dc}/2$，“−”电平由 $-V_{dc}/2$ 变为 0，此时，$V_{O_1g}+V_{O_2g}$的平均值不再为 0，因此，电路存在较大的干扰，如果不加以消除，可能导致电路无法正常运行。对于其他故障情形，共模干扰的分析类似。

表 2.3 A 臂故障重构后电路的共模电压分析

开关状态 $(s_a,s_b,s_c,s_A,s_B,s_C)$	输出电压 $(V_a,V_b,V_c,V_A,V_B,V_C)$	上部共模电压 V_{O_1g}	下部共模电压 V_{O_2g}
(1,1,1,1,1,1)	$(V_{dc}/2,V_{dc}/2,V_{dc}/2,V_{dc}/2,0,0)$	$V_{dc}/2$	$V_{dc}/6$
(1,1,0,1,1,0)	$(V_{dc}/2,V_{dc}/2,0,V_{dc}/2,0,-V_{dc}/2)$	$V_{dc}/3$	0
(1,0,0,1,0,0)	$(V_{dc}/2,0,0,V_{dc}/2,-V_{dc}/2,-V_{dc}/2)$	$V_{dc}/6$	$-V_{dc}/6$
(0,0,0,0,0,0)	$(0,0,0,0,-V_{dc}/2,-V_{dc}/2)$	0	0
$V_{O_1g}+V_{O_2g}$	—	V_{dc}	V_{dc}

可以通过设计合理的控制策略，在电路一个工作周期内，协调不同开关状态的作用时间，来降低电路共模电压的干扰。但是，利用控制消除电路共模电压干扰时，控制器还需兼顾其他的控制指标，这些指标对控制的要求有时会与消除干扰的要求相矛盾，给抑制干扰带来困难。通过设计电路的硬件结构也可有效降低共模电压的干扰。以 a 臂故障为例，主电路完成重构后，将变压器 T_1 输入侧的 a 臂负端切换至 O_2 点，并在线路上加入抑制电容，这样影响 O_1 点共模电压的桥臂由原来的 a、b、c 三臂变为 b、c 两臂，有助于降低 O_1 点共模电压的干扰。另外，抑制电容可以限制由 A 臂代替 a 臂后 a 臂输出电位的变化，有利于降低 O_2 点共模电压的干扰。如此，便可以通过分别抑制 O_1、O_2 点的共模电压来降低电路的整体干扰。如图 2.7、图 2.8、图 2.9 所示分别为 a 臂故障，a、b 两臂故障，a、b、c 三臂故障时，消除干扰的方案，需要指出的是共模电压干扰与故障桥臂的数目没有直接的关系，仿真和实验对容错策略的有效性进行验证。

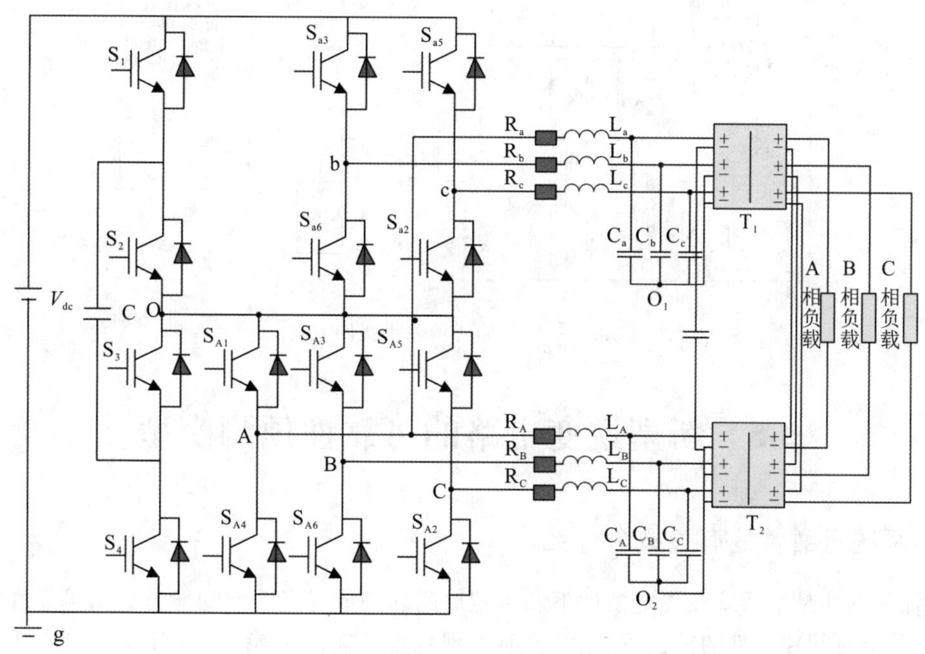

图 2.7 单臂故障时消除干扰的方案

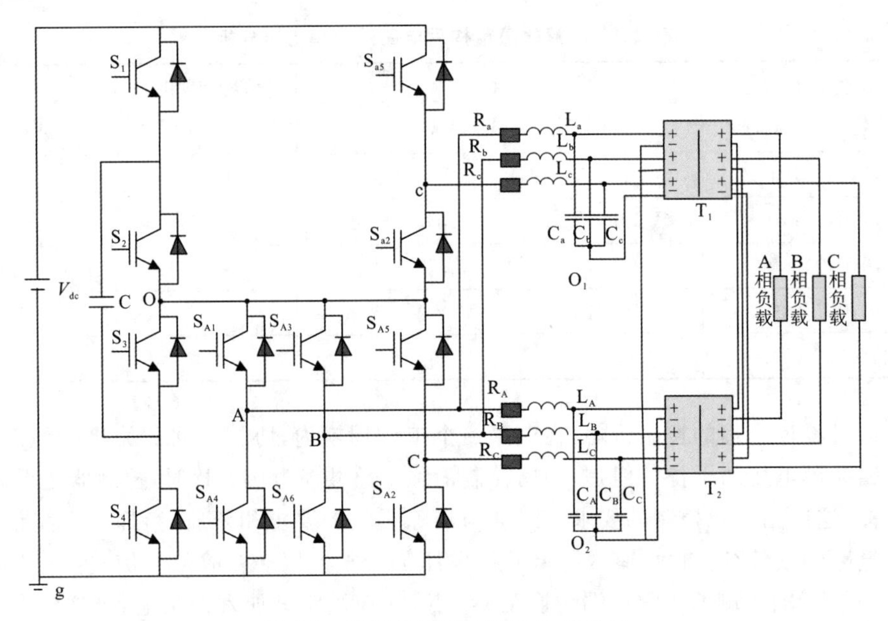

图 2.8　双臂故障时消除干扰的方案

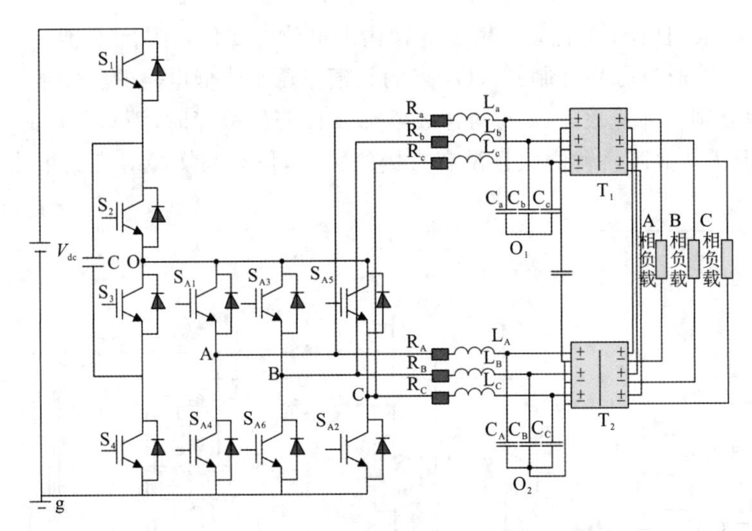

图 2.9　三臂故障时消除干扰的方案

2.5　新型逆变电路的可靠性预测模型

2.5.1　系统可靠性的有关概念介绍

系统可靠性是指系统在规定条件下和规定时间内完成规定功能的能力。由可靠性的定义可知，在限定时间和条件的前提下，系统具有实现规定功能的可能，也具有丧失完成任务能力的可能，具有一定的概率特征。因此，可以利用随机事件的概率表征系统可靠性的特征量，由此便引出了可靠度的概念：指系统在限定条件下，经过一段时间 t 的使用后，仍能完成规定功能的概率，用符号 $R(t)$表示，即

$$R(t)=P(T>t) \tag{2.4}$$

其中：T 表示系统的寿命，即从开始使用到失效的时间。

失效率又称故障率，是描述系统可靠性的又一重要概念，指 t 时刻前正常工作的系统，在 t 时刻后，单位时间内发生故障的条件概率密度，其数学描述如式(2.5)所示。

$$\lambda(t)=\lim_{\Delta t\to 0}\frac{1}{\Delta t}P(t<T\leqslant t+\Delta t\mid T>t) \tag{2.5}$$

失效率 $\lambda(t)$ 的实质是描述系统在 $[t,t+\Delta t]$ 的时间内发生故障的概率，其标准单位是菲特(Fit)，菲特与小时之间的换算关系为 1 Fit $=10^{-9}$/h。$\lambda(t)$ 的值越小，表示系统发生故障的概率越小，因而系统的可靠性越高。

可靠度与失效率二者之间存在如式(2.6)的关系：

$$R(t)=\mathrm{e}^{-\int_0^t \lambda(\tau)\mathrm{d}\tau} \tag{2.6}$$

2.5.2　基于普通概率法的系统可靠性数学模型的建立

普通概率法是一种基于可靠性的框图，系统的可靠性框图可以简单地分为串联和并联两种情况。另外，可靠性数学模型的建立还需借助于式(2.7)所示的全概率公式。

$$R_s=R_X(R_s\mid X\ \text{正常})+(1-R_X)(R_s\mid X\ \text{失效}) \tag{2.7}$$

其中：R_s 为系统的可靠度，R_X 是系统单元 X 的可靠度，$(R_s\mid X$ 正常$)$表示 X 正常时系统的可靠性。

图 2.10 所示是由 n 个独立的子系统串联构成的系统 S，串联的特征是任一子系统失效都会导致整个系统 S 的失效，由此可以得到系统 S 的可靠度如式(2.8)。

$$\begin{aligned}R(t)&=P\{\min(T_1、T_2、\cdots、T_n)>t\}=P\{T_1>t,T_2>t、\cdots、T_n>t\}\\&=\prod_{i=1}^{n}P(T_i>t)=\prod_{i=1}^{n}R_i(t)\end{aligned} \tag{2.8}$$

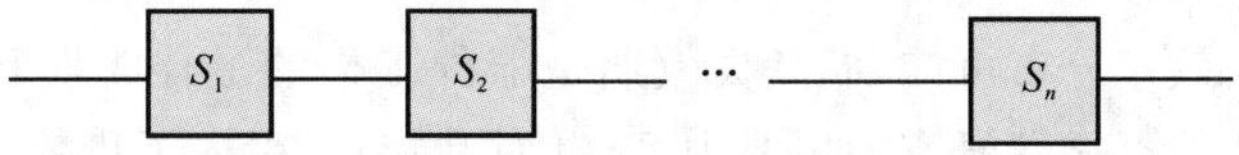

图 2.10　串联系统的结构

如图 2.11 所示，系统 S 是由 n 个独立子系统构成的并联系统，并联系统的特征是任一子系统的失效不影响系统 S 的可靠性，仅当所有子系统失效时系统 S 才会失效，因此系统 S 的可靠度如式(2.9)所示。

$$\begin{aligned}R(t)&=P\{\max(T_1、T_2、\cdots、T_n)>t\}=1-P\{T_1\leqslant t,T_2\leqslant t、\cdots、T_n\leqslant t\}\\&=1-\prod_{i=1}^{n}P(T_i\leqslant t)=1-\prod_{i=1}^{n}[1-R_i(t)]\end{aligned} \tag{2.9}$$

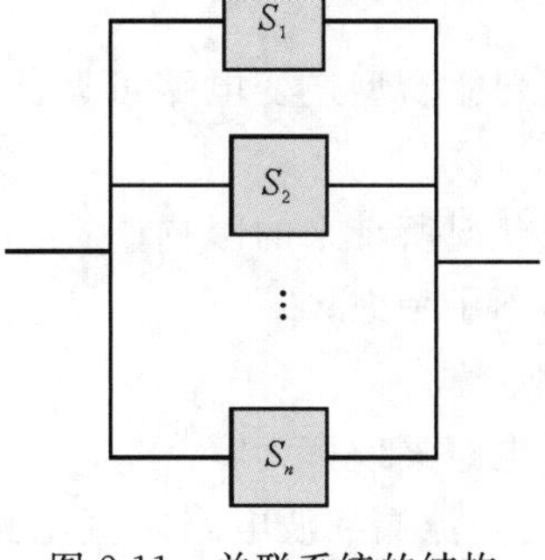

图 2.11　并联系统的结构

2.5.3 电子元器件的失效率分析及其指数分布描述

根据统计及其相关文献,电子元器件在整个寿命期间的失效率如图 2.12 所示[170]。由变化曲线可知,电子元器件的失效率可以分为 3 个时期:早期失效期、偶然失效期和损耗失效期。

早期失效期一般出现在产品使用的初期,具有失效率较高的特点,但是伴随工作时间的增加会快速下降。设计和制造工艺的缺陷是造成早期失效的主要原因。

偶然失效期是指在产品使用的中期发生的失效,其特点是失效率很低并且较为稳定,可以近似用一常数来描述,另外,失效通常具有一定的偶然性。产品的这一时期处于使用的最佳阶段。

损耗失效期是指在产品使用的后期由于老化、磨损和疲劳等原因使器件性能恶化,具有失效率明显上升、部分器件相继失效等特点。

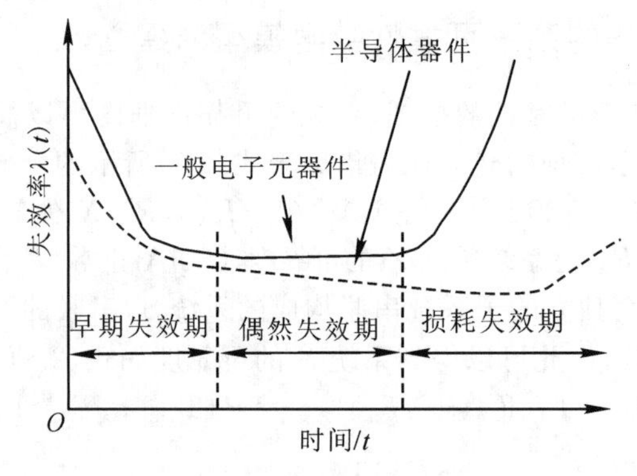

图 2.12 典型器件的失效曲线

由电子元器件失效率分布可知,偶然失效期是器件工作的最佳时期和重要阶段,因此,偶然失效期是电子元器件可靠性研究的主要内容,针对其特点,引入了指数分布描述的方法。指数分布的一个重要特点是失效率为常数,正好适用于对器件偶然失效期进行描述。指数分布函数由式(2.10)所示的函数来描述:

$$
\begin{aligned}
&\lambda(t)=\lambda_0 \\
&R(t)=\mathrm{e}^{-\lambda_0 t} \\
&\mathrm{MTBF}=\int_0^{\infty} t\lambda_0 \mathrm{e}^{-\lambda_0 t}\,\mathrm{d}t=\frac{1}{\lambda_0}
\end{aligned}
\tag{2.10}
$$

2.5.4 新型逆变电路可靠性的预测模型

基于前面所介绍的理论,本节建立新型逆变电路可靠性的预测模型,在此之前,首先给出如下假设:

(1)忽略元件间的连接与布线状况所带来的影响;

(2)对于可能存在的缓冲电路不予考虑;

(3)隔离电路的失效率为零;

(4)由双向晶闸管构成的切换电路失效率为零。

根据文献[169]的研究成果,与交流端滤波电路及直流侧电容相比,逆变电路的可靠性主要由主电路桥臂的可靠性决定,参考美国军用标准 MIL - HDBK - 217F 和我国军用标准

GJB/Z299C[171]对新型逆变电路的可靠性预测模型进行研究，并将结果与三相三桥臂逆变电路和三相四桥臂逆变电路进行对比，对比结果见 2.6 节仿真与实验。

设定直流电压 270 V，IGBT 额定电压 600 V、额定电流 30 A、工作结温 110 ℃，续流二极管额定电压 1000 V、电流 100 A、结温 50 ℃，环境温度 40 ℃。

IGBT 工作失效率 λ_{IGBT} 可由式(2.11)得到：

$$\lambda_p=\lambda_b\pi_T\pi_A\pi_R\pi_S\pi_Q\pi_E \tag{2.11}$$

$$\pi_T=e^{-2114\left(\frac{1}{T_j+273}-\frac{1}{298}\right)} \tag{2.12}$$

$$\pi_R=(P_r)^{0.37} \tag{2.13}$$

$$\pi_S=0.045e^{3.1S_r} \tag{2.14}$$

$$S_V=\frac{V_{CE}}{V_{CEO}} \tag{2.15}$$

以上几式中，λ_b 指仅由温度和电应力比影响时的失效率，此类器件 $\lambda_b=0.74$ Fit；π_T 为温度应力系数；T_j 为器件结温；π_A 为器件功能的影响因数；π_R 为额定功率；π_S 为电压应力系数；S_V 为电压应力；V_{CE}为直流电压；V_{CEO}为额定电压；π_Q 是质量等级的调整系数；π_E 是环境应力的调整系数。

由式(2.12)至式(2.15)可以计算得：$\pi_T=4.8$，$\pi_A=0.7$，额定功率等级为 500 W，$\pi_R=10$，$S_V=0.45$，$\pi_S=0.1816$，根据相关标准，$\pi_Q=5.5$，$\pi_E=9$，最后，根据式(2.9)可以计算出 IGBT 的工作失效率 $\lambda_{IGBT}=223$ Fit。

二极管工作失效率可由式(2.16)得到：

$$\lambda_p=\lambda_b\pi_T\pi_S\pi_C\pi_Q\pi_E \tag{2.16}$$

$$\pi_T=e^{-3091\left(\frac{1}{T_j+273}-\frac{1}{298}\right)} \tag{2.17}$$

式中，π_T 为温度应力系数；π_S 为电压应力系数；π_C 为引线结构系数。

由于续流二极管具有快速反向恢复能力，因此二极管的基本失效率 $\lambda_b=69$ Fit，由式(2.17)得 $\pi_T=2.2$，$S_V=0.27$，$\pi_S=0.104$，根据相关标准 $\pi_C=1$，$\pi_Q=5.5$，$\pi_E=9$，则由式(2.16)可得：$\lambda_D=781$ Fit。

三相逆变电路的单个桥臂由两个 IGBT 和两个续流二极管组成，因此单个桥臂的失效率为：

$$\lambda_{Leg}=2\lambda_{IGBT}+2\lambda_D \tag{2.18}$$

由前面的计算结果可以得到：$\lambda_{Leg}=2008$ Fit。

对于三相三桥臂逆变电路，若要主电路可靠工作，三个桥臂不能有一个出现失效，因此预测三相三桥臂逆变电路可靠度为：

$$R_3(t)=e^{-\lambda_{Leg}t}e^{-\lambda_{Leg}t}e^{-\lambda_{Leg}t}=e^{-3\lambda_{Leg}t} \tag{2.19}$$

对于三相四桥臂逆变电路，只要有三个以上的桥臂正常工作，即可保证电路的正常输出，因此三相四桥臂逆变电路预测可靠度为：

$$R_4(t)=4\left(e^{-\lambda_{Leg}t}\right)^3\left(1-e^{-\lambda_{Leg}t}\right)+\left(e^{-\lambda_{Leg}t}\right)^4=4e^{-3\lambda_{Leg}t}-3e^{-4\lambda_{Leg}t} \tag{2.20}$$

由于新型逆变电路对于单个桥臂、双桥臂和三桥臂故障均可以进行容错运行，因此新型逆变电路的预测可靠度为：

$$
\begin{aligned}
R_{\text{new}} &= C_6^1(1-e^{-\lambda \text{Leg}})e^{-5\lambda \text{Leg}} + C_6^2(1-e^{-\lambda \text{Leg}})^2 e^{-4\lambda \text{Leg}} + C_6^3(1-e^{-\lambda \text{Leg}})^3 e^{-3\lambda \text{Leg}} + e^{-6\lambda \text{Leg}} \\
&= 6(1-e^{-\lambda \text{Leg}})e^{-5\lambda \text{Leg}} + 15(1-e^{-\lambda \text{Leg}})^2 e^{-4\lambda \text{Leg}} + 20(1-e^{-\lambda \text{Leg}})^3 e^{-3\lambda \text{Leg}} + e^{-6\lambda \text{Leg}}
\end{aligned}
\tag{2.21}
$$

代入数据计算可得：

$$
\begin{aligned}
R_3 &= e^{-6.024\times 10^{-6}t} \\
R_4 &= e^{-8.032\times 10^{-6}t} \\
R_{\text{new}} &= 6(1-e^{-2.008\times 10^{-6}t})e^{-1.004\times 10^{-5}t} + 15(1-e^{-2.008\times 10^{-6}t})^2 e^{-8.032\times 10^{-6}t} \\
&\quad + 20(1-e^{-2.008\times 10^{-6}t})^3 e^{-6.024\times 10^{-6}t} + e^{-1.205\times 10^{-5}t}
\end{aligned}
\tag{2.22}
$$

2.6 仿真与实验验证

图 2.2 所示的电路拓扑采用滞环 PID 控制策略，基于 MATLAB\Simulink 软件搭建仿真模型，仿真参数如下：$V_{dc}=270$ V，滤波电容 $C=8800$ μF，滤波电感 $L=100$ μH，滤波电阻 $r=25$ mΩ，额定频率为 400 Hz。图 2.13 的仿真结果是三相三桥臂逆变电路、三相四桥臂逆变电路和新型逆变电路的可靠度曲线，可以看出：通过对比发现新型逆变电路具有较好的可靠度。图 2.14 为无故障时电路三相输出电压的仿真结果，图 2.15 为拓扑改进前及改进后电路中心点电压的对比结果，可见改进后拓扑能够很好地实现中心点电压的平衡控制。图 2.16 为 A 臂故障时电路的三相输出电压，图 2.17 是 A、B 两臂同时故障时电路三相输出电压，图 2.18 是 A、B、C 三臂同时故障时电路三相输出电压。从仿真结果可以看出，对于单臂、双臂和三臂同时故障，电路输出电压的总谐波失真(total harmonic distortion，THD)分别为 4.02%、4.33% 和 2.39%，均可满足航空领域 THD 不高于 5% 的要求。另外，当 A、B、C 三臂同时故障时，由于 a、b、c 三臂全部切除，电路共模电压的干扰与 O_1 点无关，而主要来自 O_2 点，因此 A、B、C 三臂同时故障时，电路输出电压的 THD 反而较小。

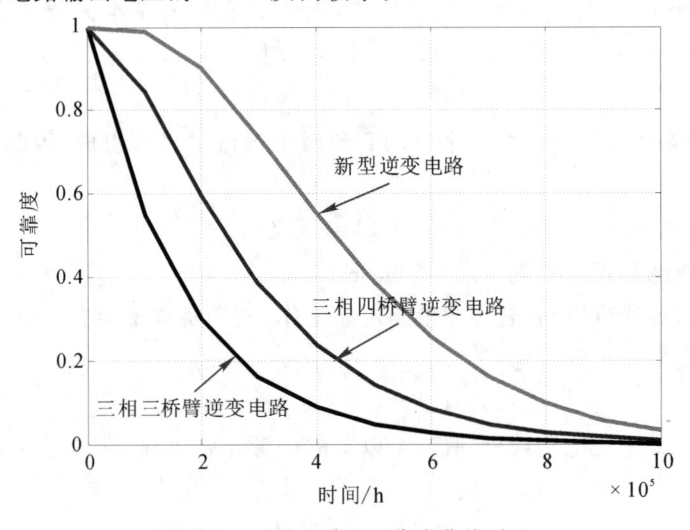

图 2.13　三种电路的可靠度曲线对比

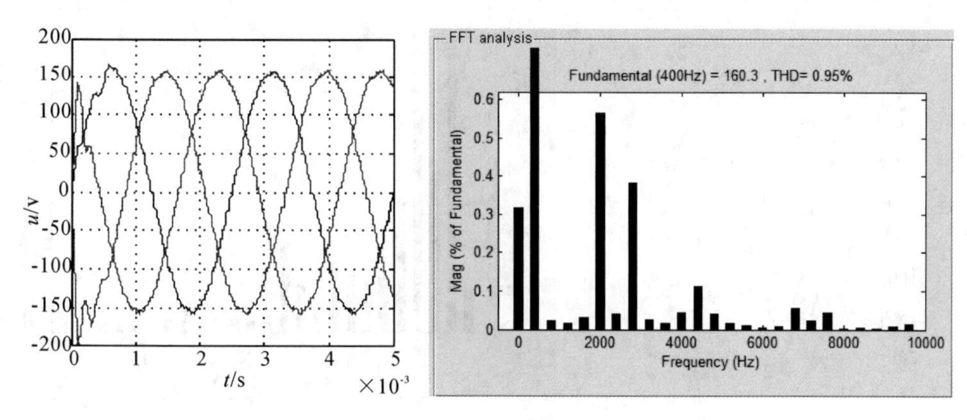

图 2.14　无故障时电路三相输出电压的仿真结果

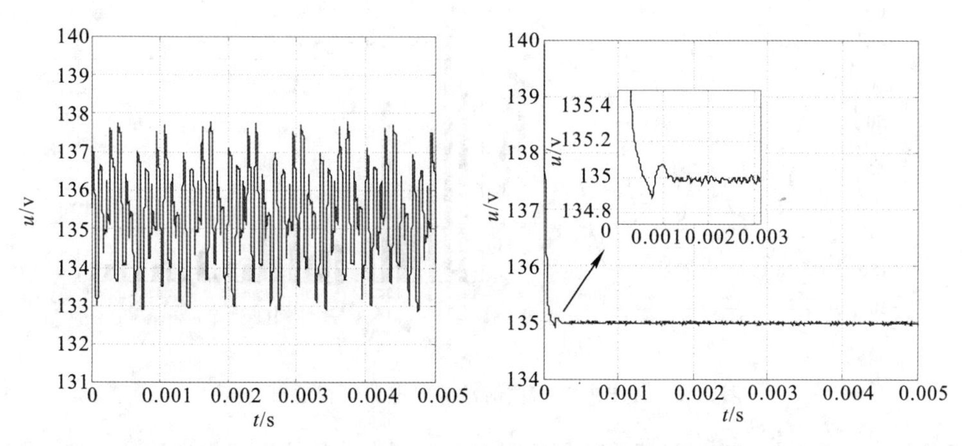

图 2.15　拓扑改进前、后电路中心点电压的对比结果

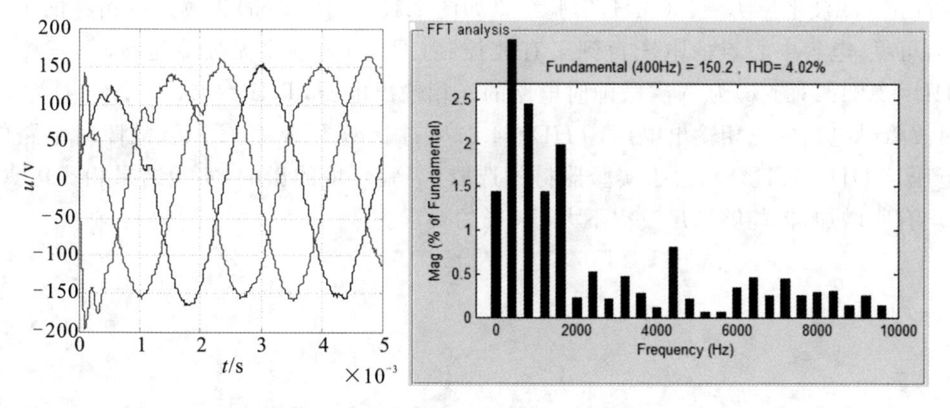

图 2.16　A 臂故障时电路的三相输出电压

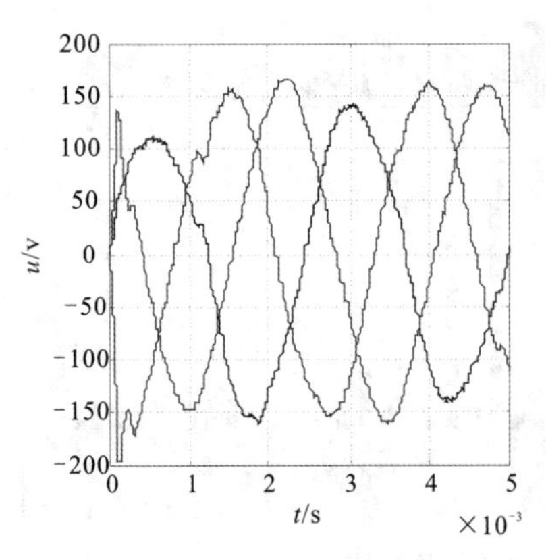

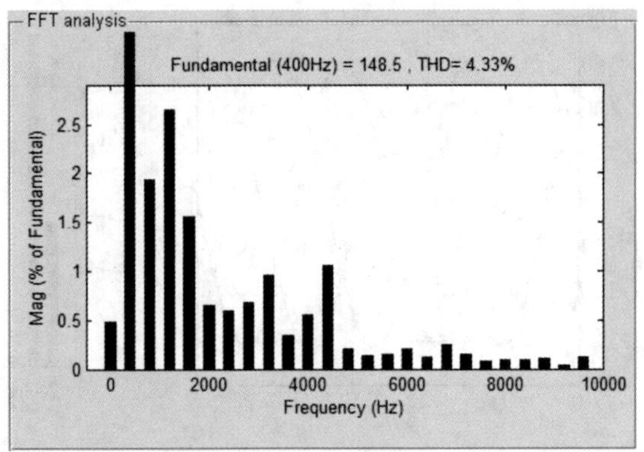

图 2.17　A、B 两臂同时故障时电路三相输出电压

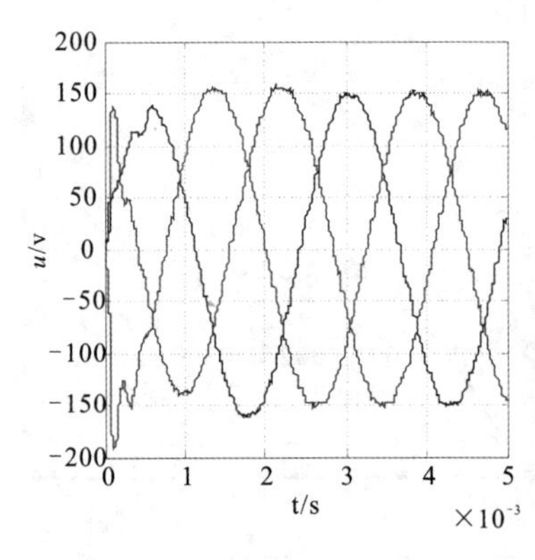

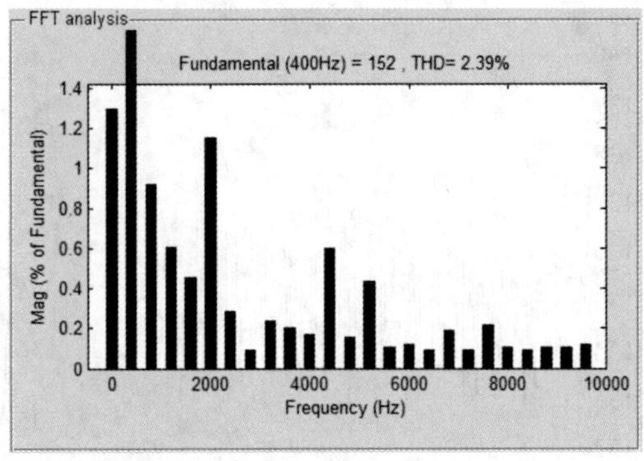

图 2.18　A、B、C 三臂同时故障时电路三相输出电压

实验平台基于 TMS320F2407 和 EPIC6Q240，三相电流检测电路由电流传感器、偏置电路和限幅电路组成，交流电压采集电路包括交流电压传感器、偏置电路和限幅电路。滤波电容 $C=8800\ \mu F$，滤波电感 $L=100\ \mu H$，实验结果如图 2.19 所示，图(a)为改进后拓扑的中心点电压波形，可见，电容中心点的电压得到了有效控制；图(b)为电路无故障运行时，三相输出电压，THD=1.24%；图(c)为 A 臂故障时电路的三相输出电压，THD=4.47%；图(d)为 A、B 两臂同时故障时电路的三相输出电压，THD=4.62%；图(e)为 A、B、C 三臂故障时电路的三相输出电压，THD=2.41%。由于实验器材的选取、实验环境的影响，实验结果相比仿真结果，THD 均有所增加，但能够满足航空不大于 5%的要求。

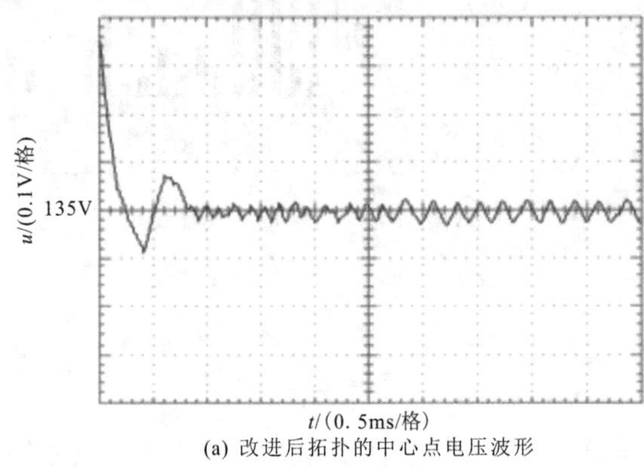

(a) 改进后拓扑的中心点电压波形

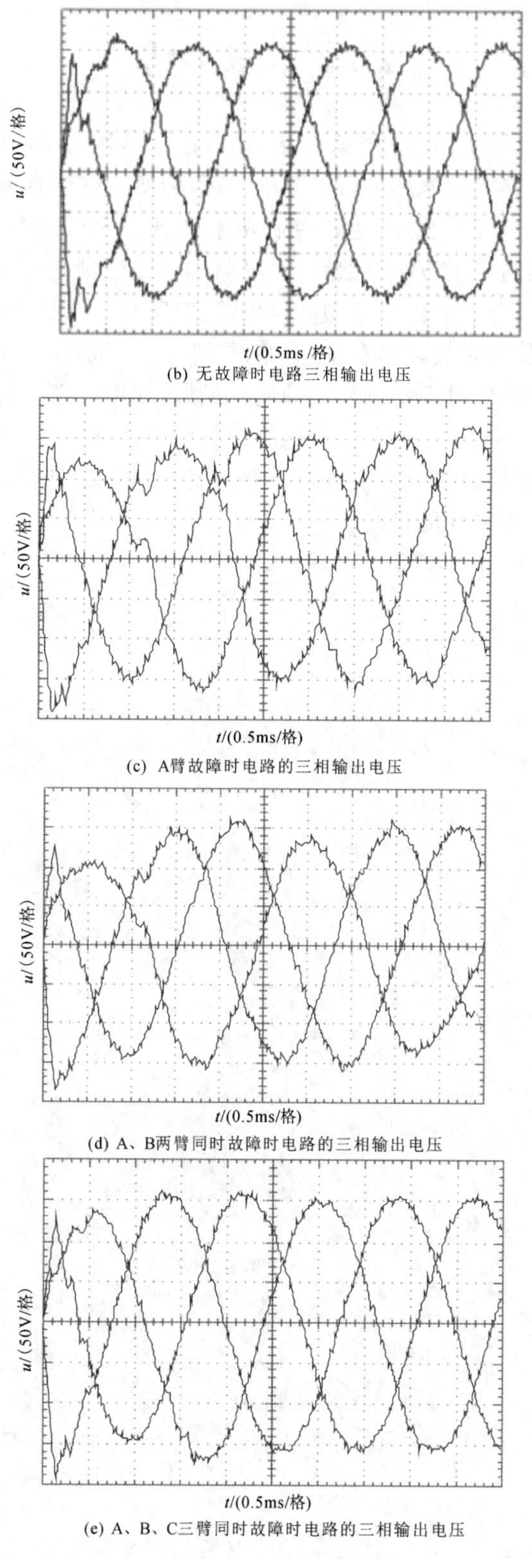

(b) 无故障时电路三相输出电压

(c) A臂故障时电路的三相输出电压

(d) A、B两臂同时故障时电路的三相输出电压

(e) A、B、C三臂同时故障时电路的三相输出电压

图 2.19 实验结果

2.7 本章小结

在研究了逆变电路容错拓扑的设计要求后，结合航空领域的特殊环境，本章设计了一种新的逆变电路容错拓扑，对其工作原理进行了详细分析，为便于电路直流母线串联电容中心点电位的控制，对其初始拓扑进行了改进，通过控制功率管 S_1—S_4 的通断实现了中点电位的独立控制，研究并给出了详细的控制策略。然后，对电路的容错性能进行了分析，包括故障隔离策略、电路拓扑重构方案等，分别给出了新型电路单臂、双臂和三臂故障时拓扑的重构方案，结果表明新型电路对多功率管同时故障具有良好的容错性能。但是，由于容错后拓扑变化，电路伴有较大的干扰，通过硬件设计对干扰进行了抑制。最后，利用可靠性预测模型对新型逆变电路的可靠性进行了研究，并与三相三桥臂逆变电路和三相四桥臂逆变电路进行了对比，结果表明新的电路具有较好的可靠性。仿真和实验对电路单管、双管及三管故障情况下的容错性能进行了验证，证明新型电路容错性能良好。

第3章　电力电子电路的混杂系统建模方法

3.1　逆变器的一般建模方法

逆变器的一般建模方法，根据建模过程中对系统模型忽略程度的不同，主要分为两种：小信号等效电路模型和大信号等效电路模型。

1.小信号等效电路模型

小信号等效电路模型分析法是目前针对逆变器使用最广泛的一种建模方法。这种建模方法的基本原理是忽略开关频率分量、开关频率谐波分量及开关频率边频分量，建立一种可以描述逆变器占空比和输入电压的低频变化时，电压、电流响应结果的小信号线性化模型。这种方法主要分为平均值等效电路法和状态空间平均法两种。

平均值等效电路法的基本思想是以逆变器的具体电路拓扑为基础，在建模时，采用等效的方法，将电路中某部分电压、电流或者电路某些器件等效为特定的电压源或电流源，并在此基础上建立逆变器的模型。目前典型的平均值等效电路法主要有电流注入等效电路法[162]、三端开关器件法[163]，以及等效受控源电路法等。

状态空间平均法是目前使用频率最高的逆变器的建模方法。这种建模方法的核心思想是将逆变器在稳态运行时不同开关状态对应的工作模态所占的占空比进行加权平均，去除电路中的直流分量，提取小信号扰动，忽略高阶扰动的影响，建立状态空间平均模型。

在这两种建模方法中，平均值等效电路法由于是在逆变器的具体电路拓扑的基础上进行等效的，因此，这种方法建立的模型与实际电路的拓扑相近。但这种方法存在意义抽象、难懂等缺点，因而在实际中应用很少。与平均值等效电路法相比，基于状态空间平均法得到的模型，在控制器设计时可采用经典控制理论中的方法，具有很强的实用性。同时，这种方法可在频域内描述系统，物理意义清晰。但是状态空间平均法在建模时抛开了逆变器的具体拓扑，因而得到的模型与实际电路相差很多。并且这种方法的建模过程也比较复杂且易出错。具体关于状态空间平均法和三种平均值等效电路法的比较如表3.1所示。

表3.1　状态空间平均法和三种平均值等效电路法特点比较

	状态空间平均法	平均值等效电路法		
		电流注入法	等效受控源法	三端开关器件法
统一性	强	弱	弱	弱
与原拓扑相近程度	较远	一般	相近	相近

2.大信号等效电路模型

逆变器由于电路中开关器件的存在，属于一类非线性系统，基于其小信号模型设计的稳定系统，有可能在面对大信号扰动时无法保持稳定。因此，在特殊情况下，需要对逆变器系统进行大信号建模分析。目前，针对逆变器的大信号建模分析法主要分为解析法与相平面法两种。

(1)解析法。解析法的基本原理是基于状态平均的思想，通过分析逆变器具体的工作状态，建立不同工作状态下的微分方程。再对微分方程进行求解得到相应的解析值。但解析法主要是求解一些低阶系统的大信号过程。由于高阶系统微分方程非常复杂，求解计算量非常大，因此，解析法对于高阶系统是不实用的。

(2)相平面法。相平面法是一种图解分析的方法，其主要原理是采用作图的方法在状态平面上将逆变器系统的相轨迹显示出来。相平面法与其他建模方法相比，对逆变器的非线性特性的描述更准确。但是相平面法由于是在二维状态平面上作图，因而只对二阶系统有效。所以相平面法的缺点是应用范围小，存在很大的局限性。

平均电流等效法、相平面法及解析法等由于方法自身的缺陷，因而应用很少。目前，对逆变器最常用的建模方法还是状态空间平均法。这种方法的实质是采用周期平均的思想，即在一个采用周期内用各个变量求得的平均值来代替实际上不断变化的各个变量的瞬时值，并在此基础上建立逆变器的模型。不难看出，这种应用平均值代替瞬时值的方法，不能准确地反映出逆变器实际运行中各个变量的变化规律，在此基础上设计的控制器也很难达到理想的控制效果。因此，为了实现高性能控制器的设计，就需要与能够准确反映逆变器特性的理论相结合，从一个新的角度去研究其建模与控制问题。以混杂系统为研究对象的混杂系统理论就为我们提供了一个可以满足上述要求的理论工具。

3.2 基于混杂系统的电力电子建模方法

对混杂系统建模的方法可以分为聚合建模法和延拓建模法两大类。

聚合建模法的主要思想是将混杂系统近似看成是离散事件动态系统的一类扩展，利用成熟的离散事件分析方法对连续系统的状态空间划分来完成对系统的建模。聚合建模法在建模的过程中主要采用的方法有自动机、Petri 网以及顺序功能图等在离散事件动态系统中使用的分析方法。

延拓建模法的主要思想是将整个混杂系统看作是一个微分或者差分方程组，从而将系统中的离散事件近似看作是对连续过程方程组的干扰，或者将离散事件以条件的形式嵌入到方程组中。延拓建模法在建模的过程中主要采用的方法有微分方程、二次规划、线性不等式等。

3.2.1 聚合类模型

采用聚合建模法得到的混杂系统模型主要有：混杂自动机模型、层次结构模型、混杂 Petri 网模型等。

1.混杂自动机模型

自动机在计算机科学中是一种常用的分析离散事件系统的工具，现在在混杂系统建模的研究中也得到了很好的应用。

混杂自动机模型作为现今混杂系统研究中使用频率最多的模型之一，最初是由 Alur.R 等人[174]提出的。混杂自动机实质上是混杂系统的一个形式化模型，其对于离散和连续混杂特性的描述具有直观性及可验证性等优点，因而被人们逐渐接受。

混杂自动机模型是离散事件动态理论中自动机模型的一类扩展，其通过将描述连续动态行为的微分方程嵌入到传统的离散状态自动机模型中的方式使自动机模型兼具描述连续行为的能力。一般的混杂自动机模型 H 可以用以下的八元组来表示：

$$H=(Q,X,\Omega u,\Omega\mu,f,inv,G,R) \tag{3.1}$$

其中，Q 为离散状态变量的集合；X 为连续变量的集合，$X\subseteq \mathbf{R}^n$；Ωu 为连续动态部分的控制输入的集合；$\Omega\mu$ 为离散事件输入的有限集合；f 表示 $X\times Q\times\Omega u\rightarrow\mathbf{R}^n$ 的映射，描述了连续动态部分时间驱动演化过程；$inv\subset X\times Q\times\Omega u\times\Omega\mu$，为模式不变集，表示连续状态在不变集内，模态不切换(Jump)，系统按照连续动态过程演化；$G\subset X\times Q\times\Omega u\times\Omega\mu$，为系统的模态切换区域，当系统的状态演化进入该区域时，模态切换发生，系统的状态可能发生跳变；$R:X\times Q\times\Omega u\times\Omega\mu\rightarrow 2^{X\times Q}$ 描述离散事件作用前后的系统状态的变化。

inv、G、R 三者描述了混杂系统在离散事件驱动下的系统状态变化情况（即模态在什么条件下不切换，什么条件下切换，模态如何切换，系统的状态如何跳跃，如何从离散事件作用之前的状态转化为离散事件作用之后的新的状态）。

如图 3.1 所示为一个典型的混杂自动机模型[175]。其状态演化过程如下：给定系统的初始状态 $(x_0,q_0)\in X\times Q$，给定系统的输入 $u\in\Omega u,\mu\in\Omega\mu$。混杂系统的连续状态 x 根据 $\dot{x}(t)=f(x(t),q(t),u(t))$ 的规律演化，而混杂系统的离散状态 $q(t)$ 保持不变。只要满足 $(x,q,u,\mu)\in inv$，连续状态一直按照上述的动态演化。如果在系统的状态演化过程中，当满足 $(x,q,u,\mu)\in G$，系统的工作模态就要发生切换，连续状态就可能发生跳跃。在状态发生跳跃以后，新的系统的状态按照 $R:X\times Q\times\Omega u\times\mu\rightarrow 2^{X\times Q}$ 方式来确定。重复上述过程，混杂系统的状态不断地演化。

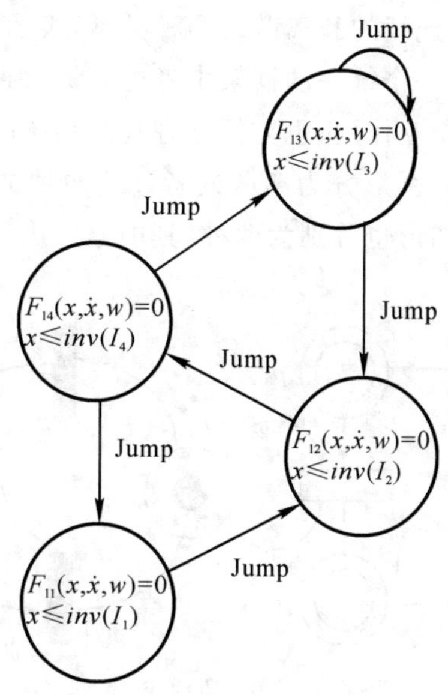

图 3.1　混杂自动机模型

2.层次结构模型

层次结构模型这类混杂系统模型最初由 Antsaklis 等人提出来。混杂系统层次结构模型如图 3.2 所示[176]。系统由 DEDS 控制器、接口部分及 CVDS 被控对象三部分组成。DEDS 控制器采用一个确定的自动机模型，其任务是通过接口部分接受事件，执行监督与控制 CVDS 系统的行为，并执行调度、优化等相应操作；CVDS 被控对象，受到控制器控制，其连续状态的演化具有间歇性的特点；接口部分由执行器和发生器两部分组成，其中发生器的任务是把连续变量转变成离散变量，而执行器则是把离散变量转变成对 CVDS 系统输入的连续信号，接口部分发挥着联接 DEDS 系统与 CVDS 系统的纽带作用。

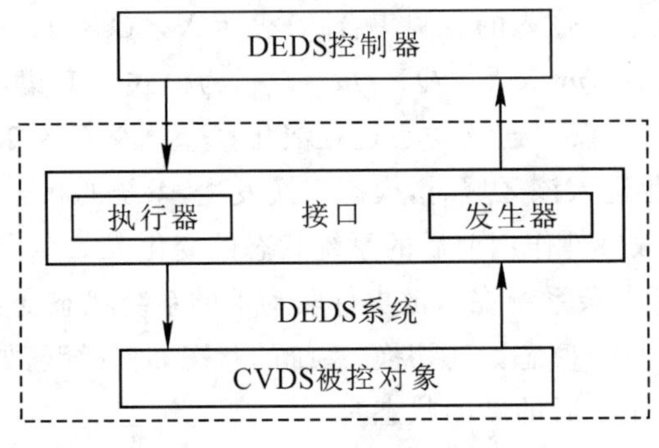

图 3.2　层次结构模型

3.混杂 Petri 网模型

传统 Petri 网将数学分析原理与图形相结合，同时兼备了图形法的直观性与逻辑法的概括性的特点，因而成为研究 DEDS 系统重要的工具之一。

混杂 Petri 网(HPN)是在传统 Petri 网的基础上发展形成的。Le Bail.J 等人在 20 世纪 90 年代初首次提出了混杂 Petri 网的概念。

HPN 将位置和变迁区分为连续的和离散的两种类型，表示系统的连续变量子过程和离散变量子过程。HPN 模型可以在一个统一的框架中考虑离散事件与连续变量，因而 HPN 模型可以很好地分析两变量之间的交互作用，也方便处理复杂系统的冲突或并发情况。HPN 模型可用图 3.3 来表示。图中位置的图形分为离散或者连续两种类型，通常采用双圈表示连续位置，单圈表示离散位置；变迁的图形也分别为两种，其中通常用空心条来表示连续变迁，用实心条来表示离散变迁[177]。

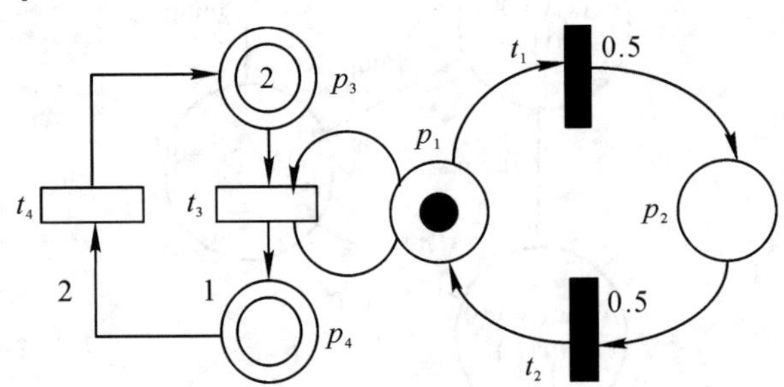

图 3.3　混杂 Petri 网模型

3.2.2　延拓类模型

采用延拓建模法得到的混杂系统模型主要有分段仿射(piecewise affine，PWA)切换模型、混合逻辑动态(mix logical dynamical，MLD)模型等。

1.分段仿射切换模型

切换模型可以近似看成混杂自动机模型的一类特殊情况。具体是指随着系统状态的不断演化,系统在其包含的一系列连续变量动态子系统之间不断地切换,且每当系统的连续状态超过某些边界区域时系统的切换就发生,如图3.4所示。

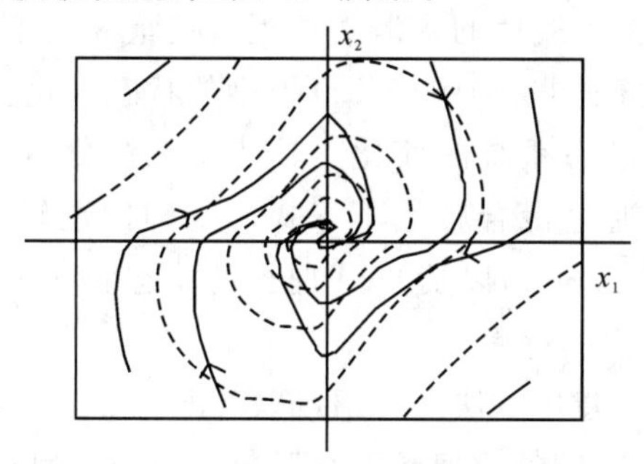

图3.4 切换系统的状态演化图

PWA模型是切换模型中最重要的一种。一般分为离散时间和连续时间两类,具体如下:离散时间PWA模型一般定义为

$$\begin{aligned}&\dot{x}(t)=A_i x(t)+B_i u(t)+f_i \qquad x(t),u(t)\in\Omega_i\\&y(t)=C_i x(t)+D_i u(t)+g\end{aligned} \tag{3.2}$$

连续时间PWA模型一般定义为

$$\begin{aligned}&\dot{x}(k+1)=A_i x(k)+B_i u(k)+f_i \qquad x(k),u(k)\in\Omega_i\\&y(k)=C_i x(k)+D_i u(k)+g\end{aligned} \tag{3.3}$$

Ω_i 是一个可以用线性不等式组表示的凸多面体集,用来表示系统的状态与输入空间。当系统的连续状态超过边界区域后,切换发生。通常情况下,PWA模型定义于系统状态空间的各个凸分区上,Ω_i 就是状态空间的凸划分。目前,人们对PWA模型在理论上的研究已开展了不少工作。

2.混合逻辑动态模型

混合逻辑动态模型由瑞士联邦工学院的Bemporad博士与Morari博士在1999年提出[178]。MLD模型是连续变量动态模型的进一步推广,它的提出是为了把混杂系统的连续动态、离散动态、动态之间的逻辑关系、切换关系以及系统的约束放在一个统一的模型框架内来考虑。

MLD模型是由互相依赖的物理规律、逻辑法则和操作约束所描述的系统。MLD模型将系统的启发式知识,逻辑判断和操作所必须遵循的约束条件,转化为命题逻辑,再通过引入逻辑变量将命题逻辑转化为混合整数线性不等式,从而得到混杂系统的模型。一般MLD模型可以表示为

$$\begin{aligned}&x(t+1)=Ax(t)+B_1u(t)+B_2\delta(t)+B_3z(t)\\&y(t)=Cx(t)+D_1u(t)+D_2\delta(t)+D_3z(t)\\&E_2\delta(t)+E_3z(t)\leqslant E_4x(t)+E_1u(t)+E_5\end{aligned} \tag{3.4}$$

式(3.4)中,$\boldsymbol{x}=(x_c,x_l)^{\mathrm{T}}$ 为状态变量,其中连续状态 $x_c \in \boldsymbol{R}^{n_c}$,离散状态 $x_l \in \{0,1\}^{n_l}$,$n=n_c+n_l$;输出变量 $\boldsymbol{y}=(y_c,y_l)^{\mathrm{T}}$,其中连续输出 $y_c \in \boldsymbol{R}^{pc}$,离散输出 $y_l \in \{0,1\}^{p_l}$,$p=p_c+p_l$;输入变量 $\boldsymbol{u}=(u_c,u_l)^{\mathrm{T}}$,连续输入 $u_c \in \boldsymbol{R}^{m_c}$,离散输入 $u_l \in \{0,1\}^{m_l}$,$m=m_c+m_l$,δ 和 z 分别代表辅助逻辑变量和辅助连续变量。

表面上看起来,MLD 模型是线性的。但由于逻辑变量 $\delta(t)$ 的限制,MLD 模型实质上描述的是非线性混杂系统。对于式(3.4)中,MLD 模型的状态演化实质上可以看作是在混合整数线性不等式约束下的线性动态系统的演化。具体状态演化过程是:在给定初始状态变量 $x(t)$ 与输入 $u(t)$ 的基础上,通过混合整数不等式确定辅助逻辑变量 $\delta(t)$ 和辅助连续变量 $z(t)$,再根据状态方程确定输出 $y(t)$ 以及 $t+1$ 时刻的状态变量 $x(t+1)$。在 $t+1$ 时刻,在输入 $u(t+1)$ 的作用下,重复上面的过程。

从上述对不同混杂系统的建模方法的介绍可以看出。由于混杂系统的类型与结构的复杂性与多样性。因此,对于混杂系统的建模尚没有形成一个被大家公认的统一的方法。每种建模方法都有各自的特点,并不是每一种方法都适用于任何混杂系统。因此,对于不同的混杂系统的建模,需要选取适合该混杂系统特点的混杂系统建模方法。

在第 1 章中已经介绍,逆变器因功率开关器件的存在,属于一类典型的混杂系统。逆变器的实际工作过程包含了多个不同的工作模态,每种模态都对应着一个连续动态过程,系统在不同模态之间相互切换。且工作模态间的切换是随着逆变器中开关器件开关状态的改变而产生的。因此,逆变器等开关变换器的工作过程,实际上一类由离散事件变迁(开关状态改变)驱动的连续动态过程。

前面介绍的延拓建模方法的主要思想是将混杂系统近似为一类连续系统,再在传统连续变量动态系统研究的基础上,利用逻辑变量处理机制,在连续系统中将离散行为看成是使连续行为失能或使能的一类条件来达到嵌入连续系统的目的。可以看出,这种混杂系统建模方法的主要思想符合逆变器这类混杂系统体现出的混杂特性。运用延拓的建模方法对逆变器建模得到的混杂系统模型可准确地描述逆变器的实际工作过程。同时,通过延拓建模方法得到两种混杂系统模型,MLD 模型和 PWA 模型相比其他混杂系统模型也具有明显的优势。其中,MLD 模型在一个框架中对逻辑规则、事件切换、状态约束和连续动态变量进行集中考虑,能够直观地表述系统的输入、输出和状态之间的关系,与传统线性连续状态变量空间方程具有一定相似性,为控制器的设计提供了一定的便利。而 PWA 模型表现出了复杂的性能,并且能够以任意精度描述混杂系统的非线性,从而可以为建立非线性混杂系统的精确模型提供很大帮助。

因此,本书中对于单相全桥逆变器,将采用延拓的建模方法,得到逆变器的 MLD 模型和 PWA 模型,并在此基础上对逆变器的控制进行研究。

3.2.3 混杂系统模型等价性

本节中将对单相全桥逆变器采用延拓的建模方法建立其 MLD 模型和 PWA 模型。这两种模型的具体建模过程有所不同,模型也各有特点。例如,基于 PWA 模型,能够方便地分析系统的稳定性。基于 MLD 模型,能够方便地建立并求解混杂系统的优化控制、状态的估计、系统的故障检测等问题。但是两种模型之间在一定的附加条件下是等价的。而等价要求的附加条件，一般都不是很苛刻，例如要求系统的输入、输出及状态变量有界等。

Heemels 在文献[181]中就深入地研究了在一定的附加条件下混杂系统模型之间等价性以及混杂系统模型之间的转换方法。其中几类比较典型的混杂系统模型之间的等价关系可由图 3.5 表示（*表示需要附加条件）。从图 3.5 可以看出，MLD 模型具有通用性，能够与各种建模框架进行转化或者起到桥梁的作用。因此，本章将首先建立单相全桥逆变器的 MLD 模型，再在 MLD 模型的基础上得到对应的 PWA 模型。

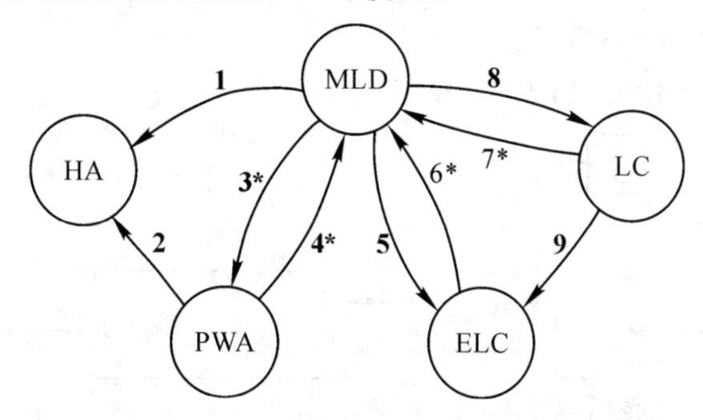

图 3.5　几类典型混杂系统模型的等价关系

针对所采用这两种模型，为了进一步验证两种模型之间的等价性及转换关系。下面应用实例，对同一个混杂系统分别建立其 PWA 模型和 MLD 模型。

这里采用文献[180]中的一个简单的混杂系统。首先建立其 PWA 模型，如式(3.5)所示：

$$
\begin{aligned}
x(k+1) &= \begin{cases} 0.8x(k)+u(k), x(k)\geqslant 0 \\ -0.8x(k)+u(k), x(k)<0 \end{cases} \\
y(k) &= x(k)+u(k) \\
\text{s.t} \quad & m\leqslant x(k)\leqslant M
\end{aligned}
\tag{3.5}
$$

在 MATLAB 中将其建模，如图 3.6 所示。

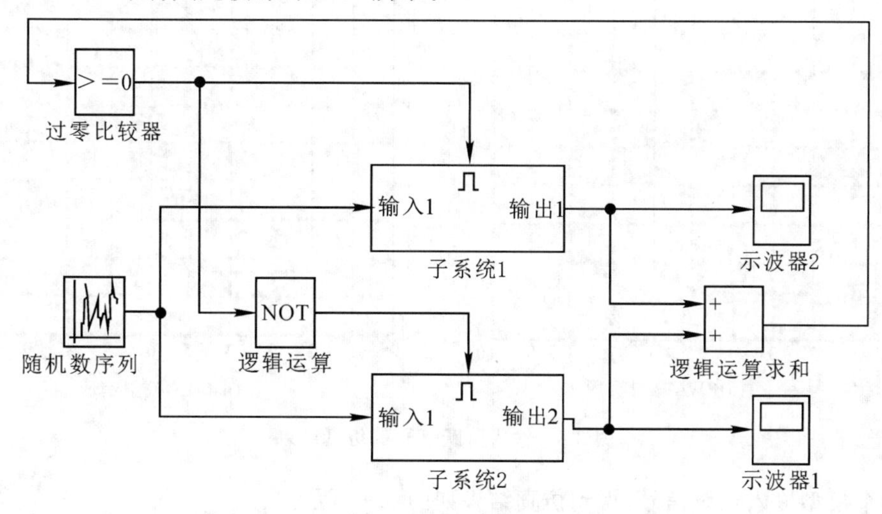

图 3.6　PWA 模型

在 $\delta\in\{0,1\}$ 条件下，采用文献[181]中 PWA 与 MLD 模型的转换方法——模式枚举法，对 PWA 模型进行转换得到 MLD 模型，如式(3.6)所示。

$$
\begin{aligned}
&x(k+1)=-0.8x(k)+u(k)+1.6z(k)\\
&y(k)=x(k)+u(k)\\
&s.t\quad z(k)=\delta(k)x(k)\quad mx(k)\leqslant M\\
&-m\delta(k)\leqslant x(k)-m\quad x(k)\leqslant(M+\varepsilon)\delta(k)-\varepsilon\\
&z(k)\leqslant M\delta(k)\quad z(k)\geqslant m\delta(k)\\
&z(k)\leqslant x(k)-m(1-\delta(k))\quad z(k)\geqslant x(k)-M(1-\delta(k))
\end{aligned}
\tag{3.6}
$$

式(3.6)中,ε 为尽可能小的正数。

在 MATLAB 中将其建模,如图 3.7 所示。

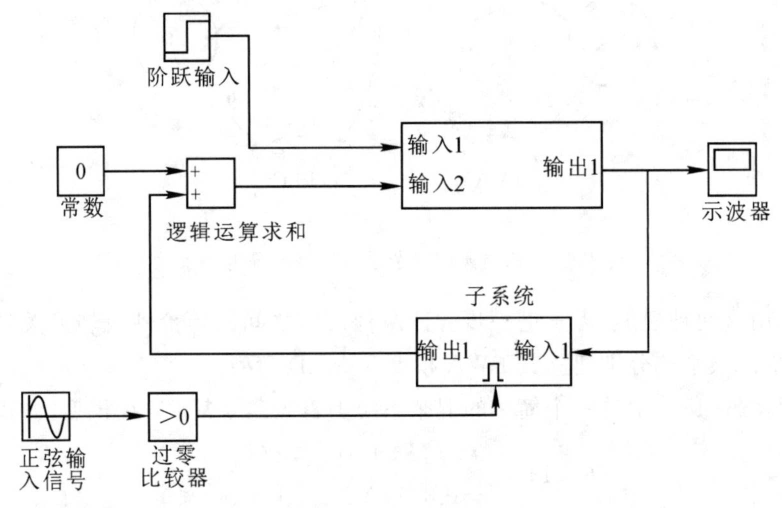

图 3.7　MLD 模型

对两个模型输入阶跃信号,得到仿真结果如图 3.8 所示:

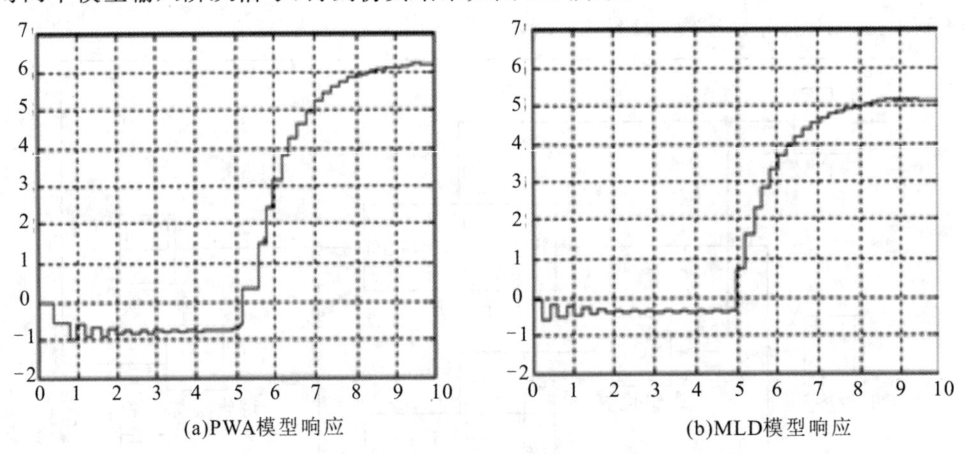

图 3.8　输入阶跃信号的仿真结果

对两个模型输入正弦信号,得到仿真结果如图 3.9 所示。

从图 3.8、图 3.9 中两种不同模型得到的阶跃响应及正弦响应曲线可以看出,PWA 模型与 MLD 模型得到的仿真结果基本相同。因此,可以说明这两种模型之间可以相互转换,具有等价性。

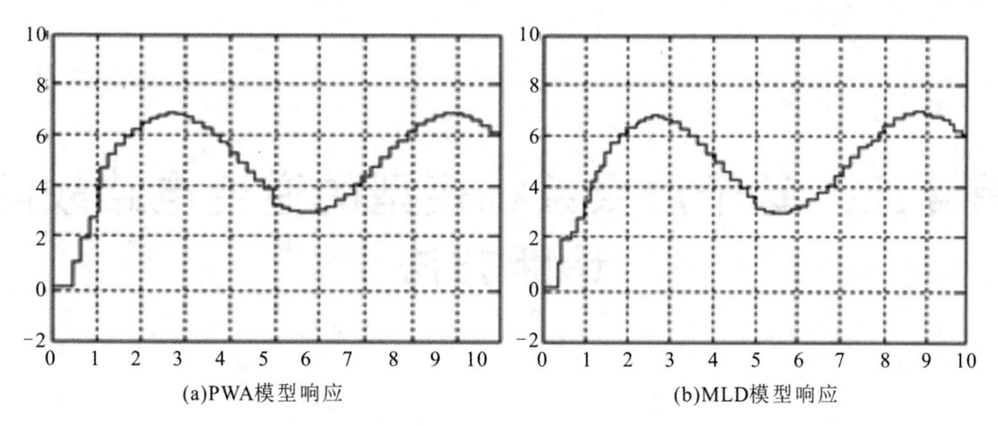

图 3.9　输入正弦信号的仿真结果

3.3　本章小结

本章介绍了逆变器的一般建模方法，逆变器电路具有连续时间动态以及离散事件动态的特性，符合混杂系统的特征；从聚合和延拓两个方面介绍了几类典型的混杂系统模型的建模方法，并结合单相全桥逆变器的特点选择了混杂系统 MLD 和 PWA 作为逆变器的模型。

第4章 基于混杂系统模型的逆变电路故障诊断方法

4.1 引 言

电力电子电路的传统数学模型是对电路运行状态的简化,包括两种主要的方法:一是在一个开关周期内,对电路的工作模态进行平均化处理,如状态空间平均法和开关平均法;另一种方法是忽略所有的约束条件,在工作点附近,将电路状态线性化。两种方法都是对电路工作模式的一种近似,以便于电路的稳定性分析及其控制器设计,但是当面对一些由开关切换引起的电路的复杂特性时,这些方法的局限性便比较明显。文献[182]利用平均模型技术获得了对象的连续时间动态特性,但是该模型通常用于实现线性约束条件下 MPC 的控制目标[183]。当平均模型考虑非线性因素时,需要解决混杂条件下 MPC 的问题[184,185],该问题将随着逻辑变量数量的增加而变得不易解决。虽然基于平均模型的 MPC 方法能够满足系统的动态特性,但导致系统性能下降甚至不稳定的情形时有发生[186]。另外,逆变电路传统开关函数模型只能描述电路的控制变迁,而忽略了电路的条件变迁,无法反映电路同一桥臂的两个功率开关管同时关断时电路的运行状态,可能导致伴随条件变迁的电路运行信息丢失,从而影响电路故障诊断及控制的准确性,而电路的混杂系统模型可以准确描述电路条件变迁时的状态特征。考虑到逆变电路具有典型的混杂特性,本章为第 2 章设计的新型逆变电路拓扑建立混杂系统模型,并对主要故障进行分析,以便于进一步研究电路的故障诊断技术及其控制策略。

基于模型的故障诊断方法的原理是:通过将检测到的电路实际运行信息与电路数学模型所表达的值进行比较,从而得到二者的残差,通过分析并评估该残差即可实现电路的故障诊断。因此,基于模型的故障诊断方法主要包括两个步骤:一是残差的产生,当电路发生故障时,电路的拓扑结构改变,电路的运行状态也将发生偏离,导致监测参数的实际值与估计器的估计值不同,从而生成残差;二是残差的评估,就是利用残差信息对系统故障的存在及位置进行辨识。本章基于新型逆变电路的 MLD 模型,从混杂系统的角度考虑,研究电路的故障诊断方法。

4.2 混杂系统的混合逻辑动态建模方法

混合逻辑动态建模作为混杂系统建模方法中的一种,是将系统整个当作一个微分方程组来处理,离散事件以条件的方式嵌入微分方程组中,电力电子电路的混合逻辑动态模型,可以同时兼顾电路的控制变迁和条件变迁。另外，建立了电路的混合逻辑动态模型后，有利于将控制问题转化为优化问题，便于利用智能算法解决电力电子电路的控制问题[187]。在建立电路的混合逻辑动态模型前，首先对混合逻辑动态建模的数学基础及其基本理论进行简单介绍。

4.2.1　数学基础

利用大写字母 X_i 表示一个简单命题，比如“$x \geqslant 0$”或者“温度高于 50℃”，X_i 通常是一个常值或者布尔变量，其取值有“T”(真)和“F”(假)。多个简单命题可以通过逻辑运算组合成一个复合命题，常用的逻辑运算符有：

“$\wedge$”——合取，逻辑“与”；“$\vee$”——析取，逻辑“或”；“$-$”——取非，逻辑“非”；“$\rightarrow$”——蕴含；“$\leftrightarrow$”——等价；“$\oplus$”——异或。

简单事件之间的逻辑运算遵循逻辑运算的真值表，如表 4.1 所示，用 X_1 和 X_2 表示两个简单的命题。

表 4.1　逻辑运算真值表

X_1	X_2	$\overline{X}_1$	$X_1 \wedge X_2$	$X_1 \vee X_2$	$X_1 \rightarrow X_2$	$X_1 \leftrightarrow X_2$	$X_1 \oplus X_2$
F	F	T	F	F	T	T	F
F	T	T	F	T	T	F	T
T	F	F	F	T	F	F	T
T	T	F	T	T	T	T	F

逻辑运算满足一定的性质，利用这些性质可以将复杂的复合命题转化为包含多种逻辑运算符的简单命题，从而简化命题难度。主要性质如式(4.1)所示。

$$\begin{aligned} & X_1 \rightarrow X_2 \Leftrightarrow \bar{X}_1 \vee X_2 \Leftrightarrow \bar{X}_2 \rightarrow \bar{X}_1 \\ & X_1 \leftrightarrow X_2 \Leftrightarrow (X_1 \rightarrow X_2) \wedge (X_2 \rightarrow X_1) \\ & \overline{X_1 \wedge X_2} \Leftrightarrow \bar{X}_1 \vee \bar{X}_2 \end{aligned} \tag{4.1}$$

引入逻辑变量 $\sigma_i \in \{0,1\}$，把简单命题用逻辑变量代替，即：当 $X_i = \mathrm{T}$ 时，$\sigma_i = 1$；当 $X_i = \mathrm{F}$ 时，$\sigma_i = 0$。从而可以借助线性整数规划将包括多个简单命题的复合命题转化为逻辑变量的线性不等式。主要转化关系如表 4.2 所示。

表 4.2　命题与逻辑变量不等式之间的转换关系

命题关系式	等价逻辑变量关系式	逻辑变量不等式
合取($\wedge$) $X_1 \wedge X_2$	$[\sigma_1 = 1] \wedge [\sigma_2 = 1]$	$\sigma_1 = 1$ $\sigma_2 = 1$
$X_3 \leftrightarrow (X_1 \wedge X_2)$	$[\sigma_3 = 1] \leftrightarrow$ $[\sigma_1 = 1] \wedge [\sigma_2 = 1]$	$-\sigma_1 + \sigma_3 \leqslant 0$ $-\sigma_2 + \sigma_3 \leqslant 0$ $\sigma_1 + \sigma_2 - \sigma_3 \leqslant 1$

续表

命题关系式	等价逻辑变量关系式	逻辑变量不等式
析取(∨) $X_1 \vee X_2$	$[\sigma_1=1]\vee[\sigma_2=1]$	$\sigma_1+\sigma_2\geqslant 1$
$X_3\leftrightarrow(X_1\vee X_2)$	$[\sigma_3=1]\leftrightarrow$ $[\sigma_1=1]\vee[\sigma_2=1]$	$\sigma_1-\sigma_3\leqslant 0$ $\sigma_2-\sigma_3\leqslant 0$ $-\sigma_1-\sigma_2+\sigma_3\leqslant 0$
取非(—)$\bar{X}_1$	$\overline{[\sigma_1=1]}$	$\sigma_1=0$
异或(⊕) $X_1\oplus X_2$	$[\sigma_1=1]\oplus[\sigma_2=1]$	$\sigma_1+\sigma_2=1$
$X_3\leftrightarrow(X_1\oplus X_2)$	$[\sigma_3=1]\leftrightarrow$ $[\sigma_1=1]\oplus[\sigma_2=1]$	$-\sigma_1-\sigma_2+\sigma_3\leqslant 0$ $-\sigma_1+\sigma_2-\sigma_3\leqslant 0$ $\sigma_1-\sigma_2-\sigma_3\leqslant 0$ $\sigma_1+\sigma_2+\sigma_3\leqslant 2$
蕴含(→) $X_1\rightarrow X_2$	$[\sigma_1=1]\rightarrow[\sigma_2=1]$	$\sigma_1-\sigma_2\leqslant 0$
等价(↔) $X_1\leftrightarrow X_2$	$[\sigma_1=1]\leftrightarrow[\sigma_2=1]$	$\sigma_1-\sigma_2=0$

通过上述逻辑变量真值表、逻辑运算性质以及命题与逻辑变量不等式之间的转换关系，可以将系统中的逻辑部分和启发式知识转换为整数线性不等式，但是要兼顾混杂系统中的连续部分和逻辑部分，还需要建立连续部分和逻辑部分二者之间的联系。

定义命题 X 如式(4.2)所示，其中 $x\in\chi$，χ 为定义域，$f:R^n\rightarrow R$ 为线性映射。

$$X\triangleq[f(x)\leqslant 0] \tag{4.2}$$

另外，定义 $f(x)$ 的最大值、最小值如式(4.3)：

$$\begin{aligned}M&\triangleq\max_{x\in\chi}f(x)\\ m&\triangleq\min_{x\in\chi}f(x)\end{aligned} \tag{4.3}$$

在上述定义的基础上，可以利用式(4.4)至式(4.8)建立混杂系统连续部分和逻辑部分之间的联系，其中 $\sigma\in\{0,1\}$ 为逻辑变量，$\varepsilon>0$ 为一个小的容差值。

$$[f(x)\leqslant 0]\wedge[\sigma=1]\text{为真，当且仅当 } f(x)-\sigma\leqslant -1+m(1-\sigma) \tag{4.4}$$

$$[f(x)\leqslant 0]\vee[\sigma=1]\text{为真，当且仅当 } f(x)\leqslant M\sigma \tag{4.5}$$

$$\overline{[f(x)\leqslant 0]}\text{为真，当且仅当 } f(x)\geqslant\varepsilon \tag{4.6}$$

$$[f(x)\leqslant 0]\rightarrow[\sigma=1]\text{为真，当且仅当 } f(x)\geqslant\varepsilon+(m-\varepsilon)\sigma \tag{4.7}$$

$$[f(x)\leqslant 0]\leftrightarrow[\sigma=1]\text{为真，当且仅当}\begin{cases}f(x)\leqslant M(1-\sigma)\\ f(x)\geqslant\varepsilon+(m-\varepsilon)\sigma\end{cases} \tag{4.8}$$

引入辅助逻辑变量和辅助连续变量，其定义如式(4.9)和式(4.10)所示。

$$\sigma_3 \triangleq \sigma_1 \sigma_2 \tag{4.9}$$

$$z \triangleq \sigma f(x) \tag{4.10}$$

σ、σ_1、σ_2 均为逻辑变量，由此可以得到：

$$[\sigma_3 = 1] \leftrightarrow [\sigma_1 = 1] \wedge [\sigma_2 = 1] \tag{4.11}$$

$$[\sigma = 0] \rightarrow [z = 0], [\sigma = 1] \rightarrow [z = f(x)] \tag{4.12}$$

从而，对于逻辑变量之间、逻辑变量与连续变量之间的乘积可以表示为：

$$\sigma_3 = \sigma_1 \sigma_2 \Leftrightarrow \begin{cases} -\sigma_1 + \sigma_3 \leqslant 0 \\ -\sigma_2 + \sigma_3 \leqslant 0 \\ \sigma_1 + \sigma_2 - \sigma_3 \leqslant 1 \end{cases} \tag{4.13}$$

$$z = \sigma f(x) \Leftrightarrow \begin{cases} z \leqslant M\sigma \\ z \geqslant m\sigma \\ z \leqslant f(x) - m(1-\sigma) \\ z \geqslant f(x) - M(1-\sigma) \end{cases} \tag{4.14}$$

以上命题逻辑与混合整数线性不等式之间的转换关系构成了 MLD 模型的数学基础，利用上述关系可以建立混杂系统的 MLD 模型。

4.2.2　MLD 建模的方法

通过对系统启发式规则、逻辑判断和约束条件进行分析，MLD 模型以命题逻辑的形式表达分析结果，然后基于逻辑运算法则将命题逻辑转化为同时包含连续变量和离散变量的混合整数不等式，并将其作为系统研究的约束条件。建立 MLD 模型的步骤主要包括以下三点：

(1)针对系统每个连续部分，分别建立其状态空间模型。

(2)分析系统包含的所有逻辑约束，建立命题逻辑，命题逻辑的真假由逻辑变量的值来表示，将简单命题统统转化为复合命题，并最终表示为对应逻辑变量之间的整数线性不等式。利用 4.2.1 节介绍的逻辑运算法则及性质，得到混合整数线性不等式，将其作为系统的约束条件。

(3)综合考虑逻辑变量和连续变量，建立系统同时包含逻辑变量和连续变量的统一混合离散时间动态系统，从而描述离散部分和连续部分共同对系统演化的作用。

混杂系统的逻辑约束利用混合整数线性不等式来描述，将其当作约束条件，与系统状态方程一起综合考虑，系统的连续动态、操作约束和逻辑规则用一个统一的框架进行综合描述，从而建立混杂系统的 MLD 模型。

4.2.3　MLD 建模的一般形式

MLD 模型适用于对多类系统进行描述，如约束线性系统、离散事件系统以及由分段线性方程描述的非线性系统等。MLD 模型通过研究系统的逻辑规则、约束条件和连续特性，并将其转化为在混合整数不等式约束下的线性状态方程式，从而可以利用一个统一的数学模型来研究系统的动态特性。MLD 模型的一般形式如下：

$$\begin{aligned} &\boldsymbol{x}(k+1) = \boldsymbol{A}x(k) + \boldsymbol{B}_1 u(k) + \boldsymbol{B}_2 \sigma(k) + \boldsymbol{B}_3 z(k) \\ &\boldsymbol{y}(k) = \boldsymbol{C}x(k) + \boldsymbol{D}_1 u(k) + \boldsymbol{D}_2 \sigma(k) + \boldsymbol{D}_3 z(k) \\ &\boldsymbol{E}_2 \sigma(k) + \boldsymbol{E}_3 z(k) \leqslant \boldsymbol{E}_1 u(k) + \boldsymbol{E}_4 x(k) + \boldsymbol{E}_5 \end{aligned} \tag{4.15}$$

式中，$\boldsymbol{x}=(\boldsymbol{x}_c,\boldsymbol{x}_l)^{\mathrm{T}}$ 为状态变量，其中连续状态 $\boldsymbol{x}_c\in\boldsymbol{R}^{n_c}$，离散状态 $\boldsymbol{x}_l\in(0,1)^{n_l}$，$n=n_c+n_l$；输出变量 $\boldsymbol{y}=(\boldsymbol{y}_c,\boldsymbol{y}_l)^{\mathrm{T}}$，其中连续输出 $\boldsymbol{y}_c\in\boldsymbol{R}^{p_c}$，离散输出 $\boldsymbol{y}_l\in(0,1)^{p_l}$，$p=p_c+p_l$；输入变量 $\boldsymbol{u}=(\boldsymbol{u}_c,\boldsymbol{u}_l)^{\mathrm{T}}$，连续输入 $\boldsymbol{u}_c\in\boldsymbol{R}^{m_c}$，离散输入 $\boldsymbol{u}_l\in(0,1)^{m_l}$，$m=m_c+m_l$；$\sigma$ 和 z 分别表示系统引入的辅助逻辑变量和辅助连续变量；$\boldsymbol{A}$、$\boldsymbol{B}_1\sim\boldsymbol{B}_3$、$\boldsymbol{C}$、$\boldsymbol{D}_1\sim\boldsymbol{D}_3$、$\boldsymbol{E}_1\sim\boldsymbol{E}_5$ 为系数矩阵。如图 4.1 所示为 MLD 模型的结构框图。

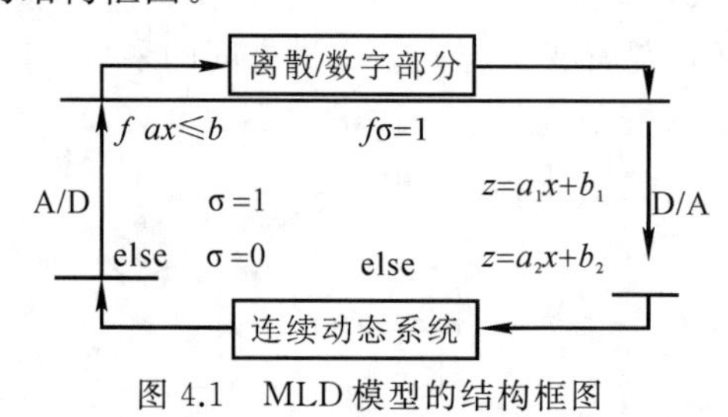

图 4.1　MLD 模型的结构框图

4.3　新型逆变电路的 MLD 建模

4.3.1　新型逆变电路的运行模式分析

在建立电路混合逻辑动态模型之前，首先对新型逆变电路的运行模式进行详细分析。电路的拓扑结构如图 4.2 所示，L_a 为滤波电感的值，C_a 为滤波电容的值，L_{T_a} 为变压器 a 臂绕组的电感值，直流母线电压 $V_{dc}=270$ V。电路其他参数的定义与 2.3 节相同。

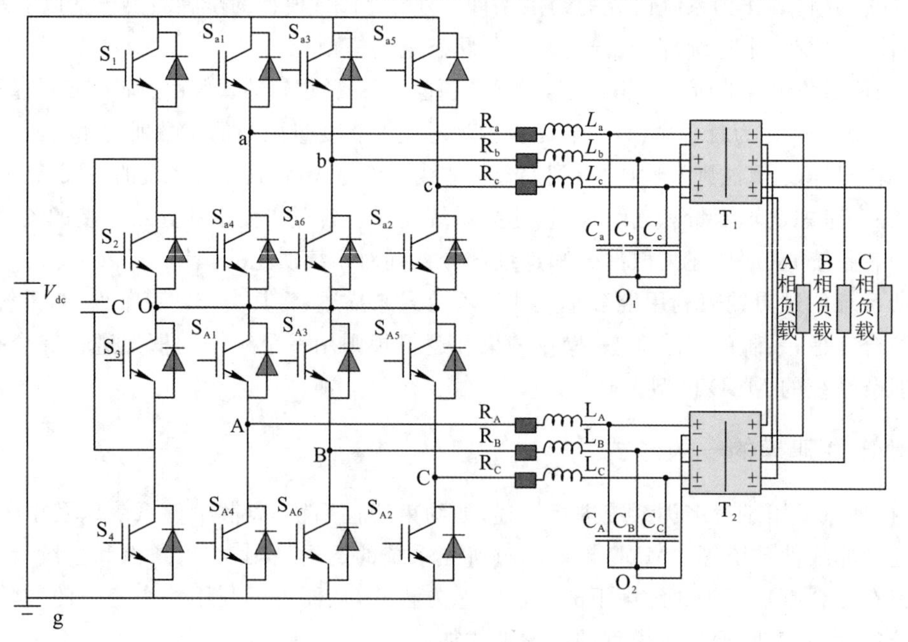

图 4.2　新型逆变电路的拓扑结构

对于逆变电路 a、b、c 三臂，交流端的连续模型可以用式(4.16)来描述，A、B、C 三臂分析类似。

$$\begin{cases} L_a \dfrac{\mathrm{d}i_\mathrm{a}}{\mathrm{d}t}=u_\mathrm{ag}-(i_\mathrm{a}R_\mathrm{a}+u_{C_\mathrm{a}})-u_{\mathrm{o_1g}} \\ L_b \dfrac{\mathrm{d}i_\mathrm{b}}{\mathrm{d}t}=u_\mathrm{bg}-(i_\mathrm{b}R_\mathrm{b}+u_{C_\mathrm{b}})-u_{\mathrm{o_1g}} \\ L_c \dfrac{\mathrm{d}i_\mathrm{c}}{\mathrm{d}t}=u_\mathrm{cg}-(i_\mathrm{c}R_\mathrm{c}+u_{C_\mathrm{c}})-u_{\mathrm{o_1g}} \end{cases} \tag{4.16}$$

其中：$u_{\mathrm{o_1g}}$是电路中性点 $\mathrm{O_1}$ 与电源负端 g 之间的电压；i_a 为 a 臂滤波电感电流；u_{C_a}为 a 臂滤波电容电压；$i_{\mathrm{T_a}}$为变压器 a 臂绕组电流；u_ag为电路 a 臂交流输出端与电源负端之间的电压。

另外，需要说明的是 b、c 两臂的相关参数定义与 a 臂类似。

对于 a、b、c 三臂，电流之间存在如式(4.17)所示的关系。

$$i_\mathrm{a}+i_\mathrm{b}+i_\mathrm{c}=0 \tag{4.17}$$

将式(4.16)中三个分式相加可以得到：

$$(u_\mathrm{ag}+u_\mathrm{bg}+u_\mathrm{cg})-(u_{C_\mathrm{a}}+u_{C_\mathrm{b}}+u_{C_\mathrm{c}})-3u_{\mathrm{O_1g}}=0 \tag{4.18}$$

三相平衡时，三相滤波电容电压之间的关系如式(4.19)所示。

$$u_{C_\mathrm{a}}+u_{C_\mathrm{b}}+u_{C_\mathrm{c}}=0 \tag{4.19}$$

从而，由式(4.16)至式(4.19)可得中性点 $\mathrm{O_1}$ 与直流电源负端 g 之间的电压 $u_{\mathrm{O_1g}}$的表达式如式(4.20)。

$$u_{\mathrm{O_1g}}=\frac{1}{3}(u_\mathrm{ag}+u_\mathrm{bg}+u_\mathrm{cg}) \tag{4.20}$$

将式(4.20)代入式(4.16)可逆变电路的连续时间模型为：

$$\begin{cases} L_\mathrm{a} \dfrac{\mathrm{d}i_\mathrm{a}}{\mathrm{d}t}=\left(\dfrac{2}{3}u_\mathrm{ag}-\dfrac{1}{3}u_\mathrm{bg}-\dfrac{1}{3}u_\mathrm{cg}\right)-i_\mathrm{a}R_\mathrm{a}-u_{C_\mathrm{a}} \\ L_\mathrm{b} \dfrac{\mathrm{d}i_\mathrm{b}}{\mathrm{d}t}=\left(\dfrac{2}{3}u_\mathrm{bg}-\dfrac{1}{3}u_\mathrm{ag}-\dfrac{1}{3}u_\mathrm{cg}\right)-i_\mathrm{b}R_\mathrm{b}-u_{C_\mathrm{b}} \\ L_\mathrm{c} \dfrac{\mathrm{d}i_\mathrm{c}}{\mathrm{d}t}=\left(\dfrac{2}{3}u_\mathrm{cg}-\dfrac{1}{3}u_\mathrm{ag}-\dfrac{1}{3}u_\mathrm{bg}\right)-i_\mathrm{c}R_\mathrm{c}-u_{C_\mathrm{c}} \end{cases} \tag{4.21}$$

如果 $L_\mathrm{a}=L_\mathrm{b}=L_\mathrm{c}=L$，$R_\mathrm{a}=R_\mathrm{b}=R_\mathrm{c}=R$，则有：

$$\begin{cases} L \dfrac{\mathrm{d}i_\mathrm{a}}{\mathrm{d}t}=\left(\dfrac{2}{3}u_\mathrm{ag}-\dfrac{1}{3}u_\mathrm{bg}-\dfrac{1}{3}u_\mathrm{cg}\right)-i_\mathrm{a}R-u_{C_\mathrm{a}} \\ L \dfrac{\mathrm{d}i_\mathrm{b}}{\mathrm{d}t}=\left(\dfrac{2}{3}u_\mathrm{bg}-\dfrac{1}{3}u_\mathrm{ag}-\dfrac{1}{3}u_\mathrm{cg}\right)-i_\mathrm{b}R-u_{C_\mathrm{b}} \\ L \dfrac{\mathrm{d}i_\mathrm{c}}{\mathrm{d}t}=\left(\dfrac{2}{3}u_\mathrm{cg}-\dfrac{1}{3}u_\mathrm{ag}-\dfrac{1}{3}u_\mathrm{bg}\right)-i_\mathrm{c}R-u_{C_\mathrm{c}} \end{cases} \tag{4.22}$$

根据基尔霍夫定律，对于逆变电路的网侧，状态方程为：

$$\begin{cases} L_{\mathrm{T_a}} \dfrac{\mathrm{d}i_{\mathrm{T_a}}}{\mathrm{d}t}=u_{C_\mathrm{a}} \\ L_{\mathrm{T_b}} \dfrac{\mathrm{d}i_{\mathrm{T_b}}}{\mathrm{d}t}=u_{C_\mathrm{b}} \\ L_{\mathrm{T_c}} \dfrac{\mathrm{d}i_{\mathrm{T_c}}}{\mathrm{d}t}=u_{C_\mathrm{c}} \end{cases} \tag{4.23}$$

$$\begin{cases} C_a \dfrac{du_{C_a}}{dt}=i_a-i_{T_a} \\ C_b \dfrac{du_{C_b}}{dt}=i_b-i_{T_b} \\ C_c \dfrac{du_{C_c}}{dt}=i_c-i_{T_c} \end{cases} \tag{4.24}$$

当 $L_{T_a}=L_{T_b}=L_{T_c}=L_T, C_a=C_b=C_c=C$ 时，电路的状态方程可以用式(4.25)和式(4.26)来描述。

$$\begin{cases} L_T \dfrac{di_{T_a}}{dt}=u_{C_a} \\ L_T \dfrac{di_{T_b}}{dt}=u_{C_b} \\ L_T \dfrac{di_{T_c}}{dt}=u_{C_c} \end{cases} \tag{4.25}$$

$$\begin{cases} C \dfrac{du_{C_a}}{dt}=i_a-i_{T_a} \\ C \dfrac{du_{C_b}}{dt}=i_b-i_{T_b} \\ C \dfrac{du_{C_c}}{dt}=i_c-i_{T_c} \end{cases} \tag{4.26}$$

综上所述，式(4.22)、式(4.25)、式(4.26)一起构成了电路的状态方程，可以用来描述和分析新型逆变电路的运行模式。

4.3.2 新型逆变电路的 MLD 模型

混合整数线性不等式不仅包括了系统分析研究的指标要求，而且还包括系统自身的一系列约束条件，是建立系统混合逻辑动态模型的一项主要内容。对于逆变电路而言，一方面，电路的控制输入变量，即占空比必须介于 0 和 1 之间；另一方面，半导体二极管反向击穿电压使得电流不能过大，即 $i \leqslant i_{max}$，如果考虑电路的软启动因素，则要求电路在启动期间，电流的变化率不能过大，即 $di/dt \leqslant I_{max}$。由于电路分析研究所注重的指标要求不同，电路混合整数线性不等式可以根据需要调整其形式和内容。

对于逆变电路的故障诊断，主要是基于混杂系统理论，从混杂系统运行的角度分析电路的运行状态，另外，本书所采用的电路在线及离线控制策略有效避免了求解 MIQP 的难题，也不涉及约束优化的问题。因此，在建立新型逆变电路的混合逻辑动态模型时，对于电路应当满足的混合整数线性不等式没有进行推导。

图 4.2 中电路的每一次开关状态变化均会导致电路由初始离散事件变迁至目标离散事件，形成电路的一次变迁，而每一种离散事件均一一对应电路的一种开关状态组合，根据导致变迁的因素，可将电路的变迁分成控制变迁和条件变迁两类。

定义 1：由功率开关管的控制信号引起的逆变电路拓扑变化，即事件变迁称为控制变迁；

定义 2：由电路自身状态变化导致功率器件通、断状态改变而引起的逆变电路拓扑变化称为条件变迁。

引入开关管 $S_{a1}-S_{a6}$ 的控制信号 s_1-s_6，“1”表示导通，“0”表示关断，定义电流 i_a 流出主电路的方向为正，可以得到电路 a 臂的运行状态如式(4.27)，电路其他桥臂的情况与 a 臂类似。

$$
\begin{aligned}
&\text{当 } i_a>0 \text{ 时} \\
&\quad \text{如果 } s_1=0, s_4=1, \text{则 } u_{ag}=V_{dc}/2; \\
&\quad \text{如果 } s_1=1, s_4=0, \text{则 } u_{ag}=V_{dc}; \\
&\quad \text{如果 } s_1=0, s_4=0, \text{则 } u_{ag}=V_{dc}/2。 \\
&\text{当 } i_a<0 \text{ 时} \\
&\quad \text{如果 } s_1=0, s_4=1, \text{则 } u_{ag}=V_{dc}/2; \\
&\quad \text{如果 } s_1=1, s_4=0, \text{则 } u_{ag}=V_{dc}; \\
&\quad \text{如果 } s_1=0, s_4=0, \text{则 } u_{ag}=V_{dc}。
\end{aligned}
\tag{4.27}
$$

引入逻辑运算符，“V”表示析取、“Λ”表示合取、“－”表示取非、“↔”表示等价，对于逆变电路 a 臂，引入逻辑变量如式(4.28)，将离散事件 $i_a>0$ 和 $i_a<0$ 分别用逻辑变量 $\sigma_a=1$ 和 $\sigma_a=0$ 表示。

$$
\begin{cases}
[\sigma_a=1]\leftrightarrow[i_a>0] \\
[\sigma_a=0]\leftrightarrow[i_a<0]
\end{cases}
\tag{4.28}
$$

由式(4.27)中 a 臂的运行模式，以逻辑变量代替离散事件，可得电路的复合逻辑关系表达式如式(4.29)：

$$
\begin{aligned}
&[s_1=0, s_4=1, \sigma_a=1]\vee[s_1=0, s_4=0, \sigma_a=1]\vee \\
&[s_1=0, s_4=1, \sigma_a=0]\leftrightarrow[u_{ag}=V_{dc}/2] \\
&[s_1=1, s_4=0, \sigma_a=1]\vee[s_1=0, s_4=0, \sigma_a=0]\vee \\
&[s_1=1, s_4=0, \sigma_a=0]\leftrightarrow[u_{ag}=V_{dc}]
\end{aligned}
\tag{4.29}
$$

由上述逻辑关系可以得到电压 u_{ag} 的数学描述表达式为：

$$
u_{ag}=V_{dc}[\bar{s}_4(s_1+\bar{s}_1\bar{\sigma}_a)+\frac{1}{2}\overline{\bar{s}_4(s_1+\bar{s}_1\bar{\sigma}_a)}]
\tag{4.30}
$$

同理，可以获得 b、c 两臂的混合逻辑动态模型：

$$
\begin{cases}
u_{ag}=V_{dc}[\bar{s}_4(s_1+\bar{s}_1\bar{\sigma}_a)]+\frac{1}{2}\overline{\bar{s}_4(s_1+\bar{s}_1\bar{\sigma}_a)}] \\
u_{bg}=V_{dc}[\bar{s}_6(s_3+\bar{s}_3\bar{\sigma}_b)]+\frac{1}{2}\overline{\bar{s}_6(s_3+\bar{s}_3\bar{\sigma}_b)}] \\
u_{cg}=V_{dc}[\bar{s}_2(s_5+\bar{s}_5\bar{\sigma}_c)]+\frac{1}{2}\overline{\bar{s}_2(s_5+\bar{s}_5\bar{\sigma}_c)}]
\end{cases}
\tag{4.31}
$$

考虑到电压 u_{ag}，u_{bg}，u_{cg} 存在如式(4.32)所示关系，其中 u_{aO_1}，u_{bO_1}，u_{cO_1} 分别表示电路 a、b、c 三点与电路中性点 O_1 点之间的电压。

$$
\begin{cases}
u_{aO_1}=u_{ag}-u_{O_1g} \\
u_{bO_1}=u_{bg}-u_{O_1g} \\
u_{cO_1}=u_{cg}-u_{O_1g}
\end{cases}
\tag{4.32}
$$

式(4.32)中 u_{O_1g} 表示中性点 O_1 与零电位点 g 之间的电压，其表达式如式(4.33)所示。

$$
u_{O_1g}=\frac{1}{3}(u_{ag}+u_{bg}+u_{cg})
\tag{4.33}
$$

因此，三相平衡时，可以得到逆变器上部三臂 a、b、c 的离散输入向量为：

$$\boldsymbol{u}=\begin{bmatrix}u_{\mathrm{aO_1}}\\u_{\mathrm{bO_1}}\\u_{\mathrm{cO_1}}\end{bmatrix}=\frac{V_{\mathrm{dc}}}{3}\begin{bmatrix}2&-1&-1\\-1&2&-1\\-1&-1&2\end{bmatrix}\begin{bmatrix}[\bar{s}_4(s_1+\bar{s}_1\bar{\sigma}_{\mathrm{a}})]+\frac{1}{2}\overline{\bar{s}_4(s_1+\bar{s}_1\bar{\sigma}_{\mathrm{a}})]}\\[\bar{s}_6(s_3+\bar{s}_3\bar{\sigma}_{\mathrm{b}})]+\frac{1}{2}\overline{\bar{s}_6(s_3+\bar{s}_3\bar{\sigma}_{\mathrm{b}})]}\\[\bar{s}_2(s_5+\bar{s}_5\bar{\sigma}_{\mathrm{c}})]+\frac{1}{2}\overline{\bar{s}_2(s_5+\bar{s}_5\bar{\sigma}_{\mathrm{c}})]}\end{bmatrix}\tag{4.34}$$

假设上部三相滤波电阻均为 R，电感为 L，电容为 C，变压器电感为 L_{T}，得到新型逆变电路上部三相电压方程的混合逻辑动态向量模型为：

$$\frac{\mathrm{d}\boldsymbol{x}}{\mathrm{d}t}=\boldsymbol{A}\boldsymbol{x}+\boldsymbol{B}\boldsymbol{u}\tag{4.35}$$

其中：$\boldsymbol{x}=\begin{bmatrix}i_{\mathrm{a}}\\i_{\mathrm{b}}\\i_{\mathrm{c}}\\u_{\mathrm{ca}}\\u_{\mathrm{cb}}\\u_{\mathrm{cc}}\\i_{\mathrm{Ta}}\\i_{\mathrm{Tb}}\\i_{\mathrm{Tc}}\end{bmatrix}$，$\boldsymbol{B}=\begin{bmatrix}2&-1&-1\\-1&2&-1\\-1&-1&2\\0&0&0\\0&0&0\\0&0&0\\0&0&0\\0&0&0\\0&0&0\end{bmatrix}$

$$\boldsymbol{A}=\begin{bmatrix}-\frac{R}{L}&0&0&-\frac{1}{L}&0&0&0&0&0\\0&-\frac{R}{L}&0&0&-\frac{1}{L}&0&0&0&0\\0&0&-\frac{R}{L}&0&0&-\frac{1}{L}&0&0&0\\\frac{1}{C}&0&0&0&0&0&-\frac{1}{C}&0&0\\0&\frac{1}{C}&0&0&0&0&0&-\frac{1}{C}&0\\0&0&\frac{1}{C}&0&0&0&0&0&-\frac{1}{C}\\0&0&0&\frac{1}{L_{\mathrm{T}}}&0&0&0&0&0\\0&0&0&0&\frac{1}{L_{\mathrm{T}}}&0&0&0&0\\0&0&0&0&0&\frac{1}{L_{\mathrm{T}}}&0&0&0\end{bmatrix}。$$

由式(4.25)，对于 a 臂桥臂，其混合逻辑动态模型为：

$$
\begin{aligned}
&\frac{\mathrm{d}i_{\mathrm{a}}}{\mathrm{d}t}=\frac{1}{3L}(2u_{\mathrm{aO_1}}-u_{\mathrm{bO_1}}-u_{\mathrm{cO_1}})-\frac{R}{L}i_{\mathrm{a}}-\frac{1}{L}u_{C_{\mathrm{a}}}\\
&\frac{\mathrm{d}u_{C_{\mathrm{a}}}}{\mathrm{d}t}=\frac{1}{C}(i_{\mathrm{a}}-i_{\mathrm{T_a}})
\end{aligned}
\tag{4.36}
$$

4.4　基于 MLD 模型的新型逆变电路故障分析及仿真验证

逆变电路的桥臂故障主要包括以下三类:功率开关无驱动信号故障;功率开关短路故障;逆变电路一相桥臂开路故障。对于功率开关管的短路故障,如本书 2.4 节所述,主要通过硬件电路将其转化为开路故障来处理,而功率开关管无驱动信号故障和一相桥臂开路故障均可看作桥臂功率开关管开路故障来处理。

功率开关管开路故障主要有三种情况:桥臂上端功率管开路故障,下端功率管开路故障和上、下端功率开关管同时故障。本节主要分析在上述三种故障下逆变电路状态的变化规律。

由式(4.35)电路的混合逻辑动态向量模型,利用线性系统理论的分析方法,引入状态转化矩阵 $\boldsymbol{p}$,令 $\boldsymbol{x}=\boldsymbol{p}^{-1}z$,则有:

$$
\frac{\mathrm{d}z}{\mathrm{d}t}=\boldsymbol{\Lambda}z+\boldsymbol{\Gamma u}
\tag{4.37}
$$

其中:$\boldsymbol{\Gamma}=\boldsymbol{pB}$, $\boldsymbol{p}=[\boldsymbol{p}_1,\ \boldsymbol{p}_2,\ \cdots,\ \boldsymbol{p}_9]$。

$$
\boldsymbol{\Lambda}=\boldsymbol{pAp}^{-1}=\begin{bmatrix}\lambda_1&&&&&&&&\\&\lambda_2&&&&&&&\\&&\lambda_3&&&&&&\\&&&\lambda_4&&&&&\\&&&&\lambda_5&&&&\\&&&&&\lambda_6&&&\\&&&&&&\lambda_7&&\\&&&&&&&\lambda_8&\\&&&&&&&&\lambda_9\end{bmatrix}
$$

,λ_1、λ_2、…、λ_9为矩阵 $\boldsymbol{A}$ 的 9 个特征值,与特征值一一对应的特征向量为 $\boldsymbol{p}_1$、$\boldsymbol{p}_2$、…、$\boldsymbol{p}_9$。

通过求解式(4.37)所示的方程,可以求解得到状态向量方程如式(4.38)所示。

$$
z(t)=\mathrm{e}^{\boldsymbol{\Lambda}(t-t_0)}z_0+\int_{t_0}^{t}\mathrm{e}^{\boldsymbol{\Lambda}(t-\tau)}\boldsymbol{\Gamma u}\,\mathrm{d}\tau
\tag{4.38}
$$

通过转化矩阵,将 $z=\boldsymbol{p}x$ 代入式(4.38),可得电路状态的变化方程如式(4.39)。

$$
x(t)=\boldsymbol{p}^{-1}\mathrm{e}^{\boldsymbol{\Lambda}(t-t_0)}\boldsymbol{px}_0+\boldsymbol{p}^{-1}\int_{t_0}^{t}\mathrm{e}^{\boldsymbol{\Lambda}(t-\tau)}\boldsymbol{\Gamma u}\,\mathrm{d}\tau
\tag{4.39}
$$

对于逆变电路,取 $t_0=0$,$x_0=0$,则有:

$$
\boldsymbol{x}(t)=\boldsymbol{p}^{-1}\int_{0}^{t}\mathrm{e}^{\boldsymbol{\Lambda}(t-\tau)}\boldsymbol{\Gamma u}\,\mathrm{d}\tau=-\boldsymbol{p}^{-1}\boldsymbol{\Lambda}^{-1}(\boldsymbol{I}-\mathrm{e}^{\boldsymbol{\Lambda}t})\boldsymbol{\Gamma u}
\tag{4.40}
$$

由式(4.40)可见,$\boldsymbol{p}^{-1}$,$\boldsymbol{\Lambda}^{-1}$,$\boldsymbol{\Gamma}$,$\boldsymbol{I}-\mathrm{e}^{\boldsymbol{\Lambda}t}$ 均为常数矩阵,系数矩阵的每个特征值均具有负实部。电路状态变量 $x(t)$的变化规律仅与离散输入向量 $\boldsymbol{u}$ 有关。

对于逆变电路 a 臂,当发生上端功率管故障、下端功率管故障和双管同时故障时,分别相当于电路的驱动信号 $s_1=0$、$s_4=0$、$s_1=s_4=0$。因此，可以得到电路 a 臂故障时，离散输入向量与电路不同故障之间的关系，如表 4.3 所示。

表 4.3　离散输入向量与电路不同故障之间的关系

	S_{a1} 故障	S_{a4} 故障	S_{a1} 和 S_{a4} 故障
$(i_a, s_1, s_4)=(1,0,1)$	$u=1$	$u=1$	$u=0.5$
$(i_a, s_1, s_4)=(1,1,0)$	$u=0.5$	$u=1$	$u=0.5$
$(i_a, s_1, s_4)=(1,0,0)$	$u=0.5$	$u=1$	$u=0.5$
$(i_a, s_1, s_4)=(0,0,1)$	$u=0.5$	$u=1$	$u=1$
$(i_a, s_1, s_4)=(0,1,0)$	$u=1$	$u=1$	$u=1$
$(i_a, s_1, s_4)=(0,0,0)$	$u=1$	$u=1$	$u=1$

由上述分析结果可知，在 a 桥臂三种状态故障下，电路的离散输入向量具有不同的特征，因而将导致电路的状态具有不同的变化规律。可以利用电路在不同故障模式下，状态变量的不同变化规律来实现电路进一步的故障检测与诊断。

如图 4.2 所示电路的拓扑结构，利用 MATLAB 或 Simulink 软件搭建仿真模型，采用滞环 PID 控制策略，仿真参数为：$V_{dc}=270$ V，滤波电容 $C=8800$ μF，滤波电感 $L=100$ μH，滤波电阻 $r=25$ mΩ，额定频率为 400 Hz，得到仿真结果，图 4.3 为新型逆变电路基于混合逻辑动态模型的三相输出电压，THD=0.91%，图 4.4 为新型逆变电路基于传统开关函数模型的三相输出电压，THD=0.95%。可见，正常情况下电路的开关函数模型与混合逻辑动态模型性能接近，而考虑功率开关管导通延迟时，电路基于开关函数模型和混合逻辑动态模型的电流跟踪误差如图 4.5 所示，可见当考虑电路的非线性因素时，与开关函数模型相比，混合逻辑动态模型更为精确。图 4.6 是电路 a 臂上端功率开关管发生开路故障时，电路 a 臂电流的变化规律，图 4.7 是电路 a 臂下端功率开关管发生开路故障时，电路 a 臂电流的变化规律，图 4.8 是电路 a 臂两个功率开关管同时发生开路故障时，电路 a 臂电流的变化规律。可见，故障功率管不同，电路 a 臂电流的变化规律也不同。

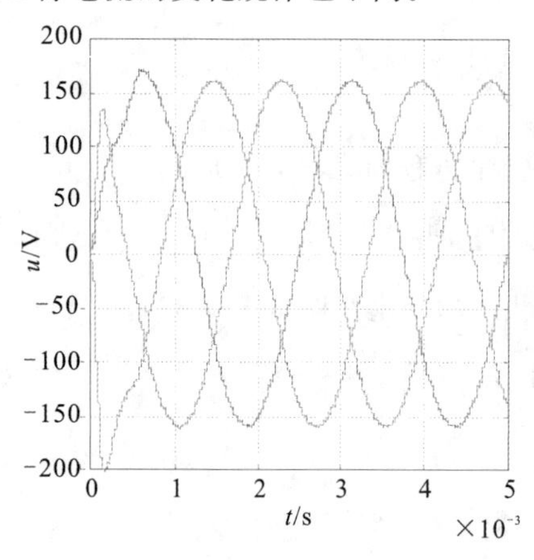

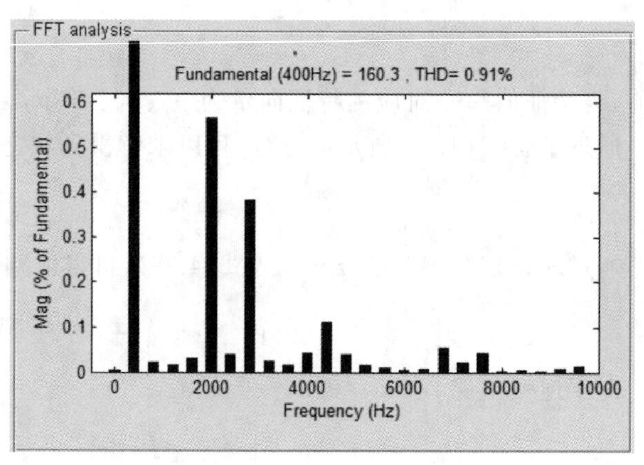

图 4.3　新型逆变电路基于混合逻辑动态模型的三相输出电压

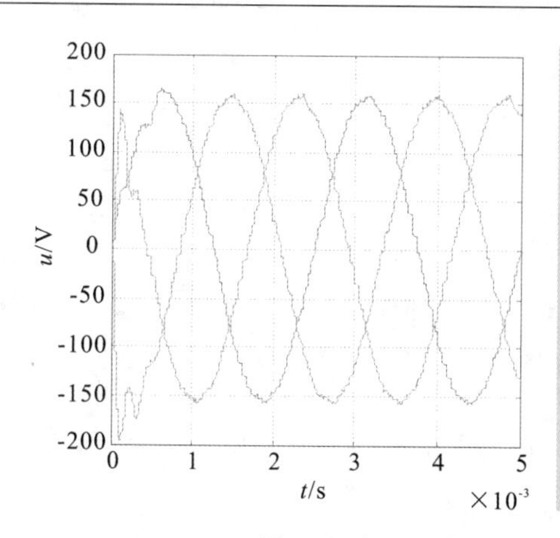

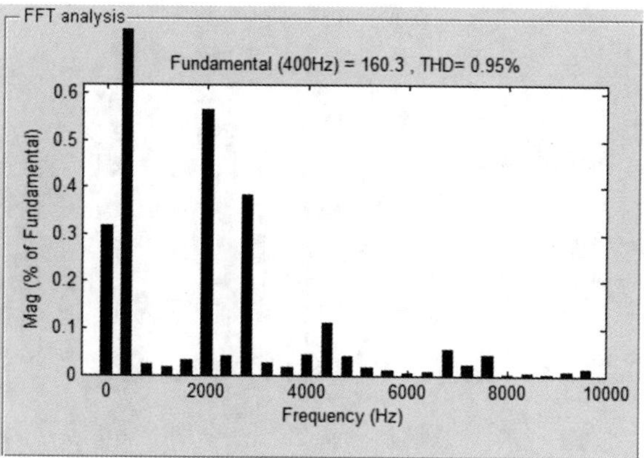

图 4.4　新型逆变电路基于传统开关函数模型的三相输出电压

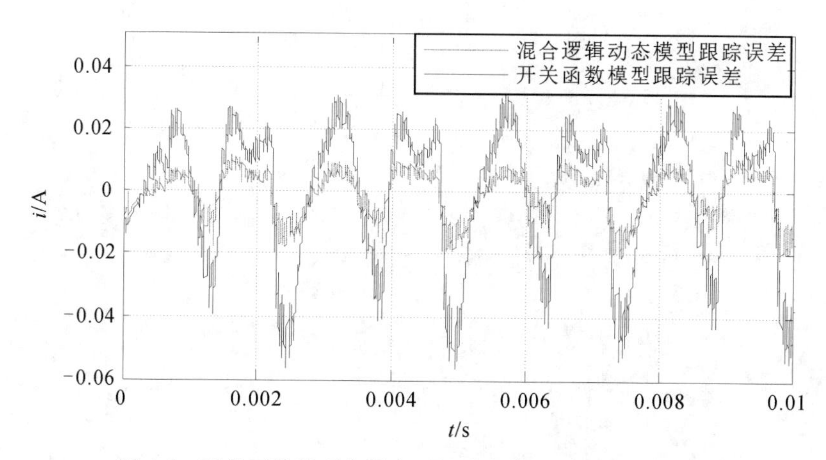

图 4.5　开关函数模型和混合逻辑动态模型的电流跟踪误差

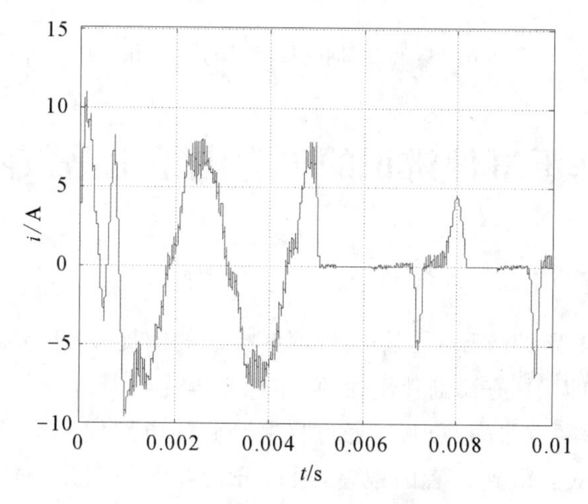

图 4.6　S_{a1} 故障时 i_a 的变化规律

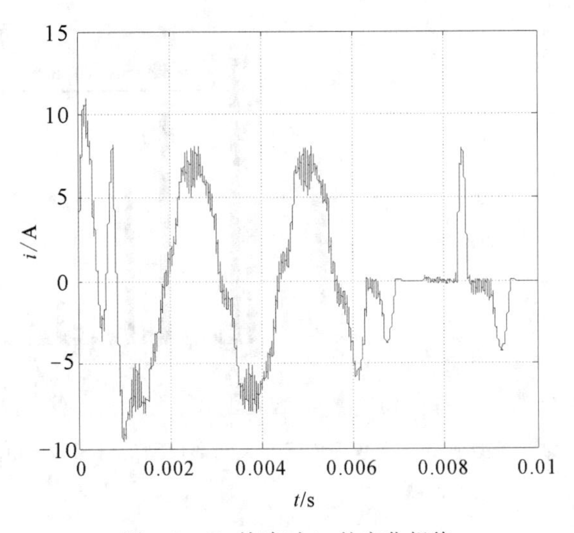

图 4.7　S_{a4}故障时 i_a 的变化规律

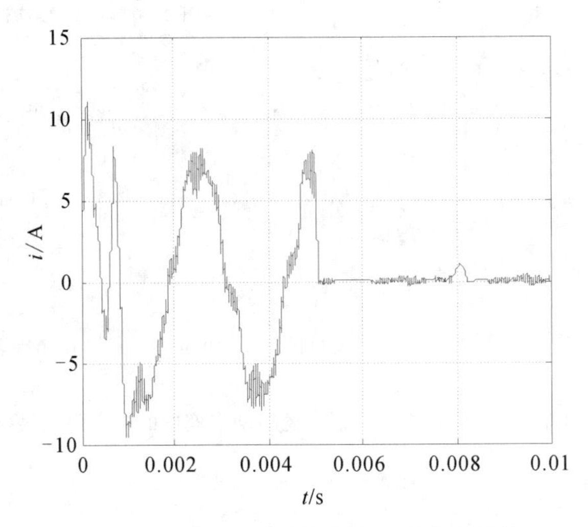

图 4.8　S_{a1} 和 S_{a4} 同时故障时 i_a 的变化规律

4.5　基于事件辨识的电力电子电路故障诊断

4.5.1　基本概念

及时、准确地找到电路的故障部位是实现容错控制的前提，基于模型的故障诊断方法可以充分考虑对象的深层知识，具有诊断速度快、可靠性高等优点[188]。

基于模型的故障诊断方法的原理是：通过将检测到的电路实际运行信息与电路数学模型所表达的值进行比较，从而得到二者的残差，通过分析并评估该残差即可实现电路的故障诊断。因此，基于模型的故障诊断方法主要包括两个步骤：一是残差的产生，当电路发生故障时，电路的拓扑结构改变，电路的运行状态也将发生偏离，导致监测参数的实际值与估计器的估计值不同，从而生成残差[165]；二是残差的评估，就是利用残差信息对系统故障的存在及位置进行辨识。按照以上两个步骤，基于新型逆变电路的 MLD 模型，从混杂系统的角度考虑，研究电路的故障诊断方法。

以混杂系统理论为基础研究电路的故障诊断方法，应当从混杂系统的角度分析电力电子电路的运行，在此首先明确：术语“阶段”和“变迁”所表达的意思分别与“拓扑”和“开关切换”所表达的意思相同，即可以将“电路发生一次开关切换”等价为“电路发生了一次变迁”，“电路从一个阶段转移到另一个阶段”。也可以表达为“电路从一种拓扑变换为另一种拓扑”。为了便于后文论述，在此特别说明。

为了便于后文的说明及理解，现从混杂系统的角度考虑电路运行的相关问题，并给出与其相关的一些主要概念。

离散事件：假设 l_1 是电路可控器件的数目，而 l_2 是不控器件的数目。电路中所有可控和不可控的功率器件保持其通断状态不变时，将电路此刻的状态称为电路的一个拓扑，也称其为一个离散事件，用符号 q 来表示，因此电路离散事件（拓扑）的总数为 $2^{l_1+l_2}$ 个。

事件全集：将电路全部 $2^{l_1+l_2}$ 个离散事件组成的集合称为电路的事件全集，事件全集用符号 Q 表示，有 $Q=\{q_1,q_2,\cdots,q_{2^{l_1+l_2}}\}$。

需要特别说明的是，对于基本的离散事件 $q_i(i=\{1,2,\cdots,2^{l_1+l_2}\})$ 不一定出现在电路的实际运行中，包括正常运行和故障运行。

可控事件子集：当电路中所有 l_1 个可控器件的状态保持不变，而任由 l_2 个不控器件的开关状态变化，可以形成 2^{l_2} 个基本的离散事件，将 2^{l_2} 个离散事件组成的集合称为电路的一个可控事件子集，用 QC 表示。

由可控事件子集的定义可知，电路可控事件子集的数目是 2^{l_1}，电路的可控事件子集具有以下两条重要性质：

$$\begin{aligned}&(1)QC_i\cap QC_j=\varnothing\quad(1\leqslant i\neq j\leqslant 2^{l_1})\\&(2)QC_1\cup QC_2\cup\cdots\cup QC_{2^{l_1}}=Q\end{aligned}\tag{4.41}$$

基本离散事件：在每一个可控事件子集 $QC_i(i=1,2,\cdots,2^{l_1})$ 中，由于共有 l_2 个不控开关，l_2 个不控开关的每一种开关状态组合，连同该可控事件子集中开关状态确定的 l_1 个可控开关一起，共形成了 2^{l_2} 个基本离散事件（$QB_{i1},QB_{i2},\cdots,QB_{i2^{l_2}}$）。

将电力电子电路的运行抽象为离散事件的变迁，下面给出事件变迁的定义，如式(4.42)所示。

$$\varepsilon=[(t_0,q_0),(t_1,q_1),\cdots,(t_k,q_k)]\tag{4.42}$$

其中，$q_i=(q_{i-1},q_i)$，$i=1,2,\cdots,k$，表示电路由基本离散事件 q_{i-1} 变迁到了 q_i，从而形成电路的一次变迁，且 $q_0\in Q$ 为电路的初始离散事件。

基于电路功率器件的可控性分析，将由电路功率管状态变化引起的离散事件变迁分为控制变迁和条件变迁两类，两种变迁的具体定义如下。

控制变迁：由开关管控制信号引起的电力电子电路拓扑变化称为控制变迁。

条件变迁：由电路自身状态变化导致不控器件通、断状态改变而引起的电力电子电路拓扑变化称为条件变迁。

不同可控事件子集之间只能借助控制变迁实现电路变迁，而在同一可控子集中，不同的基本事件仅仅借助条件变迁即可实现电路变迁，条件变迁不能实现不同可控子集中基本事件之间的变迁。

在对电路进行故障诊断时，假设功率开关管是理想器件，其开关时间为零。根据基尔霍夫电流电压定理，为了从混杂系统理论的角度描述电路故障诊断的原理，建立电路的数学模型，如式(4.43)所示：

$$\begin{aligned} &\frac{\mathrm{d}\boldsymbol{X}(t)}{\mathrm{d}t}=f_q(\boldsymbol{X}(t),\boldsymbol{u}(t),t) \\ &q(t^+)=\zeta(\boldsymbol{X}(t),q(t),t) \\ &\boldsymbol{Y}(t)=\boldsymbol{C}\boldsymbol{X}(t) \end{aligned} \tag{4.43}$$

其中：$\boldsymbol{X}(t)\in\boldsymbol{R}^n$ 是 n 维状态向量，由电路部分状态变量构成，电路相应的输出向量是 $\boldsymbol{Y}(t)\in\boldsymbol{R}^m$，假设离散事件的个数为 N，$q\in Q=\{1,2,\cdots,N\}$ 表示电路的离散事件，Q 为电路的事件全集，f_q 为离散事件 q 的变迁规律，$\boldsymbol{u}(t)$ 为离散事件 q 的控制向量，函数 $\xi:\boldsymbol{R}^n\times Q\times\boldsymbol{R}^m\rightarrow Q$ 表示 t 时刻被激活的连续子系统。

对于电路如式(4.43)所示的线性切换混杂系统模型，主要做以下两点说明：

(1)如式(4.43)是为了便于阐述电路故障诊断的原理而建立，与式(4.15)所示电路的混杂系统模型不同，但在一定的条件下，二者可以相互转化；

(2)由于不同的状态变量所包含的故障信息不同，因此确定所要监测的状态变量对于电路的故障诊断具有重要意义，也就是说矩阵 $\boldsymbol{C}$ 决定了故障诊断的性能；

(3)模型(4.43)中的输出 $Y(t)$ 是根据故障诊断的需要确定的，并非电路的实际输出。

4.5.2 基本原理

基于混杂系统的相关概念及理论，把电路的运行抽象为离散事件的变迁，当电路出现故障时，就可以认为是电路发生了错误的事件变迁，即电路实际事件的变迁规律偏移期望的事件变迁规律，从而将电力电子电路的故障诊断研究转化为事件变迁辨识问题，通过辨识事件变迁规律实现电路故障诊断是对电路进行故障诊断研究的基本机理，下面对其诊断过程进行详细分析。

当电路正常运行时，电路离散事件变迁路径所包含的离散事件数目有限，通过对电路工作原理进行分析，结合电路可控事件子集的变迁规律，便可以得到电力电子电路的事件变迁规律，将此作为电路期望的离散事件变迁。

对于电路发生的故障，可以将其主要分为两类。

(1)切换故障：在时刻 t_s，电路发生切换，切换后期望的离散事件应为 q_{s^+}，但因为故障的原因，电路的实际离散事件 $q_{\text{fact}}\neq q_{s^+}$；

(2)非切换故障：在$[t_s,t_{s^+}]$的时段内，电路发生故障，在不应切换时发生切换，出现离散事件 q_{fact}。

上述两种故障的一个共同特征是：期望离散事件 q_{s^+} 被离散事件 q_{fact} 所代替。基于上述分析，电力电子电路基于混杂系统理论的故障诊断的基本机理如图 4.9 所示，电路采用的控制方法不同，其期望事件的变迁规律不同，确定电路期望的变迁规律后，通过检测电路的状态变量得到电路的实际变迁规律，借助实际变迁规律与期望变迁规律的比较实现电路故障诊断，即：如果两个变迁规律相同，确定电路正常工作，如果不同，则判断电路发生了某种故障[189]。

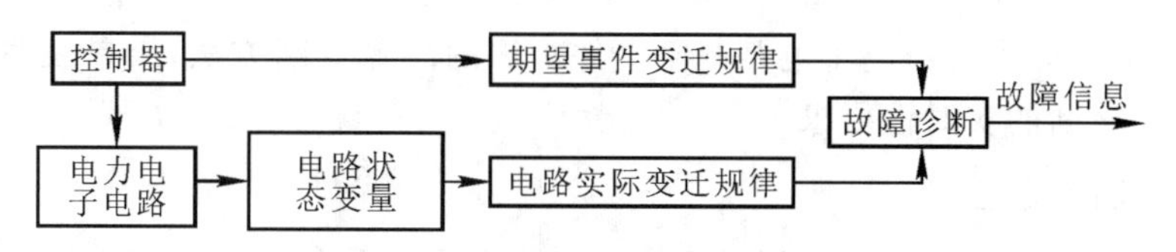

图 4.9　故障诊断的基本机理

对于不同的电力电子电路，上述故障诊断机理具有较好的通用型，应用于具体电路时，仅考虑辨识的具体事件的不同，并且可以采用不同的方法对事件进行辨识。

根据图 4.9 所示电路的故障诊断机理，可以得到电路故障诊断的流程图，如图 4.10 所示。首先，对电路的运行状态进行分析，确定电路正常工作时的变迁规律及故障规律；其次，实时监测电路运行状态，辨识电路实际变迁规律，并与期望变迁规律进行比较，从而实现电路的故障判定。

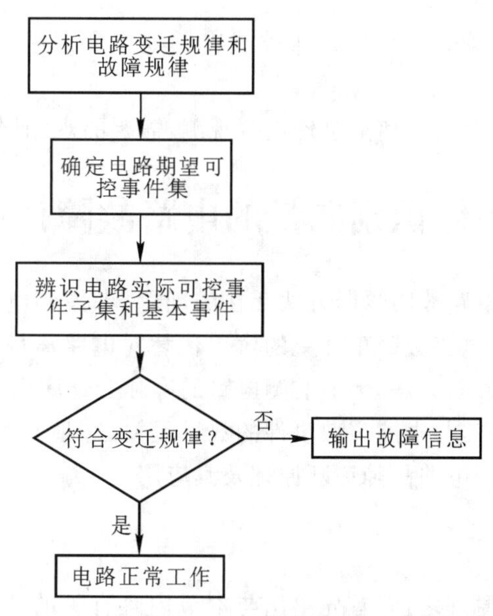

图 4.10　电路故障诊断流程图

4.5.3　性能分析

基于事件辨识的电力电子电路故障诊断方法是通过事件辨识进行故障诊断的，是电力电子电路的一种新的基于混杂系统理论的故障诊断方法，算法简单易于实现。基于事件辨识的电力电子电路故障诊断方法具有其独特的特征，现对其两个重要特征进行分析。

1.实时性分析

基于信号处理的故障诊断方法，比如傅里叶分析、小波分析等，由于这些算法存在一定的延时，会降低故障诊断的实时性。对于基于事件辨识的故障诊断方法而言，获取期望事件和辨识电路的实际事件是影响诊断实时性的两个主要因素，采集并处理电路状态信息的时间决定对电路实际事件的辨识。由此可见，对基于事件辨识的故障诊断方法，影响诊断实时性的因素主要有两个：一是采集电路数据的速度，二是计算机的运算速度。以目前现有的数据采集及计算机技术，足够保证诊断的实时性要求。因而，延时问题在基于事件辨识的故障诊断方法中不存在。文献[188]研究了电力电子电路基于事件辨识的故障诊断方法，结果表明：普通的计算机资源就能满足诊断的实时性要求。

2.适用的故障类型

基于事件辨识的故障诊断方法不但可以对电力电子电路的结构性故障进行诊断，而且还可用于电路的参数性故障。

基于事件辨识的故障诊断方法具有诸多优点，但也有一定的缺陷。将此方法用于离散事件较少的电路，比如 Buck 电路，由于 Buck 电路只有四个离散事件，诊断效果良好。而当电路包含较多的离散事件时，比如新型逆变电路有 2^{24} 个离散事件，就难以实现，主要存在以下几个问题：

(1)实际变迁序列的检测。开关频率较高导致离散事件变迁迅速，检测模块难以跟踪实际电路的变迁。

(2)期望变迁序列的获取。不同控制策略具有的期望变迁序列不同，影响诊断算法的通用性。

(3)观测器的数量。要对所有离散事件进行观测，需要的观测器数量庞大。

4.6 基于故障事件识别向量的电路故障诊断方法及其应用

针对基于事件辨识的电路故障诊断方法存在的问题，考虑到电路的故障事件集是其离散事件集的一个子集，因而用电路故障事件集的辨识代替对电路离散事件集的辨识。研究基于故障事件辨识的电路故障诊断方法，无需监测电路的实际变迁序列，所需观测器的数目与需要诊断的电路故障的数目相同，与电路离散事件的数目无关，这些大大节省了资源。本节研究基于故障事件识别的电力电子电路故障诊断原理及其应用。

4.6.1 基本原理

在介绍电路故障诊断原理之前，首先给出与本节内容有关的几个概念，包括：电力电子电路拓扑向量、偏差、故障事件集及故障事件等概念。

电力电子电路的拓扑向量：如果电路有 k 个开关器件，由此可以推算出电路的拓扑数为 2^k。假如存在电路的状态向量 $\boldsymbol{X}=(x_1,x_2,\cdots,x_n)$ 在电路 2^k 个拓扑中具有不同的变化规律，则可以通过监测状态向量 $\boldsymbol{X}=(x_1,x_2,\cdots,x_n)$ 来辨识电路的每个拓扑，则状态向量 $\boldsymbol{X}=(x_1,x_2,\cdots,x_n)$ 称为电路的拓扑向量。

由拓扑向量的定义可知，电路的拓扑向量不唯一，并且根据最少检测原则，将包含状态变量数目最少的状态向量称为电路的最简状态向量，记为 $\boldsymbol{X}_{\text{basic}}$。

系统残差：$(x_1,x_2,\cdots,x_m)$ 为系统的一组状态变量，$\varnothing(x_1,x_2,\cdots,x_m)$ 是关于状态变量 $(x_1,x_2,\cdots,x_m)$ 的一个函数，$\hat{\varnothing}(x_1,x_2,\cdots,x_m)$ 是实际测量值 φ 的估计值，那么将满足式(4.44)的 r 称为系统的残差。

$$r=\varnothing(x_1,x_2,\cdots,x_m)-\hat{\varnothing}(x_1,x_2,\cdots,x_m) \tag{4.44}$$

故障事件集及故障事件：控制器信号、电路自身状态、开关器件故障等都可引起电路开关状态的变化，其中将由开关器件故障导致的电路变迁称为故障变迁，故障变迁对应的目标离散事件的集合定义为故障事件集，记为 Q_f，故障事件集中的元素称为故障事件，记为 q_f。

需要特别指出的是，由故障事件集及电路离散事件集的定义可知，对于任何电力电子电路，其故障事件集都是离散事件集的一个子集。

电力电子电路的拓扑向量用于对电路拓扑的辨识[190]，即对电路离散事件进行辨识，而对于电路的故障事件集，可以用故障事件识别向量来辨识，故障事件识别向量的定义如下。

故障事件识别向量：假如电路存在一个状态向量 $\boldsymbol{X}_f=(x_1,x_2,\cdots,x_p)$，对于电力电子电路故障事件集 Q_f 中的所有故障事件，均具有不同的变化规律，则可以用 $\boldsymbol{X}_f=(x_1,x_2,\cdots,x_p)$来识别每个故障事件，称向量 $\boldsymbol{X}_f=(x_1,x_2,\cdots,x_p)$为电路的故障事件识别向量。

利用故障事件识别向量可以对电路的故障事件进行辨识。在对电路故障进行诊断之前，首先应确定电路的故障事件集，即明确需要诊断的故障，在此基础之上，以本书建立的电路混合逻辑动态模型为基础，分别建立每个故障事件的故障模型，并通过对电路故障的分析，确定故障事件识别向量。然后，基于第 j 个故障事件 q_{f_j} 的故障模型构造电路观测器，观测器的估计值为 $\hat{\boldsymbol{X}}_{f_j}$，将估计值与电路实际工作的 X_j 值进行比较，其中 $\boldsymbol{X}_f$ 为电路的故障事件识别向量，$\hat{\boldsymbol{X}}_{f_j}$ 是其估计值，从而得到第 j 个故障事件 q_{f_j} 的故障模型观测器残差 Z_j 如式(4.45)所示。

$$Z_j=\boldsymbol{X}_f-\hat{\boldsymbol{X}}_{f_j} \tag{4.45}$$

定义残差向量：$\boldsymbol{Z}=(Z_1,\cdots,Z_j,\cdots,Z_s)$，其分量表达式如式(4.45)，其中 $\boldsymbol{Z}$ 的维数等于故障事件数，对其每个分量进行评估，即可实现对对应故障事件的辨识，从而完成电路的故障诊断。

定义 h_j 为一大于零的常数，称为故障辨识阈值，则有如下电路故障事件辨识规则。

故障事件辨识规则：实时检测残差向量 $\boldsymbol{Z}$，对于满足式(4.46)的残差向量分量的观测器所对应的故障事件即为此刻电路实际发生的故障。

$$\begin{cases}\| Z_j \| \leqslant h_j，则\ q_{\text{fact}}=q_{f_j} \\ \| Z_j \| > h_j，则\ q_{\text{fact}}\neq q_{f_j}\end{cases} \tag{4.46}$$

当观测器残差的值小于设定的阈值时，说明电路此时的特性与发生故障事件 q_{f_j} 时电路的特性相近，因此，可以根据第 j 个故障事件的故障模型的观测器残差 Z_j 是否小于故障辨识阈值，来判断电路是否发生第 j 个故障事件，而电路其他故障事件的诊断，可以借助残差向量 $\boldsymbol{Z}$ 的其他分量进行判断。

图 4.11 所示为电力电子电路故障诊断的流程图，首先，根据电路故障模式，确定电路的故障事件集；其次，以故障事件集为基础，确定电路的故障识别向量及故障事件的故障模型；最后，根据故障模型观测器的残差向量得出诊断结果。

由上述故障诊断的过程可见，获取故障事件辨识的残差 $\boldsymbol{Z}$ 是故障诊断的关键，残差应满足以下三点要求：

(1)电路正常工作时，残差 $\boldsymbol{Z}$ 应大于设定的阈值，通常情况下，阈值设定为一个大于零的常数；

(2)当电路发生故障，而此故障与残差 $\boldsymbol{Z}$ 不相关联时，所检测到的残差 $\boldsymbol{Z}$ 的值应比设定的阈值大；

(3)当电路发生的故障与该残差 $\boldsymbol{Z}$ 相关联时，残差 $\boldsymbol{Z}$ 的值应当保持小于零。

另外，阈值 h_j 的选取也是故障诊断的一个重要内容，因为阈值过大会导致电路很高的故障漏报率，反之会增加误报率，准确的故障辨识阈值 h_j 对于电路故障的诊断具有重要意义，影响故障辨识阈值的因素有：电路故障模型的准确性、选取的故障事件识别向量及各种干扰等。下面分别对阈值的存在性、设置原则和设置方法一一进行讨论。

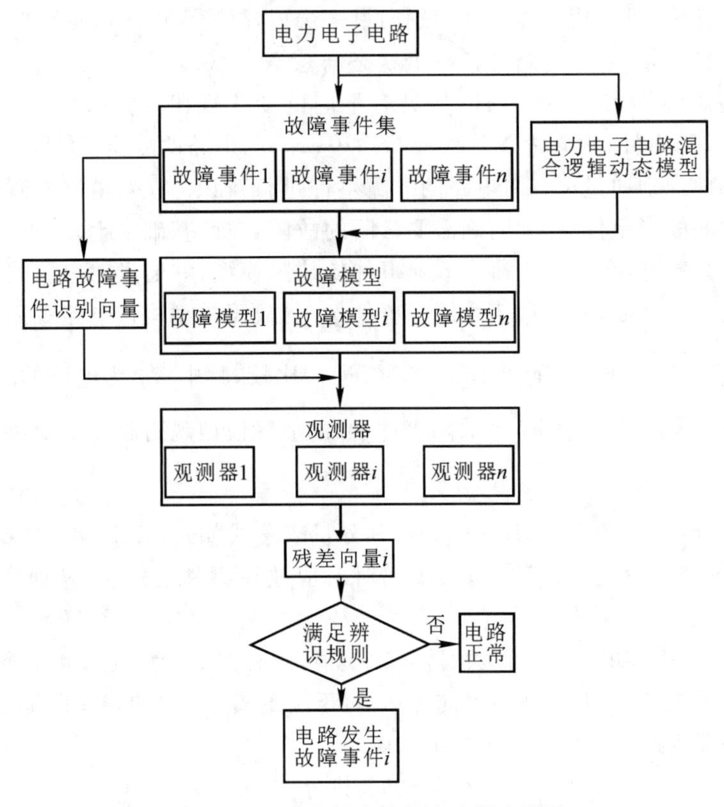

图 4.11　电力电子电路故障诊断流程图

故障辨识阈值 h_j 的存在性：发生故障后，如果电路的运行仍满足基尔霍夫定律，则可建立电路该故障事件的数学模型，即故障模型，通过故障模型观测器的估计值与实际电路值的比较，得到残差 Z_j，那么必然存在一个阈值 h_j，当电路再次发生同样故障时，使 $\|Z_j\| \leqslant h_j$。

故障辨识阈值 h_j 的设置原则：假设电路的故障事件集为$\{A_1, \cdots, A_j, \cdots, A_m\}$，建立故障事件的故障模型。当电路依次发生故障事件 $A_1, \cdots, A_{j-1}, A_{j+1}, \cdots, A_m$ 时，故障事件 A_j 的故障模型观测器的估计值与电路实际值进行比较得到残差集合为$\{B_1, \cdots, B_j, \cdots, B_{m-1}\}$，则故障事件 A_j 对应的故障辨识阈值 h_j 满足：$0 < h_j < \min\{B_1, \cdots, B_j, \cdots, B_{m-1}\}$。

阈值的设置方法：在简单、成熟的应用系统中，通常凭经验来设置阈值的大小，而当系统的要求较高时，自适应选择方法是通常采用的方法。目前阈值的主要选择方法包括以下三种。

(1)基于统计的方法。由于模型精确度和噪声干扰等因素的存在，残差函数 $\boldsymbol{Z}$ 通常表现为非白噪声函数，近似服从正态分布，因此，可通过均值、方差等方法来确定比较可靠的阈值。但是，基于统计的方法依赖于系统故障的先验知识。文献[208]采用最大概率比设定了系统故障的阈值。

(2)基于知识的方法。此方法无需系统精确的数学模型，适用于建模困难、模型精度不高或干扰较大的系统和场合。主要有:专家系统法、模糊算法、神经网络法等。文献[191]利用模糊算法设定残差阈值,文献[53]通过神经网络选择阈值的大小。

(3)基于数学模型的方法。此方法可以通过对系统模型偏差及干扰噪声等因素进行分析,得到这些因素对系统状态和输出的影响,从而设置阈值的大小。文献[192]利用最大值原理对非线性系统的阈值进行了设置。

4.6.2 在新型逆变电路中的应用

基于故障事件识别向量的故障诊断方法具有较好的通用性,首先将该方法用于新型逆变电路的故障诊断,将图 4.11 中的故障事件集、故障模型模块以及故障事件识别向量用新型电路的事件和变量代替,便可将故障诊断方法用于新型逆变电路的故障诊断。

以逆变电路 a 桥臂的故障诊断为例进行说明。首先,应该确定电路的故障事件集,对于新型逆变电路 a 桥臂,故障事件集选为{S_{a1}开路故障,S_{a4}开路故障,S_{a1}和 S_{a4}同时开路故障},明确电路需要诊断的故障;其次,基于所建立的电路混合逻辑动态模型建立电路各个故障事件的故障模型,并确定故障识别向量以对故障事件进行辨识,$\boldsymbol{i}_a$ 在三个故障事件中具有不同的变化规律,因此 $\boldsymbol{i}_a$ 可以作为 a 桥臂故障事件集的故障事件识别向量;最后,通过设计故障模型观测器,通过与电路实测值的比较产生残差,利用辨识规则对残差向量进行分析得出诊断结果。

4.6.2.1 电路故障模型的建立

针对电路 a 臂的故障事件集{S_{a1}开路故障,S_{a4}开路故障,S_{a1}和 S_{a4}开路故障},下面针对三种故障事件分别建立其故障模型。

当 S_{a1}开路故障时,相当于开关管 S_{a1}的控制信号 $s_1 \equiv 0$,将其代入式(4.34)可以得到 S_{a1}开路故障时电路的离散输入如式(4.47)所示。图 4.12 所示为逆变电路 S_{a1}开路故障对应的拓扑,即电路的一种故障事件。由于功率开关管 S_{a1}开路,相当于在电路原来拓扑的基础上去除开关管 S_{a1}。

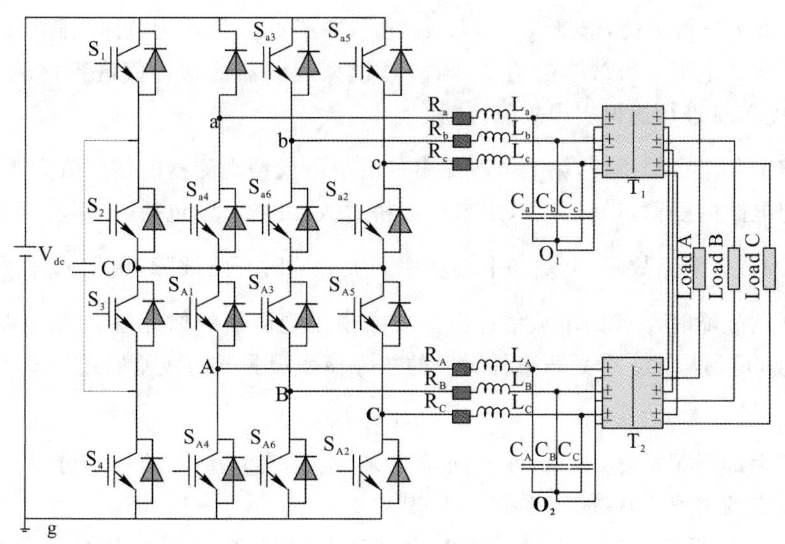

图 4.12　S_{a1}故障时电路的拓扑

$$\boldsymbol{u}_1=\begin{bmatrix}u_{ao_1}\\u_{bo_1}\\u_{co_1}\end{bmatrix}=\frac{V_{dc}}{3}\begin{bmatrix}2&-1&-1\\-1&2&-1\\-1&-1&2\end{bmatrix}\begin{bmatrix}(\bar{s}_4\bar{\sigma}_a+\frac{1}{2}\overline{\bar{s}_4\bar{\sigma}_a})\\ [\bar{s}_6(s_3+\bar{s}_3\bar{\sigma}_b)]+\frac{1}{2}\overline{\bar{s}_6(s_3+\bar{s}_3\bar{\sigma}_b)}]\\ [\bar{s}_2(s_5+\bar{s}_5\bar{\sigma}_c)]+\frac{1}{2}\overline{\bar{s}_2(s_5+\bar{s}_5\bar{\sigma}_c)}]\end{bmatrix}\tag{4.47}$$

同理可得 S_{a4} 开路故障，S_{a1} 和 S_{a4} 同时开路故障时电路的故障事件，电路故障模型的输入分别为：

$$\boldsymbol{u}_2=\begin{bmatrix}u_{ao_1}\\u_{bo_1}\\u_{co_1}\end{bmatrix}=\frac{V_{dc}}{3}\begin{bmatrix}2&-1&-1\\-1&2&-1\\-1&-1&2\end{bmatrix}\begin{bmatrix}[(s_1+\bar{s}_1\bar{\sigma}_a)+\frac{1}{2}\overline{(s_1+\bar{s}_1\bar{\sigma}_a)}]\\ [\bar{s}_6(s_3+\bar{s}_3\bar{\sigma}_b)]+\frac{1}{2}\overline{\bar{s}_6(s_3+\bar{s}_3\bar{\sigma}_b)}]\\ [\bar{s}_2(s_5+\bar{s}_5\bar{\sigma}_c)]+\frac{1}{2}\overline{\bar{s}_2(s_5+\bar{s}_5\bar{\sigma}_c)}]\end{bmatrix}\tag{4.48}$$

$$\boldsymbol{u}_3=\begin{bmatrix}u_{ao_1}\\u_{bo_1}\\u_{co_1}\end{bmatrix}=\frac{V_{dc}}{3}\begin{bmatrix}2&-1&-1\\-1&2&-1\\-1&-1&2\end{bmatrix}\begin{bmatrix}(\bar{\sigma}_a+\frac{1}{2}\sigma_a)\\ [\bar{s}_6(s_3+\bar{s}_3\bar{\sigma}_b)]+\frac{1}{2}\overline{\bar{s}_6(s_3+\bar{s}_3\bar{\sigma}_b)}]\\ [\bar{s}_2(s_5+\bar{s}_5\bar{\sigma}_c)]+\frac{1}{2}\overline{\bar{s}_2(s_5+\bar{s}_5\bar{\sigma}_c)}]\end{bmatrix}\tag{4.49}$$

将式(4.47)至式(4.49)分别代入式(4.35)，可以得到电路三种故障事件各自的故障模型，以故障模型为基础，分别建立三种故障事件的故障模型观测器，通过与电路实际状态变量的比较产生所需的残差信息，用于下一步的故障辨识。

4.6.2.2 故障事件的辨识

对于逆变电路其他桥臂，可以运用相同的方法建立与其故障事件对应的故障模型观测器，以电路上部 a、b、c 三臂为例，选择 $\boldsymbol{X}_f=[i_a, i_b, i_c]$，如图 4.13 所示为电路故障诊断原理图。实时监测电路工作时电流 i_a, i_b, i_c 的值，并与故障模型观测器的估计值进行比较，产生残差信息，通过对残差信息进行辨识实现故障诊断。

对于电路的每个单独桥臂，第 j 个故障事件的故障模型观测器的估计值为 $\hat{i}_{ij}$，其中：i=a、b、c，用来标记电路的桥臂，j=1、2、3，用来标记桥臂故障的类型，包括：上端功率开关管开路故障、下端功率开关管开路故障、上端和下端功率开关管同时开路故障，例如 $\hat{i}_{a1}$ 表示 a 桥臂上端功率开关管开路故障时，a 臂的电流估计值。故障模型观测器的估计值 $\hat{i}_{ij}$ 与电路工作的实际值 i_i 进行比较，得到与第 j 个故障事件对应的故障模型观测器的残差如式(4.50)所示。

$$Z_{ij}=i_i-\hat{i}_{ij}\tag{4.50}$$

对于电路上部三相桥臂 a、b、c，残差向量为 $\boldsymbol{Z}$，Z_{ij} 是向量为 $\boldsymbol{Z}$ 的一个分量。h_{ij} 是针对每个故障事件设定的阈值，为一大于零的常数，其中 i=a、b、c，j=1、2、3。

故障事件辨识规则：如式(4.50)，实时检测残差向量 $\boldsymbol{Z}$，当残差的某一分量 Z_{ij} 满足式(4.51)时，则认为电路发生了与分量观测器相对应的故障事件。即当 $\| Z_{ij} \| \leqslant h_{ij}$ 时，说明电

路第 i 个桥臂发生了第 j 个故障事件。

$$\begin{cases} \| Z_{ij} \| \leqslant h_{ij}, \text{则 } q_{\text{fact}} = q_{f_{ij}} \\ \| Z_{ij} \| > h_{ij}, \text{则 } q_{\text{fact}} \neq q_{f_{ij}} \end{cases} \tag{4.51}$$

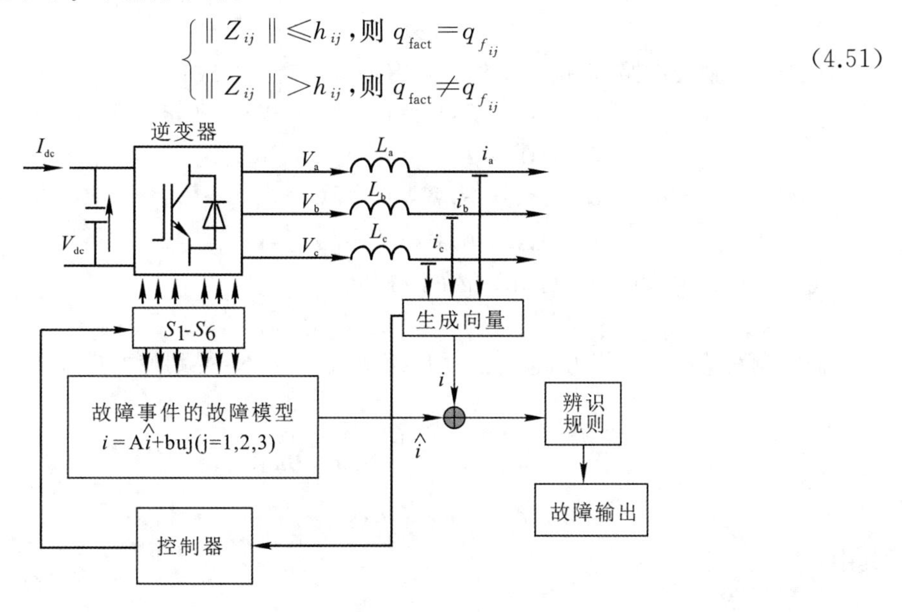

图 4.13　新型逆变电路故障诊断原理图

4.6.3　在三相逆变电路中的应用

由于故障诊断方法具有较好的通用型，无须对诊断算法进行大调整，仅需要对少数模块进行替换，便可以将该故障诊断算法用于三相逆变电路的故障诊断，也可以进一步验证诊断方法的有效性，对于三相逆变电路，该方法同样适用。

4.6.3.1　电路的混合逻辑动态模型

逆变电路主拓扑如图 4.14 所示，下面依次建立逆变电路的混合逻辑动态模型、确定电路故障事件集和故障事件识别向量、得出电路的故障模型。

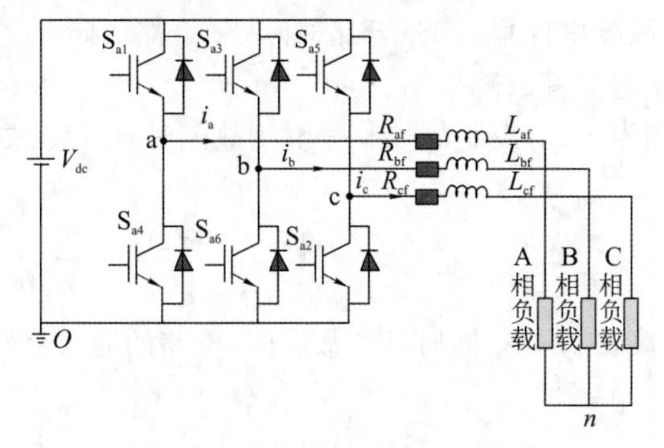

图 4.14　逆变电路主拓扑

开关管 $S_{a1}-S_{a6}$ 的开关信号为 s_1-s_6，“1”表示导通，“0”表示关断，对于逆变电路 a 臂（b、c 两臂类似），定义电流 i_a 流出主电路的方向为正。将离散事件 $i_a>0$ 和 $i_a<0$ 分别用逻辑变量 $\sigma_a=1$ 和 $\sigma_a=0$ 表示，有：

$$\begin{cases}[\sigma_a=1]\leftrightarrow[i_a>0]\\ [\sigma_a=0]\leftrightarrow[i_a<0]\end{cases} \tag{4.52}$$

对于三相逆变电路，根据其工作原理有如下逻辑关系式：

$$\begin{aligned}&[s_1=0,s_4=1,\sigma_a=1]\vee[s_1=0,s_4=0,\sigma_a=1]\vee\\ &[s_1=0,s_4=1,\sigma_a=0]\leftrightarrow[u_{ao}=0]\\ &[s_1=1,s_4=0,\sigma_a=1]\vee[s_1=0,s_4=0,\sigma_a=0]\vee\\ &[s_1=1,s_4=0,\sigma_a=0]\leftrightarrow[u_{ao}=V_{dc}]\end{aligned} \tag{4.53}$$

由上述逻辑关系得到电压 u_{ao} 的数学描述为：

$$u_{ao}=V_{dc}\bar{s}_4(s_1+\bar{s}_1\bar{\sigma}_a) \tag{4.54}$$

假定电路滤波电阻均为 r，电感为 L，负载电阻为 R，得到逆变电路的混合逻辑动态向量模型为：

$$\begin{aligned}&\frac{di}{dt}=\boldsymbol{Ai}+\boldsymbol{Bu}\\ &\boldsymbol{y}=\boldsymbol{Ci}\end{aligned} \tag{4.55}$$

其中：

$$\boldsymbol{A}=\begin{bmatrix}-\frac{R}{L}&0&0\\0&-\frac{R}{L}&0\\0&0&-\frac{R}{L}\end{bmatrix},\boldsymbol{i}=\begin{bmatrix}i_a\\i_b\\i_c\end{bmatrix},\boldsymbol{B}=\frac{V_{dc}}{3L}\begin{bmatrix}2&-1&-1\\-1&2&-1\\-1&-1&2\end{bmatrix},$$

$$\boldsymbol{u}=\begin{bmatrix}\sigma_1\\\sigma_2\\\sigma_3\end{bmatrix}=\begin{bmatrix}\bar{s}_4(s_1+\bar{s}_1\bar{\sigma}_a)\\\bar{s}_6(s_3+\bar{s}_3\bar{\sigma}_b)\\\bar{s}_5(s_2+\bar{s}_2\bar{\sigma}_c)\end{bmatrix},\boldsymbol{C}=\begin{bmatrix}R&0&0\\0&R&0\\0&0&R\end{bmatrix},\boldsymbol{y}=\begin{bmatrix}u_A\\u_B\\u_C\end{bmatrix},$$

u_A、u_B、u_C 分别为三相输出电压。

4.6.3.2 电路故障模型的建立及其故障事件的辨识

对于电路 a 臂，选择故障事件集＝{S_{a1} 开路故障，S_{a4} 开路故障，S_{a1} 和 S_{a4} 同时开路故障}，下面针对各个故障事件分别建立其故障模型。

当 S_{a1} 开路故障时，相当于 S_{a1} 控制信号 $s_1\equiv0$，则故障时，电路的故障模型输入：

$$\boldsymbol{u}_1=\begin{bmatrix}\sigma_1\\\sigma_2\\\sigma_3\end{bmatrix}=\begin{bmatrix}\bar{s}_4\bar{\sigma}_a\\\bar{s}_6(s_3+\bar{s}_3\bar{\sigma}_b)\\\bar{s}_2(s_5+\bar{s}_5\bar{\sigma}_c)\end{bmatrix} \tag{4.56}$$

同理可得 S_{a4} 开路故障，S_{a1} 和 S_{a4} 同时开路故障时，电路的输入分别为：

$$\boldsymbol{u}_2=\begin{bmatrix}\sigma_1\\\sigma_2\\\sigma_3\end{bmatrix}=\begin{bmatrix}s_1+\bar{s}_1\bar{\sigma}_a\\\bar{s}_6(s_3+\bar{s}_3\bar{\sigma}_b)\\\bar{s}_2(s_5+\bar{s}_5\bar{\sigma}_c)\end{bmatrix} \tag{4.57}$$

$$\boldsymbol{u}_3=\begin{bmatrix}\sigma_1\\\sigma_2\\\sigma_3\end{bmatrix}=\begin{bmatrix}\bar{\sigma}_a\\\bar{s}_6(s_3+\bar{s}_3\bar{\sigma}_b)\\\bar{s}_2(s_5+\bar{s}_5\bar{\sigma}_c)\end{bmatrix} \tag{4.58}$$

将式(4.56)至式(4.58)分别代入式(4.15)即可得到电路故障事件集的故障模型,同样,对于三相逆变电路 a 臂的故障事件集,故障事件不同时,i_a 具有不同的变化规律,因而可以选择 $\boldsymbol{X}_f=[i_a]$作为三相逆变电路 a 臂的故障事件识别向量。

基于故障事件识别向量和电路故障事件集的故障模型构建电路状态观测器,得到残差向量,通过故障事件辨识规则的判断即可完成对实际电路故障事件的辨识,仿真和实验对故障诊断的结果进行了验证。

4.7　仿真与实验验证

以 MATLAB 为平台建立新型逆变电路的仿真模型,仿真参数为:$V_{dc}=270$ V,$C=8800$ μF,滤波电感 $L=100$ μH,滤波电阻 $R=25$ mΩ,额定频率为 400 Hz。以 a 臂故障为例,故障时间为 0.005 s,故障事件集={S_{a1}开路故障,S_{a4}开路故障,S_{a1}和 S_{a4}同时开路故障},由三个故障事件相应的故障模型观测器产生的残差分别记为{残差 1、残差 2、残差 3}。图 4.15 所示为 S_{a1}故障、S_{a4}故障、S_{a1}和 S_{a4}同时故障时残差 1 的值;图 4.16 所示为 S_{a1}故障、S_{a4}故障、S_{a1}和 S_{a4}同时故障时残差 2 的值;图 4.17 所示为 S_{a1}故障、S_{a4}故障、S_{a1}和 S_{a4}同时故障时残差 3 的值。可以看出,取 $h_1=7$,$h_2=5$,$h_3=2$,当 S_{a1}开路故障时,残差 1 满足辨识规则,S_{a4}开路故障时,残差 2 满足,S_{a1}和 S_{a4}同时开路故障时,仅有残差 3 满足,因此根据辨识结果可以确定电路发生故障的类型。另外,为了进一步验证该方法的有效性,分别再以逆变器 b 臂的 S_{a3}开路故障和 S_{a6}开路故障为例进行验证,相应的故障模型观测器产生的残差分别记为残差 4 和残差 5,如图4.18和图 4.19 所示,分别取 $h_4=6.5$,$h_5=5$ 时,即可通过观测器残差的辨识诊断相应的故障。

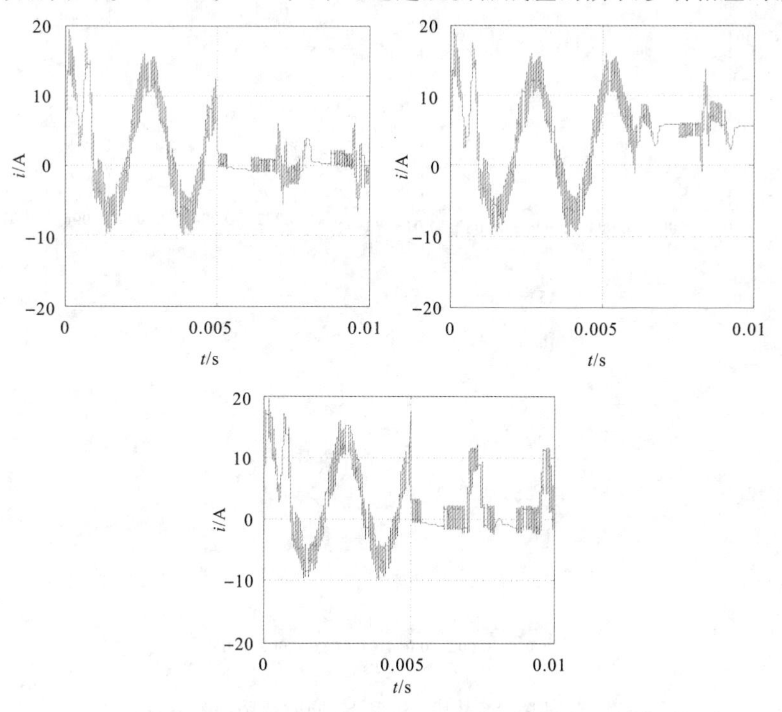

图 4.15　S_{a1}故障、S_{a4}故障、S_{a1}和 S_{a4}同时故障时残差 1 的值

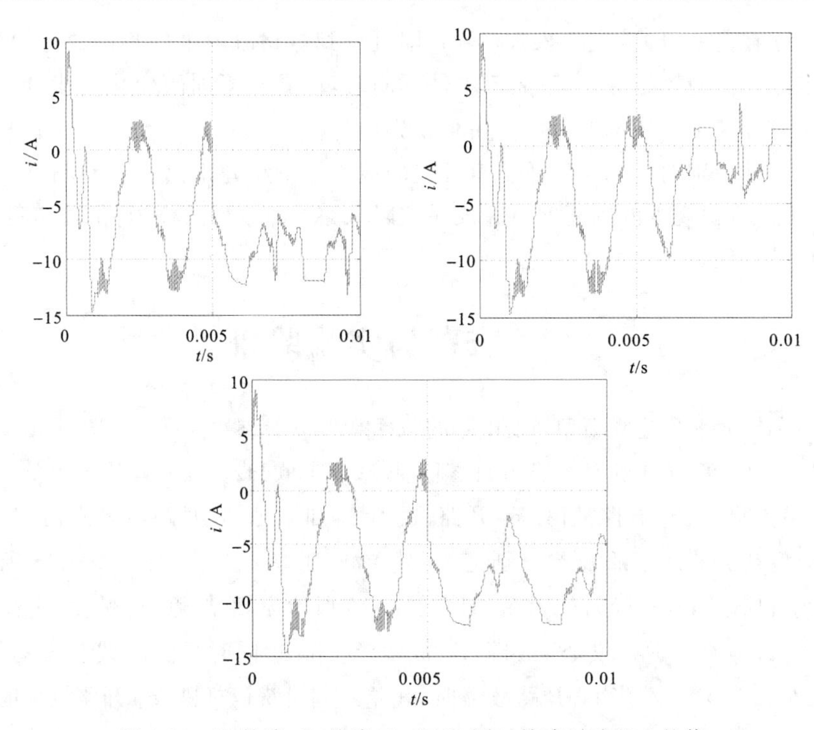

图 4.16　S_{a1}故障、S_{a4}故障、S_{a1}和S_{a4}同时故障时残差 2 的值

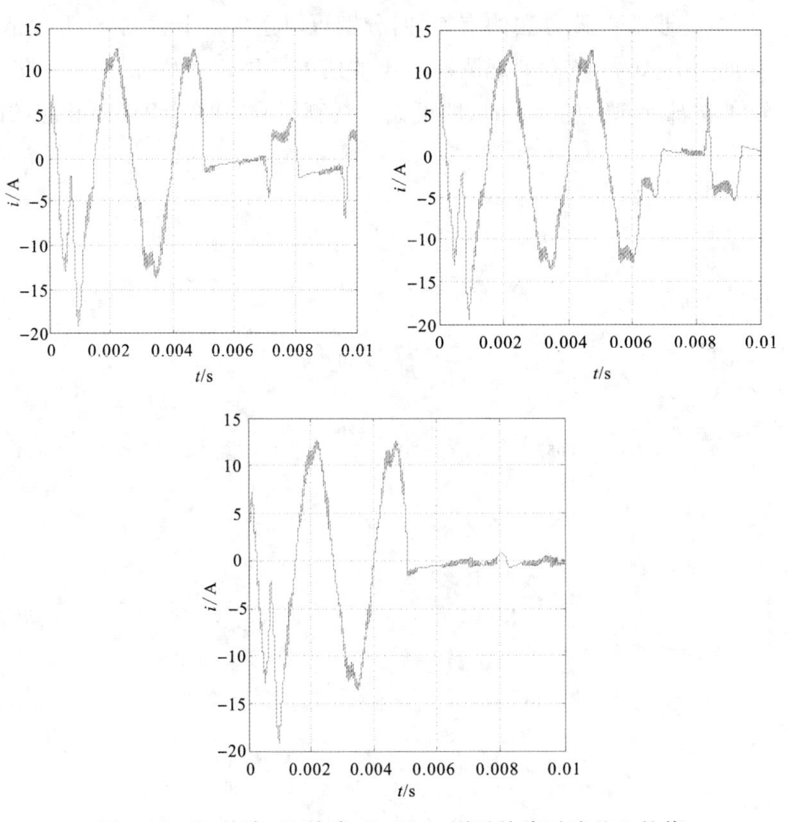

图 4.17　S_{a1}故障、S_{a4}故障、S_{a1}和S_{a4}同时故障时残差 3 的值

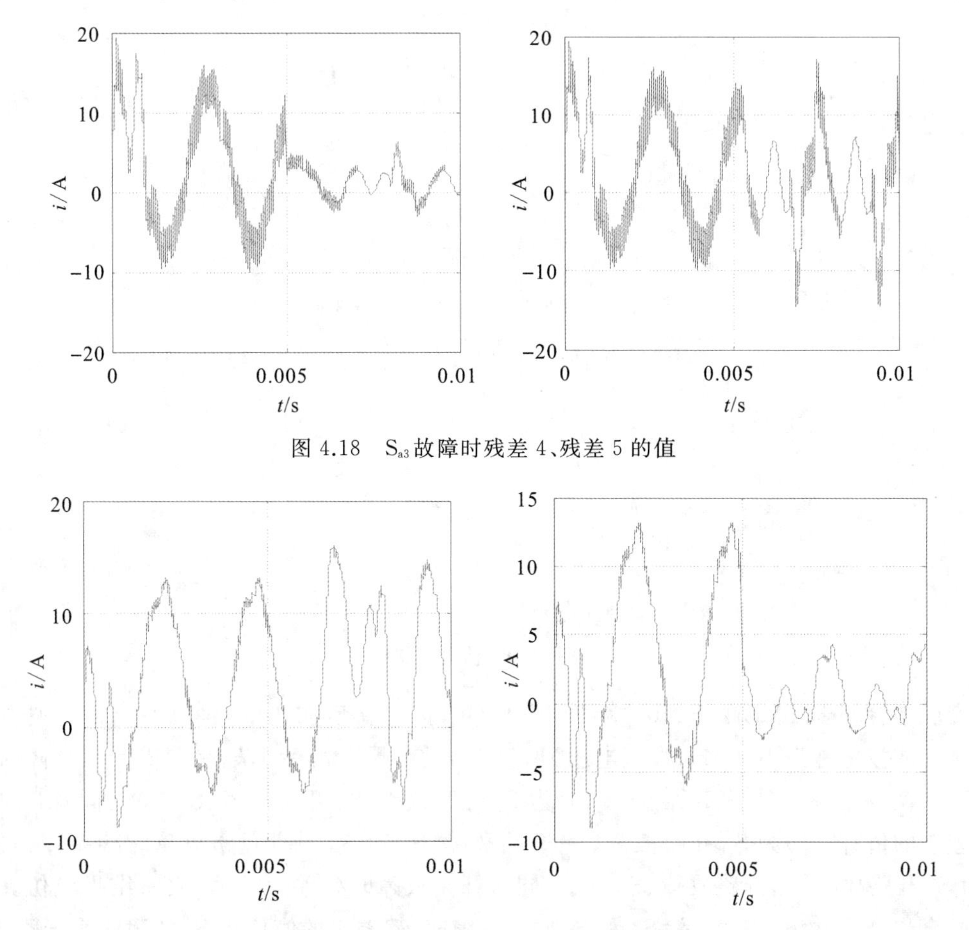

图 4.18　S_{a3}故障时残差 4、残差 5 的值

图 4.19　S_{a6}故障时残差 4、残差 5 的值

图 2.1 的逆变电路拓扑，其仿真参数为：$V_{dc}=270$ V，滤波电感 $L=100$ μH，滤波电阻 $R=25$ mΩ，额定频率为 400 Hz。以 a 臂故障为例，故障时间为 0.01 s，故障事件集＝{S_{a1}开路故障，S_{a4}开路故障，S_{a1}和 S_{a4}同时开路故障}，将故障事件集简记为：故障事件集＝{事件 1，事件 2，事件 3}，将三种故障事件对应的残差记为{残差 1、残差 2、残差 3}。通过分析及仿真实验，取 $h_1=h_2=0.2$，$h_3=0.15$。仿真结果如图 4.20 所示，图(a)为 S_{a1}开路故障时，残差 1、残差 2、残差 3 的值，图(b)为 S_{a4}开路故障时残差 1、残差 2、残差 3 的值，图(c)为 S_{a1}和 S_{a4}同时开路故障时，残差 1、残差 2、残差 3 的值的仿真结果。可以看出，当 S_{a1}开路故障时，残差 1 满足辨识规则，当 S_{a4}开路故障时，残差 2 满足辨识规则，当 S_{a1}和 S_{a4}同时开路故障时，仅有残差 3 满足辨识规则，因此根据辨识结果可以确定电路的故障事件，从而诊断出发生故障的类型。

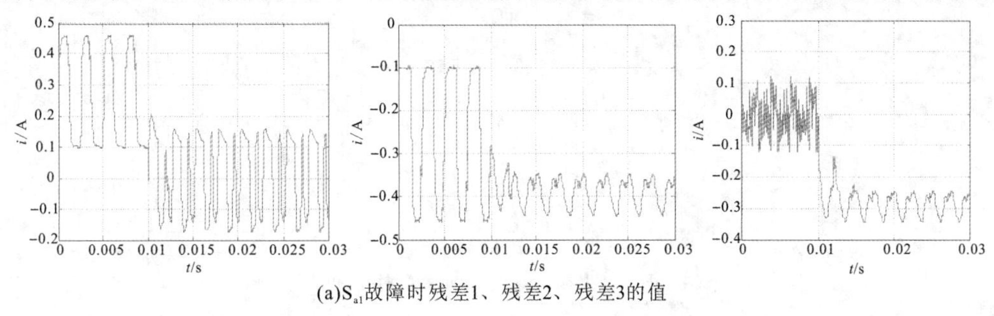

(a)S_{a1}故障时残差1、残差2、残差3的值

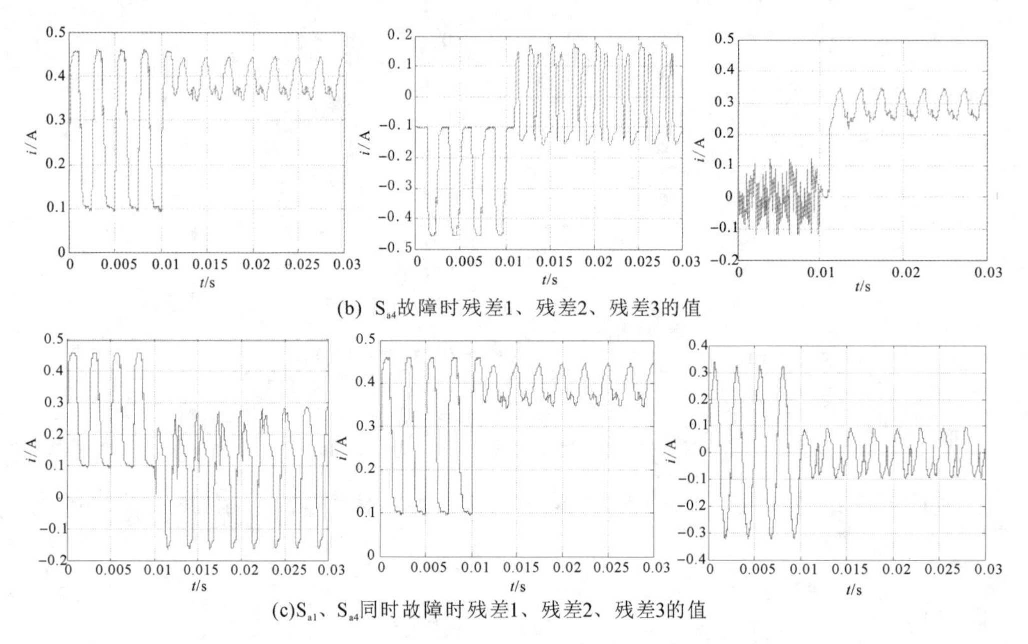

(b) S_{a4}故障时残差1、残差2、残差3的值

(c)S_{a1}、S_{a4}同时故障时残差1、残差2、残差3的值

图 4.20 仿真结果

实验平台基于 TMS320F2407 和 EPIC6Q240，搭建新型逆变电路实验平台，滤波电容为 8800 μF，滤波电感为 100 μH，直流电压为 270 V，设定阈值 $h_1=8$、$h_2=5$、$h_3=2$，故障时间为 0.005 s。实验结果如图 4.21 所示，图(a)为 S_{a1} 开路故障、S_{a4} 开路故障、S_{a1} 和 S_{a4} 同时开路故障时残差 1 的值；图(b)为 S_{a1} 开路故障、S_{a4} 开路故障、S_{a1} 和 S_{a4} 同时开路故障时残差 2 的值；图(c)为 S_{a1} 开路故障、S_{a4} 开路故障、S_{a1} 和 S_{a4} 同时开路故障时残差 3 的值，实验结果与仿真结果基本吻合。当 S_{a1} 故障、S_{a4} 故障、S_{a1} 和 S_{a4} 同时故障时，残差 1 的值仅在 S_{a1} 故障时小于阈值 h_1，满足辨识规则，残差 2 的值在 S_{a4} 故障时满足辨识规则，残差 3 的值在 S_{a1} 和 S_{a4} 同时故障时满足辨识规则，从而实现相应故障事件的诊断。

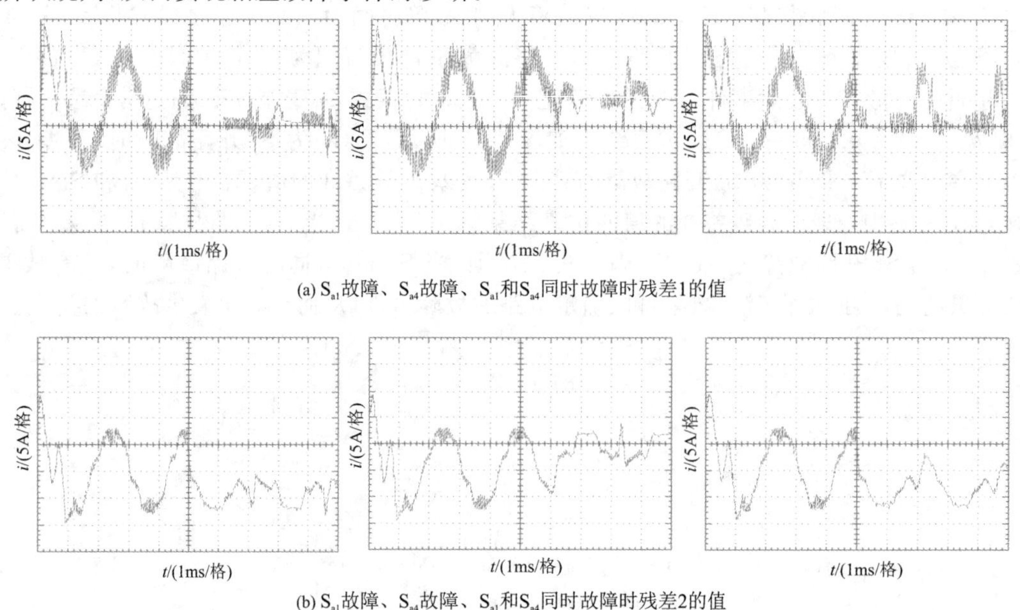

(a) S_{a1}故障、S_{a4}故障、S_{a1}和S_{a4}同时故障时残差1的值

(b) S_{a1}故障、S_{a4}故障、S_{a1}和S_{a4}同时故障时残差2的值

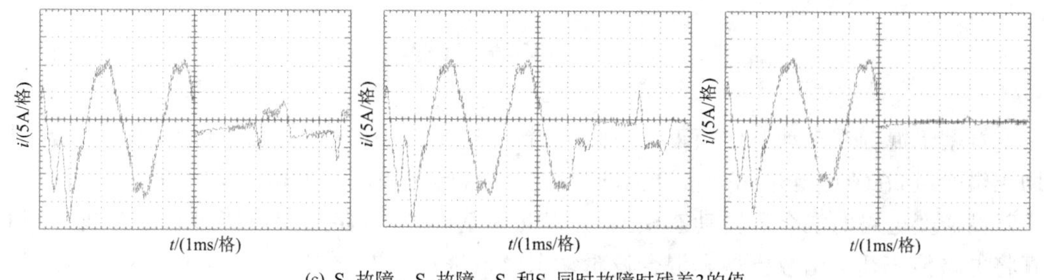

(c) S_{a1}故障、S_{a4}故障、S_{a1}和S_{a4}同时故障时残差3的值

图 4.21　实验结果

图 4.22 所示为三相逆变电路的实验结果，故障时间为 0.01 s，$h_1=0.3$、$h_2=0.25$、$h_3=0.25$，$V_{dc}=270$ V，滤波电感 $L=100$ μH，图(a)为 S_{a1} 故障时残差 1、残差 2、残差 3 的值，图(b)为 S_{a4} 故障时残差 1、残差 2、残差 3 的值；图(c)为 S_{a1}、S_{a4} 同时故障时残差 1、残差 2、残差 3 的值。从实验结果可以看出，当 S_{a1} 故障时，仅有残差 1 小于阈值 h_1，满足辨识规则；当 S_{a4} 故障时，残差 2 满足辨识规则，S_{a1}、S_{a4} 同时故障时，残差 3 满足辨识规则，从而可以完成对相应故障的诊断。

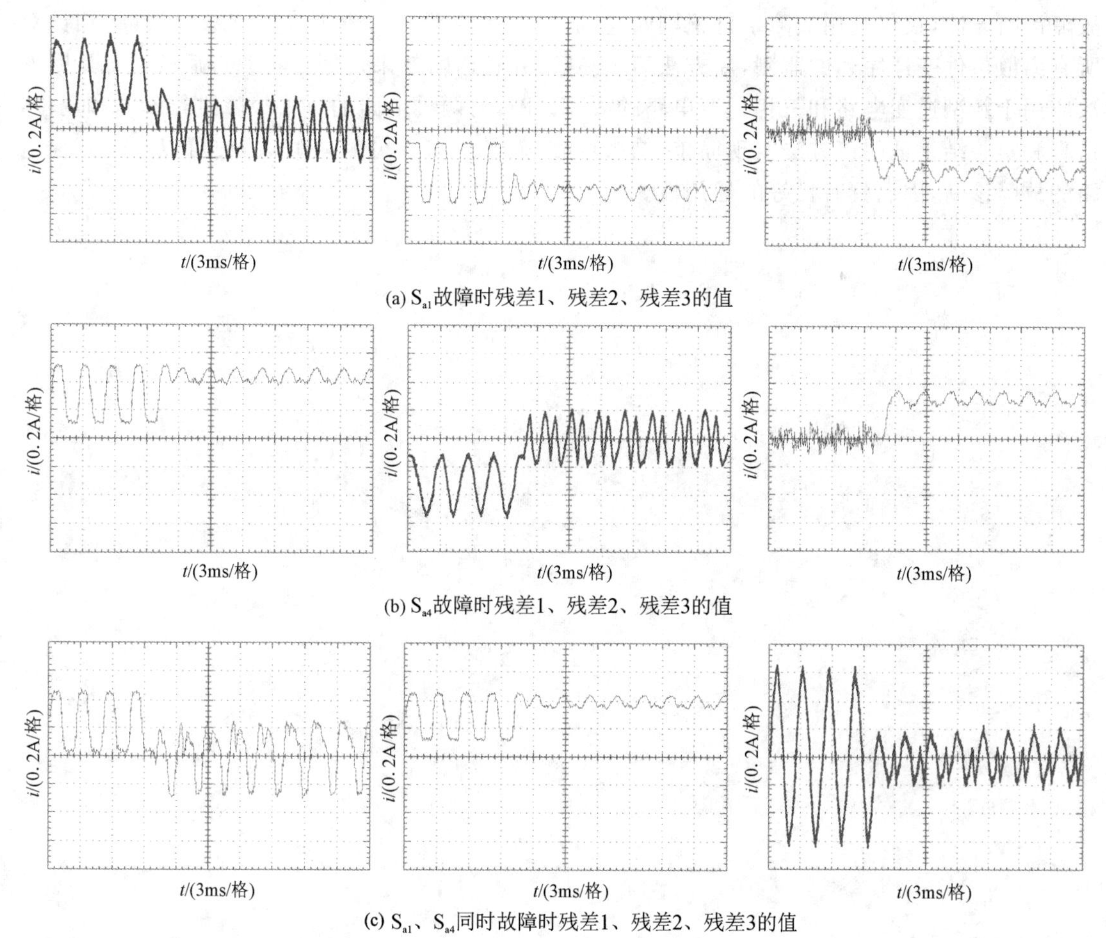

(a) S_{a1}故障时残差1、残差2、残差3的值

(b) S_{a4}故障时残差1、残差2、残差3的值

(c) S_{a1}、S_{a4}同时故障时残差1、残差2、残差3的值

图 4.22　三相逆变电路实验结果

4.8 本章小结

本章基于混合逻辑动态建模理论，通过对新型逆变电路的运行模式进行详细分析及引入辅助逻辑变量，在考虑电路同一桥臂上的两个功率管同时关断时电路的运行模式的情况下，建立了新型逆变电路的混合逻辑动态模型，并以此为基础，对电路主要故障进行了分析，并利用仿真将电路传统开关函数模型和混合逻辑动态模型进行了对比，发现在考虑功率管导通延迟的条件下，电路的混合逻辑动态模型能够更为精确地反映电路的特性。

本章基于混杂系统理论分析了电力电子电路的运行模式，研究了电路基于混杂系统理论的故障诊断方法。首先，将电路的运行抽象为离散事件的变迁，电路每次功率管的动作被看作一次离散事件的变迁，对相关概念进行了详细介绍，主要是将混杂思想引入电路故障诊断后的一些新的定义。同时，在此基础上，分析研究了基于离散事件辨识的电力电子电路故障诊断方法，其通过监测电路实际事件变迁序列，并与期望变迁序列进行对比，从而实现故障诊断。但是，当面对离散事件较多的电路时，监测所有事件的变迁序列将面临很大的困难，针对存在的这些问题，对基于离散事件辨识的故障诊断方法进行了改进，研究了基于故障事件识别向量的故障诊断方法，仅仅利用故障事件识别向量，通过对故障事件的辨识来实现故障诊断，相比对所有离散事件变迁序列的监测，新方法简单易行，并且诊断效果良好。将改进后的故障诊断方法应用于新型逆变电路和三相逆变电路的故障诊断，对两种电路的重要故障进行诊断和定位，仿真和实验结果证明该方法实现简单、结果可靠，仅需要将部分模块修改，便可以用于其他电路的故障诊断，因而具有良好的通用性。

第 5 章　基于 MLD 模型的新型逆变电路在线 MPC

5.1　引　言

MPC 理论简单、动态性能良好、控制精确、适用于多变量系统的控制，而且能够考虑系统的非线性因素和约束条件。近年来，MPC 广泛用于电力电子电路的控制，但大多以电力电子电路的传统数学模型为基础。传统模型为了避免对电路的功率开关管进行建模，是对电路运行模式的简化，包括：状态空间平均法、开关平均法及在工作点附近将电路运行状态线性化的方法。但是，当考虑电路开关切换引起的复杂特性时，传统建模方法便具有一定的局限性，比如：在工作点附近将电路的状态进行线性化时，导致控制器仅在工作点附近具有良好的性能，而在其他工作区域的性能下降，而平均法通常用来实现线性约束条件下 MPC 的控制目标。因此，本章基于第 4 章所建立的电路 MLD 模型，研究电路的在线 MPC 策略。MIQP 的求解是基于 MLD 模型研究电路在线 MPC 所面临的一个主要难题，由于电路工作频率较大，在极短的时间内(一般为几十微秒)求解 MIQP 具有很大难度。针对该问题，目前主要有两种解决思路：一种是研究高效而简单的在线控制算法；另一种是通过离线计算、在线查表的策略实现电路的离线 MPC。本章将有限控制集模型预测控制(FCS－MPC)策略用于新型逆变电路的控制，FCS－MPC 充分考虑了电路的离散特性，选择有限控制集中使目标函数值最小的开关状态作为电路的控制，无需任何调制器，可有效避免求解 MIQP 的难题，实现 MPC 的在线控制。

5.2　基于 MLD 模型的 MPC 理论

5.2.1　基本原理

MPC 的主要思路是利用系统的测量信息，基于系统的 MLD 模型对其在预测时域内的运行状态进行预测，在每个离散时刻 k，控制器通过求解最优化问题得到满足约束条件的控制序列，而此控制序列的第一个值在 $k+1$ 时刻作为系统的控制输入，在 $k+1$ 及以后的离散时刻，重复上述过程，并将每次求解的控制序列的第一个值作为系统下一时刻的控制输入。假设 N 为预测时域，M 为控制时域，$x(k)$为系统当前的状态。要使系统输出 $y(t)$跟踪参考输出 y_e，并且满足一定的约束条件，则有：

$$\min J(u_k^{k+N-1},x(k))=\sum_{i=0}^{N-1}\|u(k+i)-u_e\|_{Q_1}^2+\sum_{i=0}^{N-1}\|y(k+i/k)-y_e\|_{Q_2}^2 \tag{5.1}$$

其中：

系统的MLD模型

$$\begin{cases}y_{\min}\leqslant y(k+i/k)\leqslant y_{\max},i=1,2,\cdots,N\\ \Delta u_{\min}\leqslant u(k+j)-u_e\leqslant \Delta u_{\max},j=1,2,\cdots,M\\ u_{\min}\leqslant u(k+j)\leqslant u_{\max},j=1,2,\cdots,M\\ x_{\min}\leqslant x(k+i/k)\leqslant x_{\max},i=1,2,\cdots,N\end{cases}$$

$x(k+i/k)$，$y(k+i/k)$分别为k时刻对电路$k+i$时刻状态及输出的预测。$\|\boldsymbol{x}\|_{Q_i}^2=\boldsymbol{x}^{\mathrm{T}}\boldsymbol{Q}_i\boldsymbol{x}$，$i=1,2$，$\boldsymbol{Q}_1=\boldsymbol{Q}_1^{\mathrm{T}}>0$、$\boldsymbol{Q}_2=\boldsymbol{Q}_2^{\mathrm{T}}\geqslant 0$为系数矩阵，$y_e$为参考输出，$u_e$为对应的控制输入，如图5.1所示为MPC的一般框图。

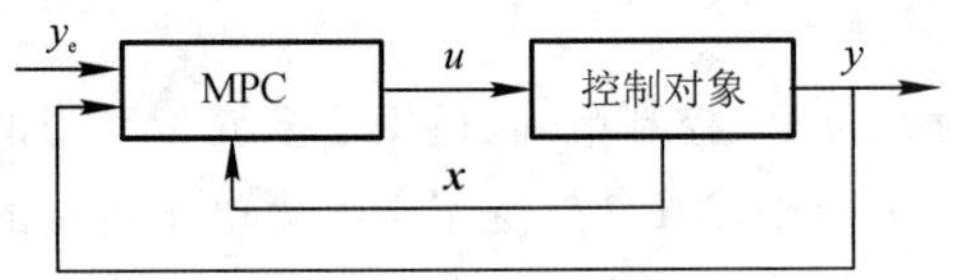

图5.1　MPC的一般框图

将系统的MLD模型转化为系统状态表达式，有：

$$\hat{x}(k+N)=A^N x(k)+\sum_{i=0}^{N-1}A^i[B_1u(k+N-1-i)+B_2\sigma(k+N-1-i)+B_3z(k+N-1-i)] \tag{5.2}$$

系统预测值如式(5.3)所示。

$$\hat{y}(k+N)=CA^N x(k)+\sum_{i=0}^{N-1}CA^i[B_1u(k+N-1-i)+B_2\sigma(k+N-1-i)+ B_3z(k+N-1-i)]+D_1u(k+N)+D_2\sigma(k+N)+D_3z(k+N) \tag{5.3}$$

将式(5.2)、式(5.3)代入式(5.1)，即可将式(5.1)所示的优化问题转化为标准的MIQP问题，其形式如式(5.4)所示。

$$\begin{gathered}J=\min_{\Delta u}\frac{1}{2}\Delta\boldsymbol{U}^{\mathrm{T}}\boldsymbol{H}\Delta\boldsymbol{U}+2\boldsymbol{f}^{\mathrm{T}}\Delta\boldsymbol{U}\\ \boldsymbol{G}\Delta\boldsymbol{U}\leqslant\boldsymbol{W}+\boldsymbol{S}x(k)\end{gathered} \tag{5.4}$$

其中：

$\Delta\boldsymbol{U}=[\Delta\boldsymbol{U}(k)\quad\Delta\boldsymbol{U}(k+1)\cdots\quad\Delta\boldsymbol{U}(k+M-1)]$，

$\Delta\boldsymbol{U}(k)=[\Delta\boldsymbol{u}(k)^{\mathrm{T}},\Delta\boldsymbol{\sigma}(k)^{\mathrm{T}},\Delta\boldsymbol{z}(k)^{\mathrm{T}}]^{\mathrm{T}}$。

$\boldsymbol{H}$、$\boldsymbol{f}$、$\boldsymbol{G}$、$\boldsymbol{W}$、$\boldsymbol{S}$的表达式如下：

$$\boldsymbol{H}=\boldsymbol{Q}_1+\boldsymbol{S}_{uy}{}^{\mathrm{T}}\boldsymbol{Q}_2\boldsymbol{S}_{uy} \tag{5.5}$$

$$\boldsymbol{f}=2\,(\boldsymbol{S}_{xy}x(k)-\boldsymbol{S}N)^{\mathrm{T}}\boldsymbol{Q}_2\boldsymbol{S}_{uy} \tag{5.6}$$

$$\boldsymbol{G}=[\boldsymbol{E}_{123\mathrm{aug}}\boldsymbol{S}_{\mathrm{del}}\boldsymbol{S}_{uy}-\boldsymbol{S}_{uy}\boldsymbol{S}_{\mathrm{del}}-\boldsymbol{S}_{\mathrm{del}}] \tag{5.7}$$

$$\boldsymbol{S}=[\boldsymbol{E}_{4\mathrm{aug}}\boldsymbol{S}_{xe}-\boldsymbol{S}_{xy}\boldsymbol{0}_{M\times m}\boldsymbol{0}_{M\times m}] \tag{5.8}$$

$$W=[(\boldsymbol{E}_{4\mathrm{aug}}\boldsymbol{S}_{ue}-\boldsymbol{E}_{123\mathrm{aug}})\boldsymbol{U}_0+\boldsymbol{E}_{5\mathrm{aug}}\boldsymbol{Y}_{\max}-\boldsymbol{Y}_{\min}\boldsymbol{U}_{\max}-\boldsymbol{U}_{\min}] \tag{5.9}$$

其中：

$$\boldsymbol{S}_{xe}=\begin{bmatrix} I_{n_i\times n_i} \\ A \\ \vdots \\ A^{nb-1} \end{bmatrix}_{Mn_i\times n_l},\boldsymbol{S}_{uy}=\begin{bmatrix} CB & & & \\ CAB & CB & & \\ \vdots & \vdots & \vdots & \\ CA^{N-1}B & CA^{N-2}B & \cdots & CA^{N-Mm}B \end{bmatrix}_{Np\times Mm},$$

$$\boldsymbol{S}_{xy}=\begin{bmatrix} CA \\ CA^2 \\ \vdots \\ CA^N \end{bmatrix}_{Np\times n_i}$$

$$\boldsymbol{S}_{ue}=\begin{bmatrix} 0_{n_i\times m} & & & \\ B & 0 & & \\ AB & B & & \\ \vdots & \vdots & & \\ A^{mn_i-2}B & \cdots & B & 0 \end{bmatrix}_{Mn_i\times Mm},\boldsymbol{E}_{123\mathrm{aug}}=\begin{bmatrix} E_{123} & & \\ & \ddots & \\ & & E_{123} \end{bmatrix}_{Nn_e\times Mm},\boldsymbol{U}_0=\begin{bmatrix} u_0 \\ u_0 \\ \vdots \\ u_0 \end{bmatrix}_{Mm\times 1}$$

$$\boldsymbol{E}_{4\mathrm{aug}}=\begin{bmatrix} E_4 & & \\ & \ddots & \\ & & E_4 \end{bmatrix}_{Nn_e\times Mn_i},\boldsymbol{S}_{\mathrm{del}}=\begin{bmatrix} I & & & \\ I & I & & \\ \vdots & \vdots & \vdots & \\ I & I & \cdots & I \end{bmatrix}_{Mm\times Mm},\boldsymbol{Y}_{\max}=\begin{bmatrix} y_{\max} \\ y_{\max} \\ \vdots \\ y_{\max} \end{bmatrix}_{Np\times 1}$$

n_e 为不等式约束的数目，n_i 为逻辑变量和辅助连续变量的数目。

利用求解 MIQP 算法对上式进行求解，就可以得到系统 k 时刻的控制序列 $\boldsymbol{U}$。在 $k+1$ 时刻重复上述过程即可。因此，对于基于系统 MLD 模型的 MPC 而言，高效可行的 MIQP 求解算法是关键。

5.2.2　MIQP 问题的求解

由于系统的 MLD 模型中同时包含离散变量和连续变量，基于 MLD 模型的 MPC 最终被归结为对 MIQP 问题的求解，而 MIQP 问题实质上又属于 NP - hard 问题。目前，主要的求解方法有割平面法、分支定界法、基于逻辑法、分解法等。割平面法主要利用新的约束条件，逐步减少系统的可行区域，直到找到最优解；分支定界法把系统的可行区域分解为一系列子区域，并形成一个二叉树结构，不同层次的二叉树具有固定的上、下界，对二叉树进行搜索，得到可行解；基于逻辑法利用分隔约束或者符号推理技术将求解过程转化为二进制变量的推理；分解法利用松弛法对系统模型的数学结构进行研究，例如，文献[193]、[194]通过把系统的状态空间分割为若干子多面体区域，针对每个子区域建立其 MLD 模型，用来描述该区域内系统状态的变化规律，实时监测系统状态所在的区域，在各个区域内分别求解 MIQP，从而可以有效减少计算量。

在上述求解 MIQP 的算法中，分支定界法算法被公认为是求解 MIQP 问题的最有效方法，文献[195]将分支定界法算法与其他方法进行了对比，表明了分支定界法算法的优越性。分支定界法算法虽然可以有效减少求解 MIQP 的计算量，但在寻找 MIQP 最优解的过程中，分支定界法算法仍然需要求解一定数量的二次规划(quadratic programs)。由于二次规划问题本身的复杂性,求解过程难免会延长计算时间,从而影响系统的速度及效率。

5.2.3 电力电子电路 MPC 中 MIQP 问题的求解思路

由于求解 MIQP 问题比较耗时,而且对软硬件平台具有一定的要求,MPC 通常仅局限于在复杂的慢行系统中使用,比如化工领域[196,197]。近年来,随着硬件功能的进步及对求解 MIQP 算法的改进,MPC 被用于改善电力电子电路的动态性能。同样,电力电子电路 MPC 的关键是 MIQP 问题的求解,考虑到电力电子电路的采样周期一般为几十微秒,电路 MPC 的关键是在功率管下一个动作之前求解 MIQP 问题,找到最优解,用来对电路的功率管进行控制。但由于电路开关管的开关频率较高,在极短的时间内求解 MIQP 成为电路 MPC 的一大障碍。

电力电子电路具有与其他混杂系统不同的特性,比如开关状态的有限性,有限的开关状态为研究电力电子电路的 MPC 提供了便利,充分利用电力电子电路的离散特性及有限的开关状态这一特点,可以避免求解复杂的 MIQP 问题,从而降低电路在线 MPC 的实现难度。

新型逆变电路的 MPC 通过两种方法来实现,一种方法是离线求解 MIQP 问题,并将结果存储于表格,通过对电路运行时状态的监控,以查表的方式找到与电路状态对应的最优解,用于对电路功率开关管进行控制,详见第 6 章;另一种方法就是本章经过改进后的在线控制算法,利用电路有限的所有可能的开关状态组合来实现电路的在线 MPC。

5.3 新型逆变电路的有限控制集模型预测控制策略

有限控制集模型预测控制(FCS-MPC)是一种简单而高效的在线控制方法,近年来得到了高度重视和广泛应用。对于开关状态有限的电力电子电路,FCS-MPC 能够充分考虑电路的离散特性,通过对电路每个可能的开关状态进行分析,选择使目标函数值最小的开关状态作为电路的控制输入。由于无需任何调制器,FCS-MPC 能够有效避免求解 MIQP 的难题。文献[198]将 FCS-MPC 用于一种五相电压型逆变电路的控制,通过分别对电路 32 个电压矢量进行分析,实现了电路的在线 MPC,结果表明 FCS-MPC 能够在一个周期内实时处理 32 个电压矢量,从而保证了将 FCS-MPC 用于新型逆变电路时的实时性,因为新型逆变电路仅需要处理 8 个电压矢量。将 FCS-MPC 改进后用于新型逆变电路的控制,并设计了电路的负载电流观测器,在保证控制性能的基础上,降低了控制器对电路参数变化的敏感性。

5.3.1 电路的 MLD 预测模型

为了降低 MPC 的实现难度,在保证满足控制要求的前提下,本章采用一步预测策略,下面针对图 2.2 的电路拓扑结构,研究新型逆变电路的 FCS-MPC。

基于第 4 章式(4.34)电路 a、b、c 三臂的离散输入,为了便于阅读,将式(4.34)在此列出:

$$\begin{bmatrix} u_{\mathrm{ao}_1} \\ u_{\mathrm{bo}_1} \\ u_{\mathrm{co}_1} \end{bmatrix} = \frac{V_{\mathrm{dc}}}{3}\begin{bmatrix} 2 & -1 & -1 \\ -1 & 2 & -1 \\ -1 & -1 & 2 \end{bmatrix} \cdot \begin{bmatrix} V_{\mathrm{dc}}[\bar{s}_4(s_1+\bar{s}_1\bar{\sigma}_a)]+\frac{1}{2}\overline{\bar{s}_4(s_1+\bar{s}_1\bar{\sigma}_a)} \\ V_{\mathrm{dc}}[\bar{s}_6(s_3+\bar{s}_3\bar{\sigma}_b)]+\frac{1}{2}\overline{\bar{s}_6(s_3+\bar{s}_3\bar{\sigma}_b)} \\ V_{\mathrm{dc}}[\bar{s}_2(s_5+\bar{s}_5\bar{\sigma}_c)]+\frac{1}{2}\overline{\bar{s}_2(s_5+\bar{s}_5\bar{\sigma}_c)} \end{bmatrix} \tag{5.10}$$

将式(5.10)转换为空间向量形式，得

$$\boldsymbol{u}_{o_1}=\frac{2}{3}(u_{ao_1}+\alpha u_{bo_1}+\alpha^2 u_{co_1}) \tag{5.11}$$

其中：$\alpha=e^{j(2\pi/3)}$。

同理，利用向量概念，将电路三相电感 L_a、L_b、L_c 的电流 i_{af}、i_{bf}、i_{cf}，电容 C_a、C_b、C_c 的电压 u_{ac}、u_{bc}、u_{cc}，输出电流 i_{ao}、i_{bo}、i_{co}，分别表示为空间向量的形式，如式(5.12)。

$$\begin{cases}\boldsymbol{i}_f=\dfrac{2}{3}(i_{af}+\alpha i_{bf}+\alpha^2 i_{cf})\\ \boldsymbol{u}_c=\dfrac{2}{3}(u_{ac}+\alpha u_{bc}+\alpha^2 u_{cc})\\ \boldsymbol{i}_o=\dfrac{2}{3}(i_{ao}+\alpha i_{bo}+\alpha^2 i_{co})\end{cases} \tag{5.12}$$

从而，将电路的电感动态特性以向量形式表示为：

$$\frac{d\boldsymbol{i}_f}{dt}=\frac{1}{L}(\boldsymbol{u}_{o_1}-\boldsymbol{u}_c) \tag{5.13}$$

电容动态特性的向量表达式为：

$$\frac{d\boldsymbol{u}_c}{dt}=\frac{1}{C}(\boldsymbol{i}_f-\boldsymbol{i}_o) \tag{5.14}$$

结合式(5.13)和式(5.14)，可以得到电路的 MLD 模型的向量表达式。

$$\begin{aligned}&\frac{d\boldsymbol{x}}{dt}=\boldsymbol{A}\boldsymbol{x}+\boldsymbol{B}_1\boldsymbol{u}_{o_1}+\boldsymbol{B}_2\boldsymbol{i}_o\\ &\boldsymbol{y}=\boldsymbol{C}\boldsymbol{x}\end{aligned} \tag{5.15}$$

其中：

$$\boldsymbol{x}=\begin{bmatrix}\boldsymbol{i}_f\\ \boldsymbol{u}_c\end{bmatrix},\boldsymbol{A}=\begin{bmatrix}0 & -\dfrac{1}{L}\\ \dfrac{1}{C} & 0\end{bmatrix},\boldsymbol{B}_1=\begin{bmatrix}\dfrac{1}{L}\\ 0\end{bmatrix},\boldsymbol{B}_2=\begin{bmatrix}0\\ -\dfrac{1}{C}\end{bmatrix},\boldsymbol{C}=[0\quad 1]。$$

将式(5.15)离散化可得到电路的 MLD 预测模型如式(5.16)所示。

$$\begin{aligned}&\boldsymbol{x}(k+1)=\boldsymbol{A}^*\boldsymbol{x}(k)+\boldsymbol{B}_1^*\boldsymbol{u}_{o_1}(k)+\boldsymbol{B}_2^*\boldsymbol{i}_o(k)\\ &\boldsymbol{y}(k)=\boldsymbol{C}\boldsymbol{x}(k)\end{aligned} \tag{5.16}$$

其中：$\boldsymbol{A}^*=e^{\boldsymbol{A}T_s}$，$\boldsymbol{B}_1^*=\int_0^{T_s}e^{\boldsymbol{A}t}\boldsymbol{B}_1dt$，$\boldsymbol{B}_2^*=\int_0^{T_s}e^{\boldsymbol{A}t}\boldsymbol{B}_2dt$。

5.3.2　电路的参考输出的预测模型

根据预测控制的基本原理，为了使系统实际输出能够准确、快速地跟踪参考输出，系统 $k+1$时刻的参考输出与预测输出误差就要尽可能地趋近于 0，其中预测输出由式(5.16)得到，而 $k+1$ 时刻的参考输出主要由以下两种方法求解[206]。

一种是利用线性拉格朗日外推公式，系统 $k+1$ 时刻的参考输出如式(5.17)。

$$u_c^*(k+1)=3u_c^*(k-1)-2u_c^*(k-2) \tag{5.17}$$

另一种方法是二阶拉格朗日外推法，该方法与第一种方法相比更为精确，并且能够在保证精度要求的前提下降低计算难度，因此，将此方法作为参考输出的预测模型，如式(5.18)所示。

$$u_c^*(k+1)=3u_c^*(k)-3u_c^*(k-1)+u_c^*(k-2) \tag{5.18}$$

5.3.3 负载电流观测器的设计

MPC 需要利用电路的数学模型对其未来状态进行预测，对于电路参数的变化比较敏感，因此为电路设计负载电流观测器，可以增强控制器的鲁棒性，能够有效降低对电路参数变化的敏感性，改善控制性能。

一种简单方法是通过测量滤波电流和输出电压来估计输出电流，如式(5.19)。

$$i_o(k-1)=i_f(k-1)-\frac{C}{T_s}(V_c(K)-V_c(K-1)) \tag{5.19}$$

但是利用式(5.19)进行估计，估计结果对测量噪声特别敏感，因为它是基于输出电压的导数，因此文章设计了一种全维状态观测器用于估计输出电流 $\boldsymbol{i}_o$。

$$\begin{bmatrix}\dfrac{\mathrm{d}\boldsymbol{x}}{\mathrm{d}t}\\[2ex]\dfrac{\mathrm{d}\boldsymbol{i}_o}{\mathrm{d}t}\end{bmatrix}=\begin{bmatrix}\boldsymbol{A} & \boldsymbol{B}_2\\0 & 0\end{bmatrix}\begin{bmatrix}\boldsymbol{x}\\\boldsymbol{i}_o\end{bmatrix}+\begin{bmatrix}\boldsymbol{B}_1\\0\end{bmatrix}\boldsymbol{u}_{o_1}$$

$$\boldsymbol{y}=[\boldsymbol{C}\quad 0]\begin{bmatrix}\boldsymbol{x}\\\boldsymbol{i}_o\end{bmatrix} \tag{5.20}$$

设计全维状态观测器估计系统的状态向量$[\boldsymbol{x}\boldsymbol{i}_o]^{\mathrm{T}}$，如式(5.21)。

$$\begin{bmatrix}\dfrac{\mathrm{d}\hat{\boldsymbol{x}}}{\mathrm{d}t}\\[2ex]\dfrac{\mathrm{d}\hat{\boldsymbol{i}}_o}{\mathrm{d}t}\end{bmatrix}=\begin{bmatrix}\boldsymbol{A} & \boldsymbol{B}_2\\0 & 0\end{bmatrix}\begin{bmatrix}\hat{\boldsymbol{x}}\\\hat{\boldsymbol{i}}_o\end{bmatrix}+\begin{bmatrix}\boldsymbol{B}_1\\0\end{bmatrix}\boldsymbol{u}_{o_1}+\boldsymbol{J}(\boldsymbol{y}-\hat{\boldsymbol{y}})$$

$$\hat{\boldsymbol{y}}=[\boldsymbol{C}\quad 0]\begin{bmatrix}\hat{\boldsymbol{x}}\\\hat{\boldsymbol{i}}_o\end{bmatrix} \tag{5.21}$$

其中：$\boldsymbol{J}$ 为观测器系数，其他参数定义与式(5.15)保持一致。

将式(5.21)整理得：

$$\begin{bmatrix}\dfrac{\mathrm{d}\hat{\boldsymbol{x}}}{\mathrm{d}t}\\[2ex]\dfrac{\mathrm{d}\hat{\boldsymbol{i}}_o}{\mathrm{d}t}\end{bmatrix}=\boldsymbol{A}_{\mathrm{obs}}\begin{bmatrix}\hat{\boldsymbol{x}}\\\hat{\boldsymbol{i}}_o\end{bmatrix}+[\boldsymbol{B}_1\quad 0\quad \boldsymbol{J}]\begin{bmatrix}\boldsymbol{u}_{o_1}\\\hat{\boldsymbol{x}}\end{bmatrix} \tag{5.22}$$

其中：

$$\boldsymbol{A}_{\mathrm{obs}}=\begin{bmatrix}\boldsymbol{A} & \boldsymbol{B}_2\\0 & 0\end{bmatrix}-\boldsymbol{J}\boldsymbol{C}。$$

观测器输出为输出电流的估计值，如式(5.23)。

$$\hat{\boldsymbol{i}}_{\mathrm{o}}=\begin{bmatrix}0 & 0 & 1\end{bmatrix}\begin{bmatrix}\hat{\boldsymbol{x}}\\ \hat{\boldsymbol{i}}_{\mathrm{o}}\end{bmatrix} \tag{5.23}$$

由此可见，通过测量滤波电流 $\boldsymbol{i}_{\mathrm{f}}$，输出电压 $\boldsymbol{u}_{\mathrm{c}}$ 以及中性点电压 $\boldsymbol{u}_{\mathrm{o}_1}$，由式(5.22)和式(5.23)即可得到输出电流 $\boldsymbol{i}_{\mathrm{o}}$ 的估计值 $\hat{\boldsymbol{i}}_{\mathrm{o}}$，从而避免了输出电流和输出电压导数对电路控制的影响，有助于改善电路的控制性能。

5.3.4　电路的 FCS－MPC

5.3.4.1　目标函数的选取

对于逆变电路上部 a、b、c 三臂而言，只有 8 种不同的电压矢量，文章利用这一特征设计了电路在线 FCS－MPC。为了选出最优的电压矢量作为电路的控制，分别通过式(5.16)计算 8 种矢量的 $u_{\mathrm{c}}(k+1)$，并比较目标函数值，选择使目标函数值最小的矢量作为电路的控制。

以控制输出电压为例，选择目标函数如式(5.24)。

$$g=(u_{\mathrm{c}\alpha}^{*}-u_{\mathrm{c}\alpha})^{2}+(u_{\mathrm{c}\beta}^{*}-u_{\mathrm{c}\beta})^{2} \tag{5.24}$$

其中：$u_{\mathrm{c}\alpha}^{*}$、$u_{\mathrm{c}\beta}^{*}$ 为参考输出电压的实部和虚部，$u_{\mathrm{c}\alpha}$、$u_{\mathrm{c}\beta}$ 为预测电压的实部和虚部。

5.3.4.2　控制策略的系统结构

由于新型逆变电路上、下部分对称，控制策略相同，因而对于新型逆变电路上部三臂，其 FCS－MPC 策略框图如图 5.2 所示。

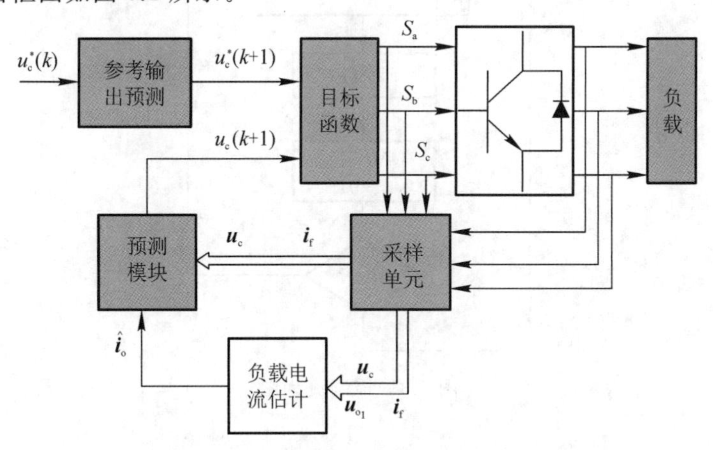

图 5.2　FCS－MPC 策略框图

图 5.2 控制框图实现的重要功能如下：

(1)参考输出预测模块由式(5.18)预测 $k+1$ 时刻电路的参考输出电压，并将其送入目标函数模块；

(2)负载电流估计模块根据式(5.22)和式(5.23)输出负载电流估计值；

(3)预测模块由式(5.16)预测 $k+1$ 时刻电路的输出电压；

(4)目标函数模块根据 $k+1$ 时刻电路的参考输出电压和预测输出电压值，选择使式

(5.24)最小的开关模式用于电路的控制。

5.3.4.3 控制流程

控制流程如图 5.3 所示，首先采集 k 时刻电路参数，包括输出电压、滤波电流、中性点电压及参考输出电压，并对负载电流进行估计，然后比较不同开关矢量的目标函数值，选取最小的目标数值所对应的开关矢量作为电路下一刻的控制。

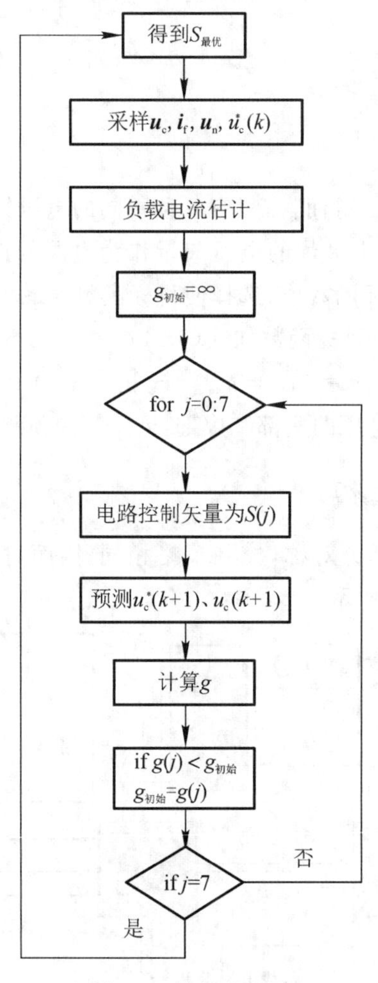

图 5.3　控制流程图

5.4　改进型 P - DPC 策略及其在新型逆变电路中的应用

FCS - MPC 充分利用了电力电子电路的离散特性，对电路每种可能的开关状态组合进行考虑，选择使目标函数值最小的开关状态作为电路的控制，可有效避免解决复杂的 MIQP 问题，但其存在以下两个问题：

(1)开关频率不固定，导致谐波成分分散，增加了滤波的难度；

(2)需要对每个开关状态进行考虑，仍存在一定的计算量，特别是用于开关状态较多的多电平电路时，在较短的采样周期内对每个开关状态进行分析具有一定的难度。

预测直接功率控制(predictive - DPC，P - DPC)是一种将 MPC 与直接功率控制相结合的新的控制方法[251]，其通过使瞬时有功和无功功率误差最小，选择功率开关管最优的导通比来完成对电路的控制。文献[207]将 3＋3 电压矢量序列用于电路的 P - DPC，可以减小开关损耗，改善控制性能。

研究新型逆变电路的 P - DPC，将 3＋3 电压矢量序列进行改进，选择 4＋4 电压矢量序列，可以保证电路恒定的开关频率和较低的输出电压 THD，矢量的作用时间通过最小化目标函数值求取，从而可以很好地弥补 FCS - MPC 存在的不足。

5.4.1　电路的预测模型

将式(5.10)转换为空间向量形式，得：

$$\boldsymbol{u}_{o_1}=\frac{2}{3}(u_{ao_1}+\alpha u_{bo_1}+\alpha^2 u_{co_1}) \tag{5.25}$$

其中：$\alpha=e^{j(2\pi/3)}$。

同理，利用向量概念，将电路电感电流 i_{af}、i_{bf}、i_{cf}，电容电压 u_{ac}、u_{bc}、u_{cc}，输出电流 i_{Ta}、i_{Tb}、i_{Tc}，均表示为空间向量的形式，如式(5.26)。

$$\begin{cases}\boldsymbol{i}_f=\frac{2}{3}(i_{af}+\alpha i_{bf}+\alpha^2 i_{cf})\\ \boldsymbol{u}_c=\frac{2}{3}(u_{ac}+\alpha u_{bc}+\alpha^2 u_{cc})\\ \boldsymbol{i}_T=\frac{2}{3}(i_{Ta}+\alpha i_{Tb}+\alpha^2 i_{Tc})\end{cases} \tag{5.26}$$

考虑到：

$$\begin{cases}\frac{d\boldsymbol{u}_c}{dt}=\frac{1}{C}(\boldsymbol{i}_f-\boldsymbol{i}_T)\\ \frac{d\boldsymbol{i}_f}{dt}=\frac{1}{L}(\boldsymbol{u}_{o_1}-\boldsymbol{u}_c)\end{cases} \tag{5.27}$$

假设采样时间为 T_s，可将式(5.27)中 $d\boldsymbol{u}_c/dt$，$d\boldsymbol{i}_f/dt$ 近似为：

$$\begin{cases}\frac{d\boldsymbol{u}_c}{dt}\approx\frac{\boldsymbol{u}_c(k)-\boldsymbol{u}_c(k-1)}{T_s}\\ \frac{d\boldsymbol{i}_f}{dt}\approx\frac{\boldsymbol{i}_f(k)-\boldsymbol{i}_f(k-1)}{T_s}\end{cases} \tag{5.28}$$

将式(5.28)代入式(5.27)得：

$$\begin{cases}\boldsymbol{u}_c(k)=\frac{T_s}{C}(\boldsymbol{i}_f(k)-\boldsymbol{i}_T(k)+\boldsymbol{u}_c(k-1))\\ \boldsymbol{i}_f(k)=\frac{T_s}{L}(\boldsymbol{u}_{o_1}(k)-\boldsymbol{u}_c(k)+\boldsymbol{i}_f(k-1))\end{cases} \tag{5.29}$$

从而，电路的一步预测方程如下：

$$\begin{cases} \boldsymbol{u}_{\mathrm{c}}(k+1)=\dfrac{T_{\mathrm{s}}}{C}(\boldsymbol{i}_{\mathrm{f}}(k+1)-\boldsymbol{i}_{\mathrm{T}}(k+1)+\boldsymbol{u}_{\mathrm{c}}(k)) \\ \boldsymbol{i}_{\mathrm{f}}(k+1)=\dfrac{T_{\mathrm{s}}}{L}(\boldsymbol{u}_{\mathrm{o}_1}(k+1)-\boldsymbol{u}_{\mathrm{c}}(k+1)+\boldsymbol{i}_{\mathrm{f}}(k)) \end{cases} \tag{5.30}$$

将式(5.30)进行 park 变换,有:

$$\begin{cases} \boldsymbol{u}_{\mathrm{c}\alpha}(k+1)=\dfrac{T_{\mathrm{s}}}{C}(\boldsymbol{i}_{\mathrm{f}\alpha}(k+1)-\boldsymbol{i}_{\mathrm{T}\alpha}(k+1)+\boldsymbol{u}_{\mathrm{c}\alpha}(k)) \\ \boldsymbol{u}_{\mathrm{c}\beta}(k+1)=\dfrac{T_{s}}{C}(\boldsymbol{i}_{\mathrm{f}\beta}(k+1)-\boldsymbol{i}_{\mathrm{T}\beta}(k+1)+\boldsymbol{u}_{\mathrm{c}\beta}(k)) \end{cases} \tag{5.31}$$

$$\begin{cases} \boldsymbol{i}_{\mathrm{f}\alpha}(k+1)=\dfrac{T_{\mathrm{s}}}{L}(\boldsymbol{u}_{\mathrm{o}_1\alpha}(k+1)-\boldsymbol{u}_{\mathrm{c}\alpha}(k+1)+\boldsymbol{i}_{\mathrm{f}\alpha}(k)) \\ \boldsymbol{i}_{\mathrm{f}\beta}(k+1)=\dfrac{T_{\mathrm{s}}}{L}(\boldsymbol{u}_{\mathrm{o}_1\beta}(k+1)-\boldsymbol{u}_{\mathrm{c}\beta}(k+1)+\boldsymbol{i}_{\mathrm{f}\beta}(k)) \end{cases} \tag{5.32}$$

将式(5.32)代入式(5.31)可得:

$$\begin{cases} \boldsymbol{u}_{\mathrm{c}\alpha}(k+1)=\dfrac{T_{\mathrm{s}}^2}{CL+T_{\mathrm{s}}^2}\boldsymbol{u}_{\mathrm{c}\alpha}(k)+\dfrac{T_{\mathrm{s}}^2}{CL+T_{\mathrm{s}}^2}(\boldsymbol{i}_{\mathrm{f}\alpha}(k)-\boldsymbol{i}_{\mathrm{T}\alpha}(k+1)) \\ \qquad\qquad +\dfrac{T_{\mathrm{s}}^2}{CL+T_{\mathrm{s}}^2}\boldsymbol{u}_{\mathrm{o}_1\alpha}(k+1) \\ \boldsymbol{u}_{\mathrm{c}\beta}(k+1)=\dfrac{T_{\mathrm{s}}^2}{CL+T_{\mathrm{s}}^2}\boldsymbol{u}_{\mathrm{c}\beta}(k)+\dfrac{T_{\mathrm{s}}^2}{CL+T_{\mathrm{s}}^2}(\boldsymbol{i}_{\mathrm{f}\beta}(k)-\boldsymbol{i}_{\mathrm{T}\beta}(k+1)) \\ \qquad\qquad +\dfrac{T_{\mathrm{s}}^2}{CL+T_{\mathrm{s}}^2}\boldsymbol{u}_{\mathrm{o}_1\beta}(k+1) \end{cases} \tag{5.33}$$

由式(5.33)可见,假设采样期间 $\boldsymbol{i}_{\mathrm{f}\alpha}$、$\boldsymbol{i}_{\mathrm{f}\beta}$、$\boldsymbol{i}_{\mathrm{T}\alpha}$、$\boldsymbol{i}_{\mathrm{T}\beta}$ 保持不变,且电路此时控制矢量给定,则 $\boldsymbol{u}_{\mathrm{c}\alpha}$、$\boldsymbol{u}_{\mathrm{c}\beta}$ 的斜率是一常数。

若 k 时刻电路输入矢量给定,其预测模型为:

$$\begin{cases} \boldsymbol{u}_{\mathrm{c}\alpha,k+1}=\boldsymbol{u}_{\mathrm{c}\alpha,k}+\dfrac{\mathrm{d}\boldsymbol{u}_{\mathrm{c}\alpha,k}}{\mathrm{d}t}\cdot t_i \\ \boldsymbol{u}_{\mathrm{c}\beta,k+1}=\boldsymbol{u}_{\mathrm{c}\beta,k}+\dfrac{\mathrm{d}\boldsymbol{u}_{\mathrm{c}\beta,k}}{\mathrm{d}t}\cdot t_i \end{cases} \tag{5.34}$$

其中:($\boldsymbol{u}_{\mathrm{c}\alpha,k}$,$\boldsymbol{u}_{\mathrm{c}\beta,k}$)为 k 时刻电压矢量作用前输出电压的有功分量和无功分量,($u_{\mathrm{c}\alpha,k+1}$,$u_{\mathrm{c}\alpha,k+1}$)为 k 时刻电压矢量作用后的 $k+1$ 时刻输出电压的有功分量和无功分量,t_i 为电压矢量的作用时间。

5.4.2 对称的 4+4 电压矢量序列

5.4.2.1 基本原理

对称的 4+4 电压矢量序列是对 3+3 电压矢量序列的改进,如图 5.4 所示,它选择与参考电压矢量 $\boldsymbol{V}_{\mathrm{r}}$ 相邻的两个电压矢量作为有效矢量,外加两个零矢量 $\boldsymbol{V}_0$ 和 $\boldsymbol{V}_7$,共 4 个矢量组成序列,作为电路的输入。

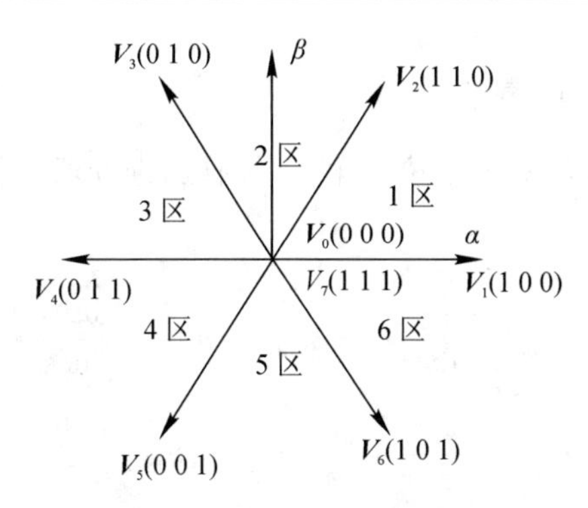

图 5.4 4＋4 电压矢量序列

如图 5.5 所示，将 4 个矢量分为两个子序列，第一个子序列与第二个子序列完全对称，第一个子序列的最后一个电压矢量及其作用时间与第二个子序列的第一个矢量及其作用时间完全相同，两个子序列的其他矢量也遵循同样的对称规律。

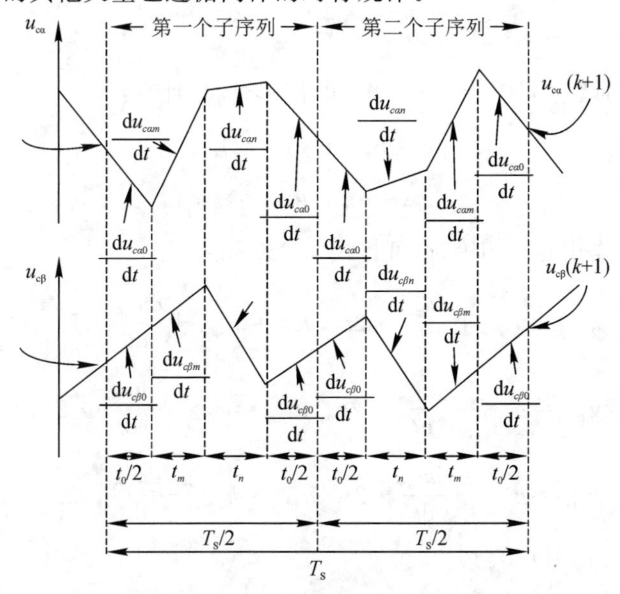

图 5.5 4＋4 电压矢量序列原理图

参考电压的矢量位于 6 个不同的扇区时，电路的 4＋4 矢量序列如表 5.1 所示。

表 5.1 4＋4 电压矢量序列

扇区	第一个子序列	第二个子序列
1	$\boldsymbol{V}_0\ \boldsymbol{V}_1\ \boldsymbol{V}_2\ \boldsymbol{V}_7$	$\boldsymbol{V}_7\ \boldsymbol{V}_2\ \boldsymbol{V}_1\ \boldsymbol{V}_0$
2	$\boldsymbol{V}_0\ \boldsymbol{V}_3\ \boldsymbol{V}_2\ \boldsymbol{V}_7$	$\boldsymbol{V}_7\ \boldsymbol{V}_2\ \boldsymbol{V}_3\ \boldsymbol{V}_0$
3	$\boldsymbol{V}_0\ \boldsymbol{V}_3\ \boldsymbol{V}_4\ \boldsymbol{V}_7$	$\boldsymbol{V}_7\ \boldsymbol{V}_4\ \boldsymbol{V}_3\ \boldsymbol{V}_0$
4	$\boldsymbol{V}_0\ \boldsymbol{V}_5\ \boldsymbol{V}_4\ \boldsymbol{V}_7$	$\boldsymbol{V}_7\ \boldsymbol{V}_4\ \boldsymbol{V}_5\ \boldsymbol{V}_0$
5	$\boldsymbol{V}_0\ \boldsymbol{V}_5\ \boldsymbol{V}_6\ \boldsymbol{V}_7$	$\boldsymbol{V}_7\ \boldsymbol{V}_6\ \boldsymbol{V}_5\ \boldsymbol{V}_0$
6	$\boldsymbol{V}_0\ \boldsymbol{V}_1\ \boldsymbol{V}_6\ \boldsymbol{V}_7$	$\boldsymbol{V}_7\ \boldsymbol{V}_6\ \boldsymbol{V}_1\ \boldsymbol{V}_0$

5.4.2.2 矢量作用时间的计算

k 时刻，假设电路参考电压的矢量位于第 i 个扇区，选择两个相邻的矢量 $\boldsymbol{V}_m$ 和 $\boldsymbol{V}_n$ 作为有效矢量，由式(5.34)可得：

$$
\begin{aligned}
&\boldsymbol{u}_{c\alpha,1}=\boldsymbol{u}_{c\alpha,0}+\frac{\mathrm{d}\boldsymbol{u}_{c\alpha 0}}{\mathrm{d}t}\cdot t_0,\boldsymbol{u}_{c\beta,1}=\boldsymbol{u}_{c\beta,0}+\frac{\mathrm{d}\boldsymbol{u}_{c\beta 0}}{\mathrm{d}t}\cdot t_0\\
&\boldsymbol{u}_{c\alpha,2}=\boldsymbol{u}_{c\alpha,1}+\frac{\mathrm{d}\boldsymbol{u}_{c\alpha m}}{\mathrm{d}t}\cdot 2t_m,\boldsymbol{u}_{c\beta,2}=\boldsymbol{u}_{c\beta,1}+\frac{\mathrm{d}\boldsymbol{u}_{c\beta m}}{\mathrm{d}t}\cdot 2t_m\\
&\boldsymbol{u}_{c\alpha,3}=\boldsymbol{u}_{c\alpha,2}+\frac{\mathrm{d}\boldsymbol{u}_{c\alpha n}}{\mathrm{d}t}\cdot 2t_n,\boldsymbol{u}_{c\beta,3}=\boldsymbol{u}_{c\beta,2}+\frac{\mathrm{d}\boldsymbol{u}_{c\beta n}}{\mathrm{d}t}\cdot 2t_n\\
&\boldsymbol{u}_{c\alpha,4}=\boldsymbol{u}_{c\alpha,3}+\frac{\mathrm{d}\boldsymbol{u}_{c\alpha 7}}{\mathrm{d}t}\cdot t_7,\boldsymbol{u}_{c\beta,4}=\boldsymbol{u}_{c\beta,3}+\frac{\mathrm{d}\boldsymbol{u}_{c\beta 7}}{\mathrm{d}t}\cdot t_7\\
&T_s=t_0+2t_m+2t_n+t_7
\end{aligned}
\tag{5.35}
$$

其中：t_0、t_m、t_n、t_7 分别是矢量 $\boldsymbol{V}_0$、$\boldsymbol{V}_m$、$\boldsymbol{V}_n$、$\boldsymbol{V}_7$ 的作用时间，且有：

$$
\begin{aligned}
&\boldsymbol{u}_{c\alpha,k}=\boldsymbol{u}_{c\alpha,0},\boldsymbol{u}_{c\beta,k}=\boldsymbol{u}_{c\beta,0}\\
&\boldsymbol{u}_{c\alpha,k+1}=\boldsymbol{u}_{c\alpha,4},\boldsymbol{u}_{c\beta,k+1}=\boldsymbol{u}_{c\beta,4}
\end{aligned}
\tag{5.36}
$$

当两个零矢量的作用时间相等时，可将式(5.35)简化为：

$$
\begin{aligned}
&\boldsymbol{u}_{c\alpha,1}=\boldsymbol{u}_{c\alpha,0}+\frac{\mathrm{d}\boldsymbol{u}_{c\alpha 0}}{\mathrm{d}t}\cdot 2t_0,\boldsymbol{u}_{c\beta,1}=\boldsymbol{u}_{c\beta,0}+\frac{\mathrm{d}\boldsymbol{u}_{c\beta 0}}{\mathrm{d}t}\cdot 2t_0\\
&\boldsymbol{u}_{c\alpha,2}=\boldsymbol{u}_{c\alpha,1}+\frac{\mathrm{d}\boldsymbol{u}_{c\alpha m}}{\mathrm{d}t}\cdot 2t_m,\boldsymbol{u}_{c\beta,2}=\boldsymbol{u}_{c\beta,1}+\frac{\mathrm{d}\boldsymbol{u}_{c\beta m}}{\mathrm{d}t}\cdot 2t_m\\
&\boldsymbol{u}_{c\alpha,3}=\boldsymbol{u}_{c\alpha,2}+\frac{\mathrm{d}\boldsymbol{u}_{c\alpha n}}{\mathrm{d}t}\cdot 2t_n,\boldsymbol{u}_{c\beta,3}=\boldsymbol{u}_{c\beta,2}+\frac{\mathrm{d}\boldsymbol{u}_{c\beta n}}{\mathrm{d}t}\cdot 2t_n\\
&T_{\mathrm{s}}=2t_0+2t_m+2t_n
\end{aligned}
\tag{5.37}
$$

为了计算矢量的作用时间，选择目标函数为：

$$g=g_\alpha^2+g_\beta^2 \tag{5.38}$$

其中：

$$g_\alpha=[\boldsymbol{u}_{c\alpha}^*(k+1)-\boldsymbol{u}_{c\alpha}(k+1)]-2\left[\frac{\mathrm{d}\boldsymbol{u}_{c0}}{\mathrm{d}t}\cdot t_0+\frac{\mathrm{d}\boldsymbol{u}_{cm}}{\mathrm{d}t}\cdot t_m+\frac{\mathrm{d}\boldsymbol{u}_{cn}}{\mathrm{d}t}\cdot t_n\right]$$

$$g_\beta=[\boldsymbol{u}_{c\beta}^*(k+1)-\boldsymbol{u}_{c\beta}(k+1)]-2\left[\frac{\mathrm{d}\boldsymbol{u}_{c0}}{\mathrm{d}t}\cdot t_0+\frac{\mathrm{d}\boldsymbol{u}_{cm}}{\mathrm{d}t}\cdot t_m+\frac{\mathrm{d}\boldsymbol{u}_{cn}}{\mathrm{d}t}\cdot t_n\right]$$

若要使目标函数的值最小，有效矢量的作用时间需要满足：

$$\frac{\partial \boldsymbol{g}}{\partial t_m}=0\ ,\quad \frac{\partial \boldsymbol{g}}{\partial t_n}=0 \tag{5.39}$$

从而可以求解各个矢量的作用时间 t_0，t_m，t_n 如式(5.40)：

$$
\begin{aligned}
t_m = & \frac{\left(\dfrac{\mathrm{d}\boldsymbol{u}_{c\beta n}}{\mathrm{d}t}-\dfrac{\mathrm{d}\boldsymbol{u}_{c\beta 0}}{\mathrm{d}t}\right)\cdot\left[\boldsymbol{u}_{c\alpha}^{*}(k+1)-\boldsymbol{u}_{c\alpha}(k+1)\right]+\left(\dfrac{\mathrm{d}\boldsymbol{u}_{c\alpha 0}}{\mathrm{d}t}-\dfrac{\mathrm{d}\boldsymbol{u}_{c\alpha n}}{\mathrm{d}t}\right)\cdot\left[\boldsymbol{u}_{c\beta}^{*}(k+1)-\boldsymbol{u}_{c\beta}(k+1)\right]}{\dfrac{\mathrm{d}\boldsymbol{u}_{c\beta 0}}{\mathrm{d}t}\cdot\dfrac{\mathrm{d}\boldsymbol{u}_{c\alpha n}}{\mathrm{d}t}-\dfrac{\mathrm{d}\boldsymbol{u}_{c\beta m}}{\mathrm{d}t}\cdot\dfrac{\mathrm{d}\boldsymbol{u}_{c\alpha n}}{\mathrm{d}t}-\dfrac{\mathrm{d}\boldsymbol{u}_{c\beta n}}{\mathrm{d}t}\cdot\dfrac{\mathrm{d}\boldsymbol{u}_{c\alpha 0}}{\mathrm{d}t}+\dfrac{\mathrm{d}\boldsymbol{u}_{c\beta m}}{\mathrm{d}t}\cdot\dfrac{\mathrm{d}\boldsymbol{u}_{c\alpha 0}}{\mathrm{d}t}-\dfrac{\mathrm{d}\boldsymbol{u}_{c\beta 0}}{\mathrm{d}t}\cdot\dfrac{\mathrm{d}\boldsymbol{u}_{c\alpha m}}{\mathrm{d}t}-\dfrac{\mathrm{d}\boldsymbol{u}_{c\beta n}}{\mathrm{d}t}\cdot\dfrac{\mathrm{d}\boldsymbol{u}_{c\alpha m}}{\mathrm{d}t}} \\
& +\frac{\left[\dfrac{\mathrm{d}\boldsymbol{u}_{c\beta 0}}{\mathrm{d}t}\cdot\dfrac{\mathrm{d}\boldsymbol{u}_{c\alpha n}}{\mathrm{d}t}-\dfrac{\mathrm{d}\boldsymbol{u}_{c\beta n}}{\mathrm{d}t}\cdot\dfrac{\mathrm{d}\boldsymbol{u}_{c\alpha 0}}{\mathrm{d}t}\right]\cdot\dfrac{T_{\mathrm{s}}}{2}}{\dfrac{\mathrm{d}\boldsymbol{u}_{c\beta 0}}{\mathrm{d}t}\cdot\dfrac{\mathrm{d}\boldsymbol{u}_{c\alpha n}}{\mathrm{d}t}-\dfrac{\mathrm{d}\boldsymbol{u}_{c\beta m}}{\mathrm{d}t}\cdot\dfrac{\mathrm{d}\boldsymbol{u}_{c\alpha n}}{\mathrm{d}t}-\dfrac{\mathrm{d}\boldsymbol{u}_{c\beta n}}{\mathrm{d}t}\cdot\dfrac{\mathrm{d}\boldsymbol{u}_{c\alpha 0}}{\mathrm{d}t}+\dfrac{\mathrm{d}\boldsymbol{u}_{c\beta m}}{\mathrm{d}t}\cdot\dfrac{\mathrm{d}\boldsymbol{u}_{c\alpha 0}}{\mathrm{d}t}-\dfrac{\mathrm{d}\boldsymbol{u}_{c\beta 0}}{\mathrm{d}t}\cdot\dfrac{\mathrm{d}\boldsymbol{u}_{c\alpha m}}{\mathrm{d}t}-\dfrac{\mathrm{d}\boldsymbol{u}_{c\beta n}}{\mathrm{d}t}\cdot\dfrac{\mathrm{d}\boldsymbol{u}_{c\alpha m}}{\mathrm{d}t}} \\
t_n = & \frac{\left(\dfrac{\mathrm{d}\boldsymbol{u}_{c\beta 0}}{\mathrm{d}t}-\dfrac{\mathrm{d}\boldsymbol{u}_{c\beta m}}{\mathrm{d}t}\right)\cdot\left[\boldsymbol{u}_{c\alpha}^{*}(k+1)-\boldsymbol{u}_{c\alpha}(k+1)\right]+\left(\dfrac{\mathrm{d}\boldsymbol{u}_{c\alpha m}}{\mathrm{d}t}-\dfrac{\mathrm{d}\boldsymbol{u}_{c\alpha 0}}{\mathrm{d}t}\right)\cdot\left[\boldsymbol{u}_{c\beta}^{*}(k+1)-\boldsymbol{u}_{c\beta}(k+1)\right]}{\dfrac{\mathrm{d}\boldsymbol{u}_{c\beta 0}}{\mathrm{d}t}\cdot\dfrac{\mathrm{d}\boldsymbol{u}_{c\alpha n}}{\mathrm{d}t}-\dfrac{\mathrm{d}\boldsymbol{u}_{c\beta m}}{\mathrm{d}t}\cdot\dfrac{\mathrm{d}\boldsymbol{u}_{c\alpha n}}{\mathrm{d}t}-\dfrac{\mathrm{d}\boldsymbol{u}_{c\beta n}}{\mathrm{d}t}\cdot\dfrac{\mathrm{d}\boldsymbol{u}_{c\alpha 0}}{\mathrm{d}t}+\dfrac{\mathrm{d}\boldsymbol{u}_{c\beta m}}{\mathrm{d}t}\cdot\dfrac{\mathrm{d}\boldsymbol{u}_{c\alpha 0}}{\mathrm{d}t}-\dfrac{\mathrm{d}\boldsymbol{u}_{c\beta 0}}{\mathrm{d}t}\cdot\dfrac{\mathrm{d}\boldsymbol{u}_{c\alpha m}}{\mathrm{d}t}-\dfrac{\mathrm{d}\boldsymbol{u}_{c\beta n}}{\mathrm{d}t}\cdot\dfrac{\mathrm{d}\boldsymbol{u}_{c\alpha m}}{\mathrm{d}t}} \\
& +\frac{\left[\dfrac{\mathrm{d}\boldsymbol{u}_{c\beta 0}}{\mathrm{d}t}\cdot\dfrac{\mathrm{d}\boldsymbol{u}_{c\alpha m}}{\mathrm{d}t}-\dfrac{\mathrm{d}\boldsymbol{u}_{c\beta m}}{\mathrm{d}t}\cdot\dfrac{\mathrm{d}\boldsymbol{u}_{c\alpha 0}}{\mathrm{d}t}\right]\cdot\dfrac{T_{\mathrm{s}}}{2}}{\dfrac{\mathrm{d}\boldsymbol{u}_{c\beta 0}}{\mathrm{d}t}\cdot\dfrac{\mathrm{d}\boldsymbol{u}_{c\alpha n}}{\mathrm{d}t}-\dfrac{\mathrm{d}\boldsymbol{u}_{c\beta m}}{\mathrm{d}t}\cdot\dfrac{\mathrm{d}\boldsymbol{u}_{c\alpha n}}{\mathrm{d}t}-\dfrac{\mathrm{d}\boldsymbol{u}_{c\beta n}}{\mathrm{d}t}\cdot\dfrac{\mathrm{d}\boldsymbol{u}_{c\alpha 0}}{\mathrm{d}t}+\dfrac{\mathrm{d}\boldsymbol{u}_{c\beta m}}{\mathrm{d}t}\cdot\dfrac{\mathrm{d}\boldsymbol{u}_{c\alpha 0}}{\mathrm{d}t}-\dfrac{\mathrm{d}\boldsymbol{u}_{c\beta 0}}{\mathrm{d}t}\cdot\dfrac{\mathrm{d}\boldsymbol{u}_{c\alpha m}}{\mathrm{d}t}-\dfrac{\mathrm{d}\boldsymbol{u}_{c\beta n}}{\mathrm{d}t}\cdot\dfrac{\mathrm{d}\boldsymbol{u}_{c\alpha m}}{\mathrm{d}t}} \\
& t_0 = T_{\mathrm{s}}/2-(t_m+t_n)
\end{aligned}
\tag{5.40}
$$

5.4.3　P－DPC 的结构设计

P－DPC 的结构框图如图 5.6 所示，由采样模块、预测模块、PLL 模块、参考电压预测模块和目标函数模块组成，采样模块采集电路的信息，并通过坐标变换得到静止坐标系下电流和电压值 $i_{f\alpha}(k)$、$i_{f\beta}(k)$、$u_{c\alpha}(k)$、$u_{c\beta}(k)$；PLL 模块计算参考电压矢量的相角 θ，判断矢量所在扇区，从而用于选择两个有效矢量；预测模块根据采样模块和 PLL 模块提供的信息计算电路 $k+1$时刻的输出电压 $u_{c\alpha}(k+1)$、$u_{c\beta}(k+1)$；目标函数模块计算各个矢量的作用时间，从而生成电路的控制信号 S_{a}、S_{b}、S_{c}。

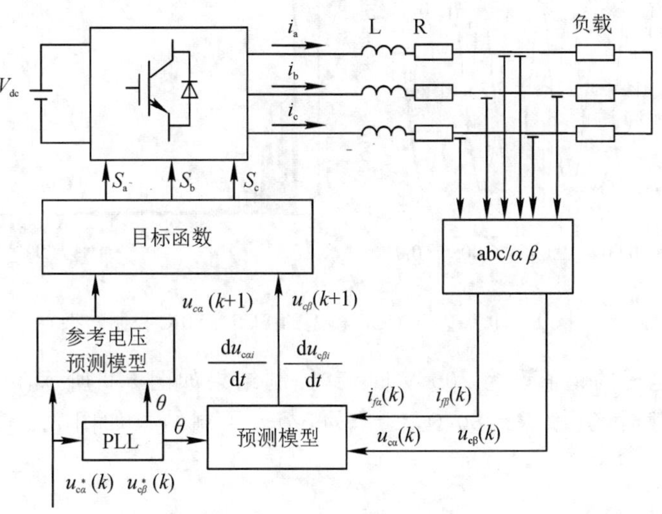

图 5.6　P－DPC 结构框图

5.5 仿真与实验验证

基于 MATLAB/SIMULINK 搭建新型逆变电路的仿真模型，对电路的 FCS - MPC 方法进行验证，仿真参数如下：$V_{dc}=270$ V，滤波电感 $L=2$ mH，滤波电容 $C=40$ μF，负载电路为 80 Ω，采样周期为 $T_s=10$ μs，额定频率为 400 Hz。

电路基于传统开关函数模型的 FCS - MPC 控制结果如图 5.7 所示，a 相 THD=1.88%，图 5.8 是以 MLD 模型代替开关函数模型，将电路 MLD 模型作为预测模型的控制结果，a 相 THD=0.75%，可见，电路 MLD 模型的引入能够提高控制的精度。

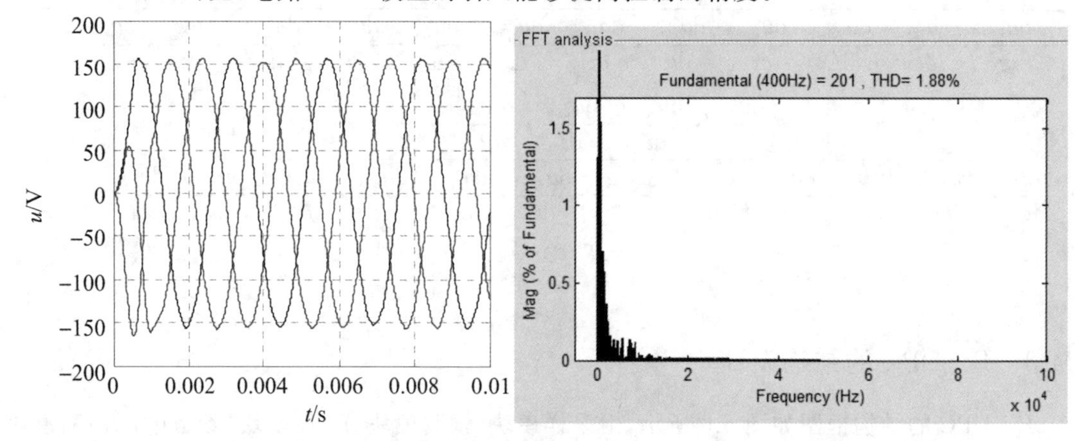

图 5.7　电路基于传统开关函数模型的 FCS - MPC 控制结果

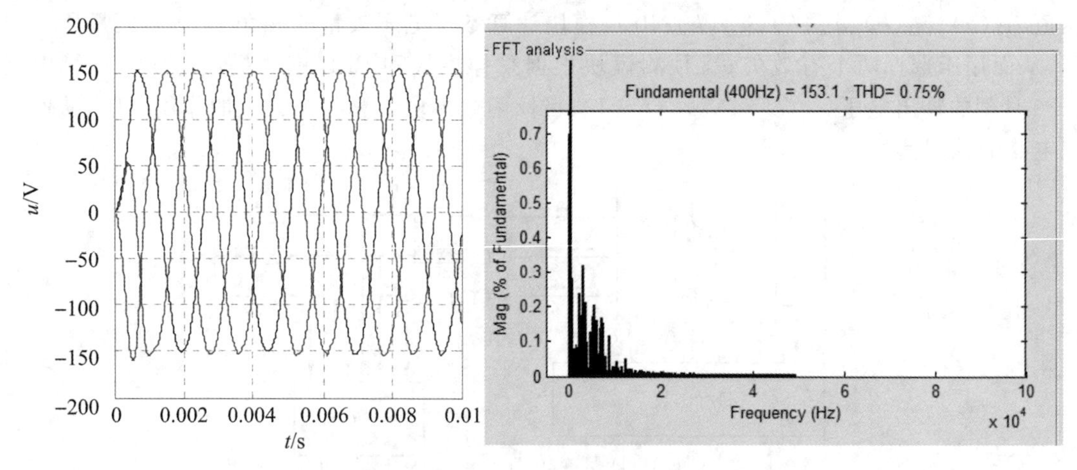

图 5.8　电路基于 MLD 模型的 FCS - MPC 控制结果

将参考输出电压的幅值设为 200 V 时，其控制结果如图 5.9 所示，a 相 THD=0.92%。当电路为阻感负载时，其中 $R=80$ Ω，$L=5.4$ mH，控制结果如图 5.10 所示，a 相 THD=0.95%。

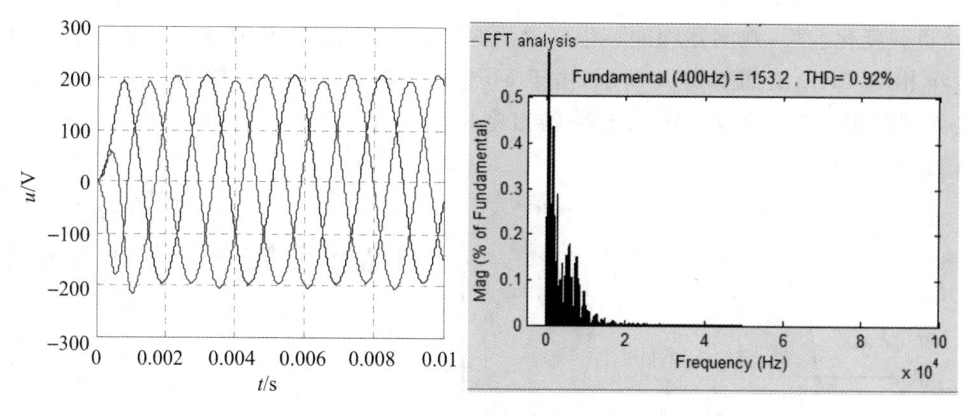

图 5.9　输出电压为 200 V 的控制结果

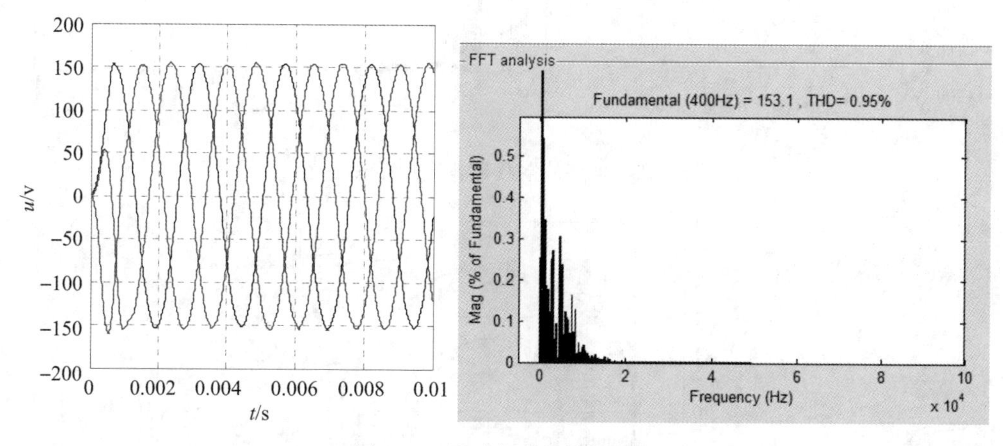

图 5.10　阻感负载的控制结果

负载电流观测器的估计值与电路实际值的相量图如图 5.11 所示，可见，稳态时观测器能够很好地跟踪电路实际值。

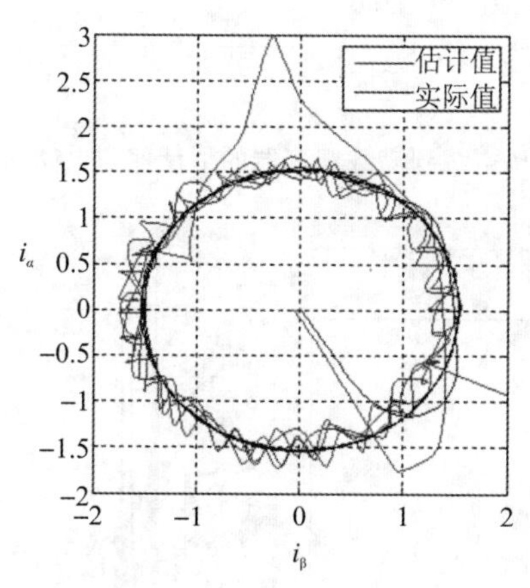

图 5.11　负载电流观测器的估计值与电路实际值的相量图

电路从空载到满载的暂态特性如图 5.12 所示，0.002 s 将 80 Ω 的电阻接入电路，从结果可以看出，输出电压基本不受负载变化的影响，满载后输出电压 a 相 THD=1.76%。图5.13所示是 0.005 s 电路负载从 80 Ω 变为 40 Ω 时，负载电流观测器的估计值与电路实际值的相量图，电路负载变化前后，观测器均能够很好地跟踪电路的实际值，具有很好的鲁棒性。负载变化前后，a 相的 THD 值如图 5.14 所示，由于 MPC 对于参数变化比较敏感，因此为电路设计了负载电流观测器，加入测量噪声后电路输出电压的 THD＝2.45％，满足航空要求（THD<5％），如图 5.15 所示。

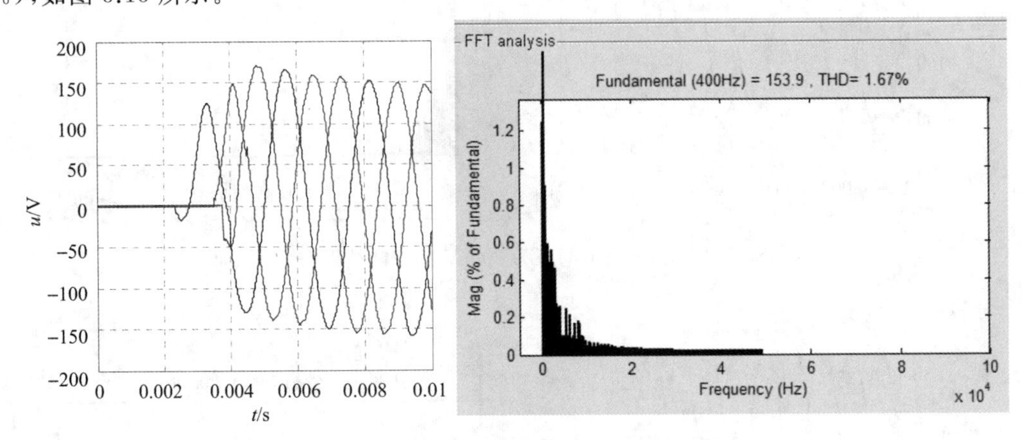

图 5.12　电路从空载到满载的暂态特性

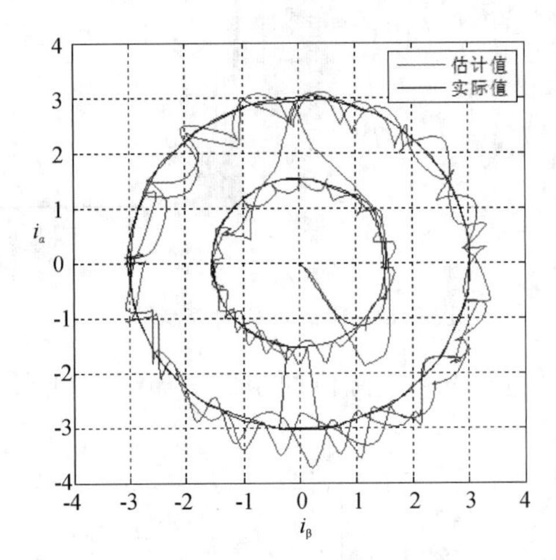

图 5.13　电路从空载到满载观测器的估计值与电路实际值的相量图

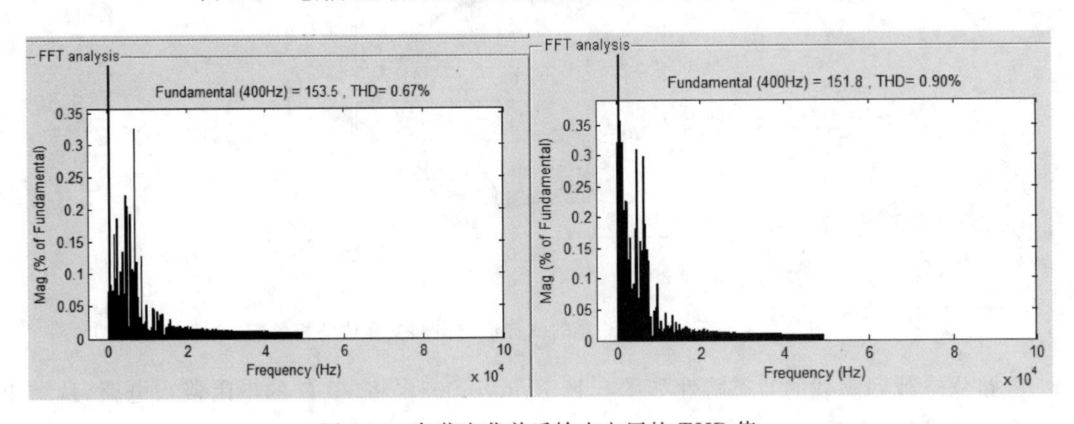

图 5.14　负载变化前后输出电压的 THD 值

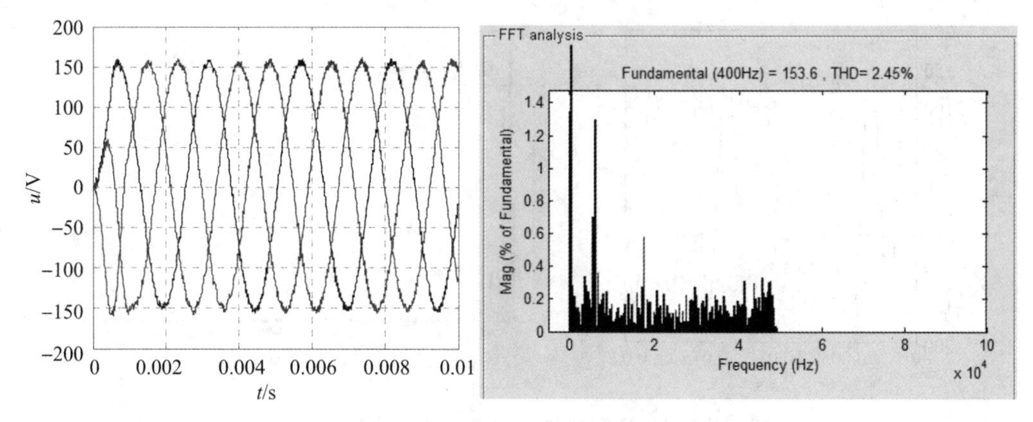

图 5.15　测量噪声下电路的输出电压

图 5.16 所示是基于开关函数模型和 3＋3 电压矢量序列的 P－DPC 结果，THD＝3.98％，从频谱图可以看出其谐波成分较为分散，不便于电路的滤波。图 5.17 是基于 MLD 模型和 3＋3电压矢量序列的控制结果，THD＝1％，谐波较为分散。图 5.18 所示是基于 MLD 模型和 4＋4 电压矢量序列的控制结果，THD＝0.88％，谐波成分固定且集中于低频部分。

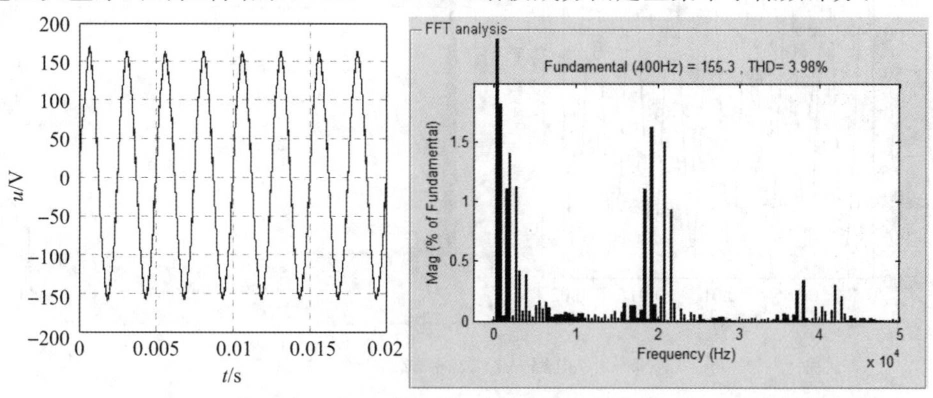

图 5.16　基于开关函数模型和 3＋3 电压矢量序列的 P-DPC 结果

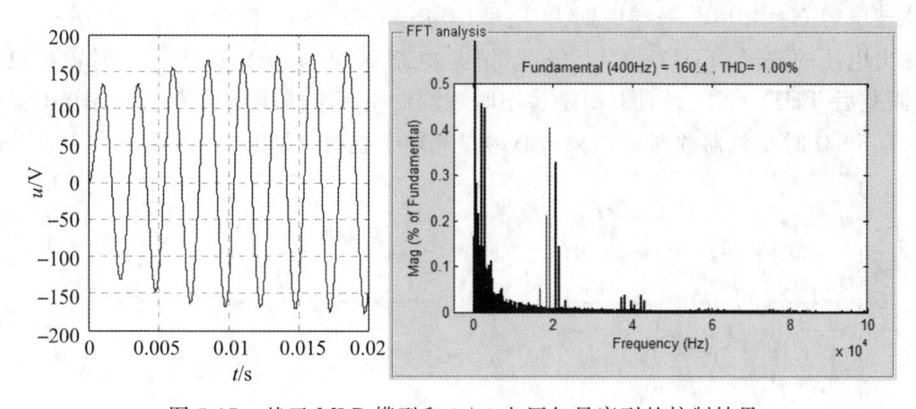

图 5.17　基于 MLD 模型和 3＋3 电压矢量序列的控制结果

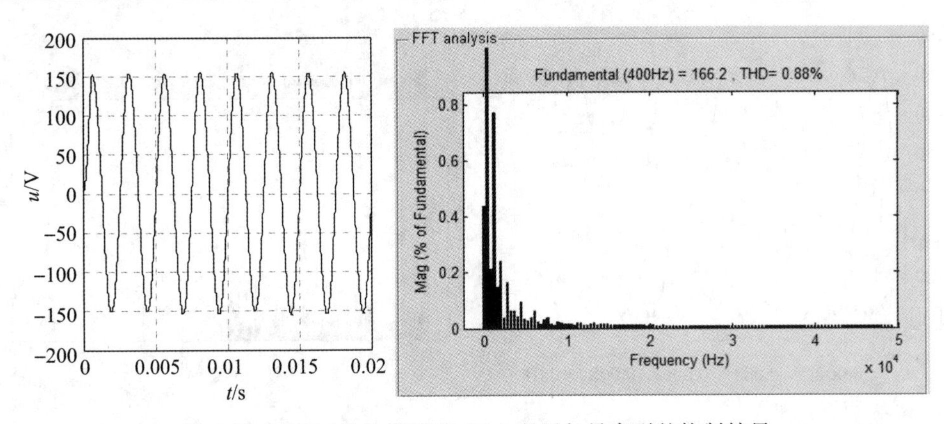

图 5.18　基于 MLD 模型和 4+4 电压矢量序列的控制结果

电路从空载到满载的暂态特性如图 5.19 所示，0.0015 s 将 200 Ω 的电阻接入电路，从结果可以看出，输出电压可以迅速调整，并跟踪参考电压，满载后输出电压 a 相的 THD=1.35%。

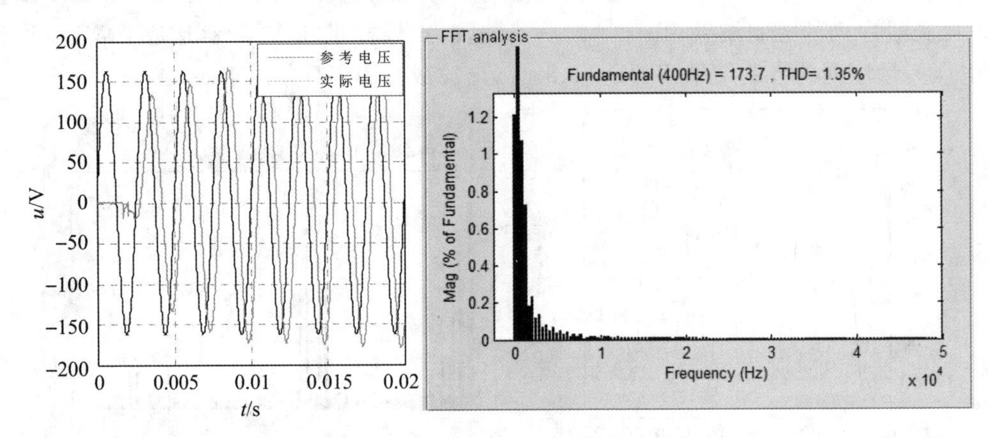

图 5.19　电路从空载到满载的暂态特性

基于 TMS320F2407 搭建实验控制平台对电路的 FCS - MPC 进行验证，滤波电感 $L=2$ mH，滤波电容 $C=40$ μF，采样周期为 $T_s=10$ μS，负载 50 Ω，结果如图 5.20 所示，图(a)是稳态时输出电压的波形，THD=1.44%；图(b)是电路 0.002 s 从空载到满载时输出电压的暂态特性，满载后 THD=2.26%；图(c)是稳态时观测器跟踪电路实际电流结果；图(d)是负载从 100 Ω 变为 50 Ω 时观测器的跟踪结果；图(e)是噪声干扰时，输出电压的波形，THD=2.98%。

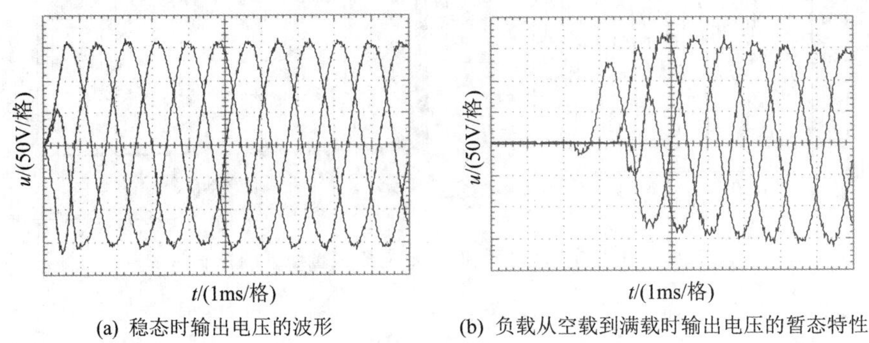

(a) 稳态时输出电压的波形　　(b) 负载从空载到满载时输出电压的暂态特性

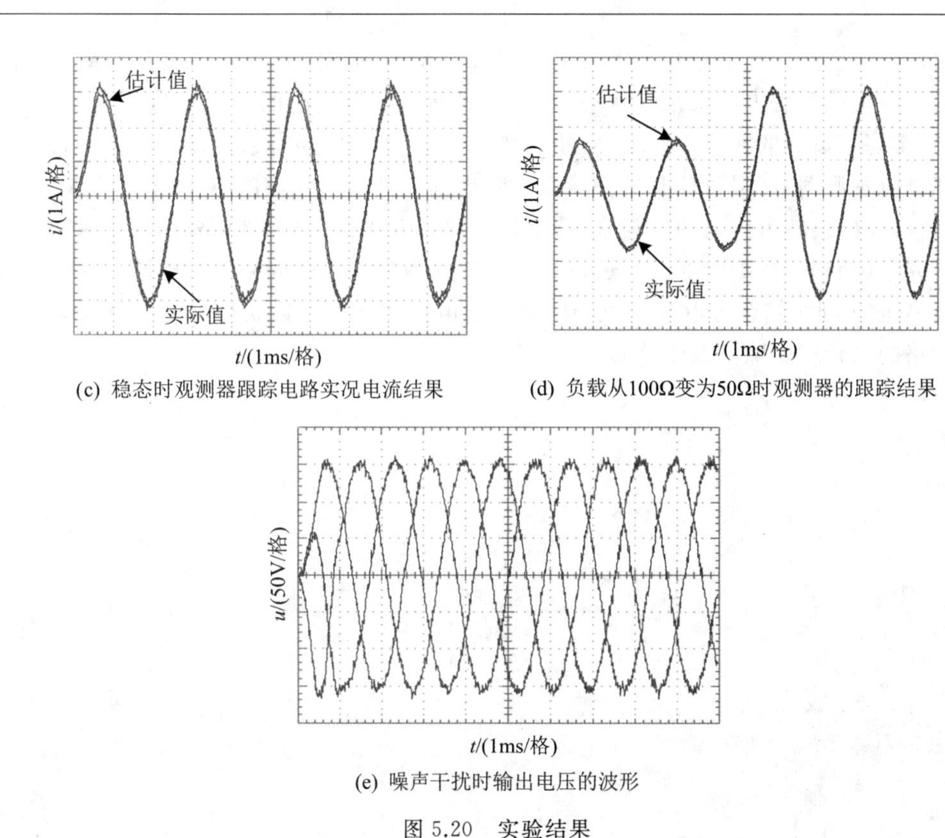

(c) 稳态时观测器跟踪电路实况电流结果　(d) 负载从100Ω变为50Ω时观测器的跟踪结果

(e) 噪声干扰时输出电压的波形

图 5.20　实验结果

图 5.21 是基于 MLD 模型和 4+4 电压矢量序列的 P－DPC 结果，其中图(a)为 a 相的稳态输出电压，THD 为 1.24%。图(b)为 P－DPC 的暂态特性，在 0.0015 s 将 200 Ω 的电阻接入电路，电路由空载到满载的电压波形如图 5.20(b)所示，从结果可以看出，输出电压能够迅速调整，并跟踪参考电压，满载后 a 相电压相的 THD=1.75%。

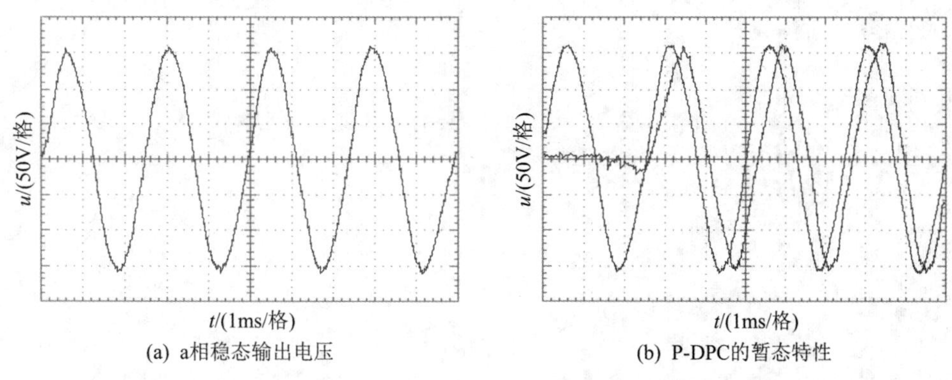

(a) a相稳态输出电压　(b) P-DPC的暂态特性

图 5.21　基于 MLD 模型和 4+4 电压矢量序列的 P－DPC 实验结果

5.6　本章小结

将电路 MLD 模型与 MPC 相结合，研究电路的在线 MPC 所面临的首要问题是 MIQP 的求解，因为求解 MIQP 需要复杂的算法，而复杂算法带来的计算量将使控制器很难在一个采样周期内计算出电路的控制序列。本书引入 FCS－MPC 策略，充分利用电路的离散特性，通过建立的预测模型预测电路未来的状态，选择使目标函数值最小的开关矢量作为电路的控制输入，顺利实现了电路的在线 MPC。另外，为降低控制器对电路参数变化的敏感性，设计了电路的负载电流观测器，增强了控制的鲁棒性。考虑到 FCS－MPC 需要对每个电压矢量的目标函数值进行计算，仍然有一定的计算量，特别是面对开关矢量较多的电路时，为了解决此问题，进一步研究了电路的 P－DPC 方法，通过计算相邻矢量的作用时间来完成电路的控制，将其与 4＋4 电压矢量序列相结合可以有效改善电路输出电压 THD，并且获得恒定的开关频率，有利于滤波电路的设计以消除谐波干扰。

第 6 章　基于可行解的新型逆变电路离线 MPC

6.1　引　言

近年来，大量文献对电力电子电路的 MPC 策略进行了研究，MPC 也被公认为是处理多变量系统的约束最优跟踪控制问题的最有效方法之一。目前电力电子电路在线 MPC 主要面临的难题是求解 MIQP 问题[208]，第 5 章利用电路的离散特性，研究了电路的在线 MPC。

离线控制是解决 MIQP 问题的另一种有效方法。文献[209]、[210]建立了 DC - DC 电路精确的混杂系统模型，通过优化目标函数选择最优电压适量作为电路的控制信号，并将五种不同方法用于 DC - DC 变换器的控制，通过分析对比，采用了一种离线优化、在线查表的 MPC 思路，有助于减少 MPC 的计算量，使电压输出很好地跟踪电压给定，得到了良好的控制效果。

引入可行解的思想，研究电路的离线 MPC 方法，其主要具有以下特征：

(1)运用了可行解的思想，以可行解代替最优解，不仅可以降低开关频率，减少电路损耗，而且避免了寻找最优解的复杂计算过程，防止特殊条件下由于最优解不存在而导致电路出现不可控的情况。

(2)将电路 k 时刻的控制序列作为 $k-1$ 时刻控制序列和 k 时刻电路状态的函数，离线预先求解电路 k 时刻的可行解，将求解结果以表格储存，电路工作时以查表形式在线实时得到电路的控制序列，从而克服 MPC 在线求解 MIQP 所面临的难题。

6.2　基本概念

电路拓扑如图 2.2 所示，假定预测时域为 N，n 为预测步数，$y_{\max}$及 $y_{\min}$为被控变量 $\boldsymbol{y}$ 的上、下界限。

新型逆变电路的混合逻辑动态模型如式(4.35)所示，将其离散化后如式(6.1)所示。

$$
\begin{aligned}
\boldsymbol{x}(k+1)&=\boldsymbol{A}_d\boldsymbol{x}(k)+\boldsymbol{B}_d\boldsymbol{u}(k)\\
\boldsymbol{y}(k)&=\boldsymbol{C}\boldsymbol{x}(k)
\end{aligned}
\tag{6.1}
$$

其中，$\boldsymbol{A}_d=\mathrm{e}^{\boldsymbol{A}T}$，$\boldsymbol{B}_d=\left(\int_0^T \mathrm{e}^{\boldsymbol{A}t}\,\mathrm{d}t\right)\boldsymbol{B}$，$T$ 为采样周期。

电路预测模型如式(6.1)所示，控制的目标是寻找电路满足以下两个条件的控制序列：

(1)必须是电路的可行解，但不一定是最优解；

(2)在满足条件(1)的前提下，使电路开关频率最小。

引入可行解的思想，以可行解代替最优解，可以明显降低电路开关频率，减少损耗，避免寻找最优解的复杂计算。

为了便于理解和后文说明，给出相关的几个定义：

定义 1 使被控变量 $\boldsymbol{y}$ 的值保持在设定界限以内的控制序列 $\boldsymbol{u}$ 称为电路的可行解，需要指出的是电路的可行解并不唯一。

定义 2 所有可行解组成的集合称为电路的可行解集。

定义 3 与电路可行解对应的电路状态变量的值称为电路的可行状态，同样，可行状态的集合称为可行状态集。

定义 4 将电路所有可能控制序列的集合称为电路的控制集。

定义 5 电路的控制序列为 $\boldsymbol{u}$，若对于任意 $\boldsymbol{X}_i \in \boldsymbol{X}_u^n$，电路的被控输出变量 $y_i(k+j)$（其中 $j\in\{1,\cdots,n\}$）都不会超出设定的界限，则称电路 k 时刻的状态向量集合 $\boldsymbol{X}_u^n$ 为电路的 n 步可行状态向量集，n 为 $\boldsymbol{X}_u^n$ 的最小可行步数，$\boldsymbol{X}_i$ 为电路的状态向量。

定义 6 电路控制为 $\boldsymbol{u}$，对于任意 $\boldsymbol{X}_j \in \boldsymbol{Y}_u^n$，电路的被控输出变量 $\boldsymbol{y}_i(k+j)$（其中 $j\in\{1,\cdots,n-1\}$）都不会超出设定的界限，但 $\boldsymbol{y}_i(k+n)$ 超出界限，则称电路 k 时刻的状态向量集合 $\boldsymbol{Y}_u^n$ 为电路的非 n 步可行状态向量集，集合 $\boldsymbol{Y}_u^n$ 的最大可行步数为 $n-1$。

6.3 求解算法

由以上定义，引出一个重要的集合 $\boldsymbol{P}_{u_i}^{n_i}$。集合 $\boldsymbol{P}_{u_i}^{n_i}$ 的定义为：对于电路的任一状态向量 $\boldsymbol{x}(k)$，若 $\boldsymbol{x}(k)\in\boldsymbol{P}_{u_i}^{n_i}$，则电路的被控输出变量在控制序列 $\boldsymbol{u}_i(k)$ 的作用下未来 $k+j$ 步均不会超出设定界限，其中 $1\leqslant j\leqslant n_i$。

$$\boldsymbol{u}(k)=\boldsymbol{u}(k-1) \tag{6.2}$$

$\boldsymbol{X}_0$ 为电路的状态向量空间，假如电路的控制输入满足式(6.2)，并且可以保证电路的被控输出变量 $\boldsymbol{y}$ 在 $k+1$ 时刻依然在设定的界限内，则将此刻电路的状态向量集合 $\boldsymbol{Q}_u^c$ 称为电路的核，$\boldsymbol{Q}_u^c\subseteq\boldsymbol{X}_0$，其中 $\boldsymbol{R}$ 为设定的被控变量的界限，g_{MLD} 为式(6.1)所示电路的预测模型。

$$\boldsymbol{Q}_u^c=\{\boldsymbol{x}\in\boldsymbol{X}_0\mid g_{\mathrm{MLD}}(\boldsymbol{x}(k),\boldsymbol{u}(k)=\boldsymbol{u}(k-1))\in\boldsymbol{R}\} \tag{6.3}$$

同时，将满足式(6.4)的电路状态向量集合称为电路的环，即取出核后电路状态向量的集合。

$$\boldsymbol{Q}_u^r=\boldsymbol{X}_0\backslash\boldsymbol{P}_u^c \tag{6.4}$$

如图 6.1 所示为电路控制序列的求解算法流程图，根据电路前一时刻控制序列 $\boldsymbol{u}(k-1)$ 及 k 时刻电路状态信息，判断电路当前状态 $\boldsymbol{x}(k)$，如果满足 $\boldsymbol{x}(k)\in\boldsymbol{Q}_u^c$，则取电路控制序列如式(6.2)，如果 $\boldsymbol{x}(k)\notin\boldsymbol{Q}_u^c$，继续考察 $\boldsymbol{u}(k-1)$ 之外的其他控制序列，寻找具有最大可行步数 n_i 的控制序列 $\boldsymbol{u}_i$，即求解各个控制序列的集合 $\boldsymbol{P}_{u_i}^{n_i}$，如式(6.5)。假如同时存在两个控制序列具有相同的可行步数 $n_i=n_j$，则根据式(6.6)的目标函数，选择使电路开关频率较小的控制序列作为最佳控制序列，从而在保证电路控制性能的同时，达到最小的开关损耗。

$$\boldsymbol{x}(k)\in\boldsymbol{P}_{u_i}^{n_i} \tag{6.5}$$

$$\boldsymbol{l}(k)=\operatorname{argmin}_{u_i}\frac{\|\boldsymbol{u}(k)-\boldsymbol{u}(k-1)\|}{n_i} \tag{6.6}$$

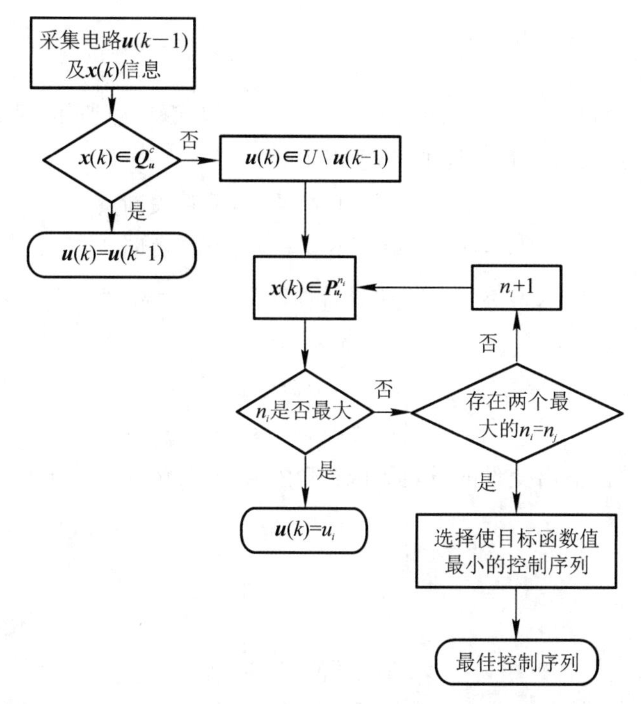

图 6.1　电路控制序列的求解算法流程图

6.4　控制器设计

6.4.1　控制框图

电路上、下结构对称，控制原理相同，以上部三臂为例进行说明。如图 6.2 所示为新型逆变电路控制原理，应用图 6.1 所示的控制序列求解算法，将电路的控制 $\boldsymbol{u}(k)$ 作为 $\boldsymbol{u}(k-1)$ 及状态变量 $\boldsymbol{x}(k)$ 的函数，预先计算电路的控制，将结果存于表格。电路工作时，通过实时检测电路 $k-1$ 时刻的控制 $\boldsymbol{u}(k-1)$ 及 k 时刻电路的状态 $\boldsymbol{x}(k)$，经查表得到电路的控制 $\boldsymbol{u}(k)$ 作为电路的输入。

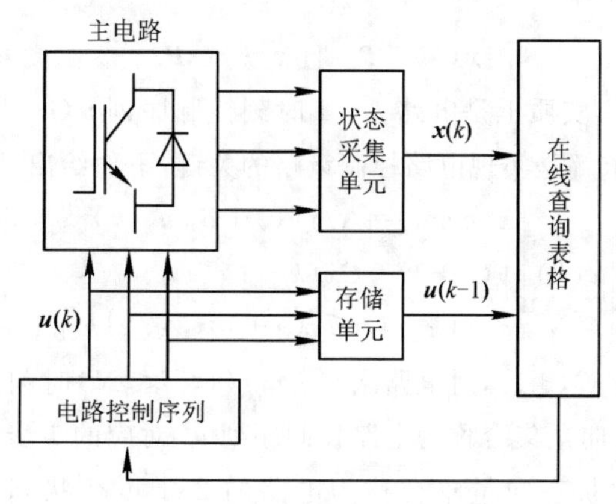

图 6.2　新型逆变电路控制原理图

6.4.2 集合 $\boldsymbol{P}_{\boldsymbol{u}_i}^{n_i}$ 的求解

对于电路 a、b、c 上部三臂，引入开关函数 s_a、s_b、s_c 如式(6.7)所示，从而电路的控制可以表示为 $\boldsymbol{u}=(s_a,s_b,s_c)$，共有 8 种不同的控制序列。

$$\begin{cases} s_a=1, & \text{表示上管导通,下管关断} \\ s_a=0, & \text{表示下管导通,上管关断} \end{cases} \tag{6.7}$$

式(6.8)为电路开关函数 s_a、s_b、s_c 与功率管控制信号 s_1-s_6 的关系。

$$\begin{cases} s_1=s_a, s_4=\bar{s}_a \\ s_3=s_b, s_6=\bar{s}_b \\ s_5=s_c, s_2=\bar{s}_c \end{cases} \tag{6.8}$$

式(6.9)是电路被控输出变量的设定界限，其中 y_{ref} 为电路参考输出，m 为允许带宽。

$$\begin{cases} y_{min}\leqslant y\leqslant y_{max} \\ y_{max}=y_{ref}+\dfrac{m}{2} \\ y_{min}=y_{ref}-\dfrac{m}{2} \end{cases} \tag{6.9}$$

滤波电感的最大允许电流为 i_{max}，从而不等式组(6.10)构成了电路的状态向量空间 $\boldsymbol{X}_0$。

$$\boldsymbol{X}_0=\begin{bmatrix} |i_a| \\ |i_b| \\ |i_c| \end{bmatrix}\leqslant\begin{bmatrix} i_{max} \\ i_{max} \\ i_{max} \end{bmatrix} \tag{6.10}$$

$\boldsymbol{u}(k-1)$为前一时刻电路的控制序列，实时监测电路 k 时刻状态 $\boldsymbol{x}(k)$，若 $\boldsymbol{x}(k)\in\boldsymbol{Q}_{\boldsymbol{u}(k-1)}^{c}$，其中$\boldsymbol{Q}_{\boldsymbol{u}(k-1)}^{c}$为电路的核集，则 k 时刻电路的控制序列为 $\boldsymbol{u}(k)=\boldsymbol{u}(k-1)$，即可保证电路 $k+1$ 时刻的被控输出变量 $\boldsymbol{y}(k+1)$仍然满足式(6.9)的要求，并且无需任何开关动作；如果 $\boldsymbol{x}(k)\notin\boldsymbol{Q}_{\boldsymbol{u}(k-1)}^{c}$，考察 $\boldsymbol{u}(k-1)$之外的其他控制，若 $\boldsymbol{x}(k)\in\boldsymbol{P}_{\boldsymbol{u}_k}^{n_k}$，且满足 $n_k>n_i(i=1,\cdots,7)$，则电路控制 $\boldsymbol{u}(k)=\boldsymbol{u}_k$；假如同时存在两个控制序列 $\boldsymbol{u}_k$、$\boldsymbol{u}_l$ 所对应的 $n_k=n_i>n_i(i=1,\cdots,6)$，且 k 时刻电路状态 $\boldsymbol{x}(k)$满足式(6.11)，则根据式(6.6)选择使开关频率较小的控制序列作为电路 k 时刻的控制。

$$\boldsymbol{x}(k)\in\boldsymbol{P}_{\boldsymbol{u}_k}^{n_k}\text{ 且 }\boldsymbol{x}(k)\in\boldsymbol{P}_{\boldsymbol{u}_l}^{n_l} \tag{6.11}$$

综上，电路核集$\boldsymbol{P}_{\boldsymbol{u}(k-1)}^{c}$实质上是电路 $k-1$ 时刻控制序列 $\boldsymbol{u}(k-1)$对应的集合$\boldsymbol{P}_{\boldsymbol{u}(k-1)}^{1}$，因此，可以看出集合 $\boldsymbol{P}_{\boldsymbol{u}_i}^{n_i}$ 的求解是实现电路控制策略的关键，下面给出其求解的具体过程。

$$\left\{\boldsymbol{x}(k)\ \middle|\ \begin{array}{l} \boldsymbol{x}(k+1)=\boldsymbol{A}_d\boldsymbol{x}(k)+\boldsymbol{B}_d\boldsymbol{u}_i(k) \\ \boldsymbol{y}(k+1)=\boldsymbol{C}\boldsymbol{x}(k+1) \\ y_{min}(k+1)\leqslant\boldsymbol{y}(k+1)\leqslant y_{max}(k+1) \end{array}\right\} \tag{6.12}$$

利用电路的预测模型式(6.1)，对电路未来 $k+i(1\leqslant i\leqslant N)$时刻的状态及输出进行预测，对于满足式(6.12)的状态向量集合称为电路控制序列 $\boldsymbol{u}_i$ 对应的 1 步可行状态集，记为$\boldsymbol{X}_{\boldsymbol{u}_i}^{1}$，同理，对于满足式(6.13)的状态向量集合称为电路的 2 步可行状态集，记为$\boldsymbol{X}_{\boldsymbol{u}_i}^{2}$，则$\boldsymbol{P}_{\boldsymbol{u}_i}^{1}$ 如式(6.14)所示。

$$\left\{ \boldsymbol{x}(k) \left| \begin{array}{l} \boldsymbol{x}(k+2)=\boldsymbol{A}_d^2\boldsymbol{x}(k)+\boldsymbol{A}_d\boldsymbol{B}_d\boldsymbol{u}_i(k)+\boldsymbol{B}_d\boldsymbol{u}_i(k) \\ \boldsymbol{y}(k+2)=\boldsymbol{C}\boldsymbol{x}(k+2) \\ y_{\min}(k+2)\leqslant \boldsymbol{y}(k+2)\leqslant y_{\max}(k+2) \end{array} \right. \right\} \tag{6.13}$$

$$\boldsymbol{P}_{\boldsymbol{u}_i}^1=\boldsymbol{X}_{\boldsymbol{u}_i}^1\backslash \boldsymbol{X}_{\boldsymbol{u}_i}^2 \tag{6.14}$$

同理,依次求解得到$\boldsymbol{P}_{\boldsymbol{u}_i}^2 \cdots \boldsymbol{P}_{\boldsymbol{u}_i}^{n_i}$,$2\leqslant n_i\leqslant N$,并求解除 $\boldsymbol{u}_i$ 之外的其他 7 个控制序列的集合 $\boldsymbol{P}_{\boldsymbol{u}_j}^{n_j}$。

将所有控制序列 $\boldsymbol{u}_i\in \boldsymbol{U}$ 及其对应的$\boldsymbol{P}_{\boldsymbol{u}_i}^i$(其中 $0\leqslant i\leqslant n_i$,$0\leqslant n_i\leqslant N$)信息存入表格,电路工作时通过实时在线查表获取控制信号,保证控制性能的同时使电路具有较小的开关频率。

6.5　仿真与实验验证

在 MATLAB 环境下,搭建逆变电路仿真模型,仿真参数如下:$V_{dc}=270$ V,滤波电感 $L=400$ μH,滤波电阻 $R=25$ mΩ,滤波电容 $C=35$ μF,额定频率为 400 Hz,采样周期 $T=25$ μs,预测时域 $N=1$。图 6.3 为 $\boldsymbol{u}_i=(1,0,1)$时,电路状态向量集合$\boldsymbol{P}_{\boldsymbol{u}_i}^1$三个分量的可行集,当电路实测 i_a、i_b、i_c 分别位于图 6.3 所示集合$\boldsymbol{P}_{\boldsymbol{u}_i}^1$区域时,可将 $\boldsymbol{u}_i=(1,0,1)$作为电路 k 时刻控制信号,即可保证 $k+1$ 时刻电路输出仍然处于允许带宽内。图 6.4 所示为电路 8 个控制集$\boldsymbol{P}_{\boldsymbol{u}_i}^1$状态向量可行集分量 i_a 的可行集,其中开关函数值(0,0,0)与(1,1,1)对应的集合相同,不同的控制序列具有不同的状态向量可行集,相互之间存在交集,可根据工作电路实测 i_a 所在位置及开关频率目标函数,选择最佳控制序列。

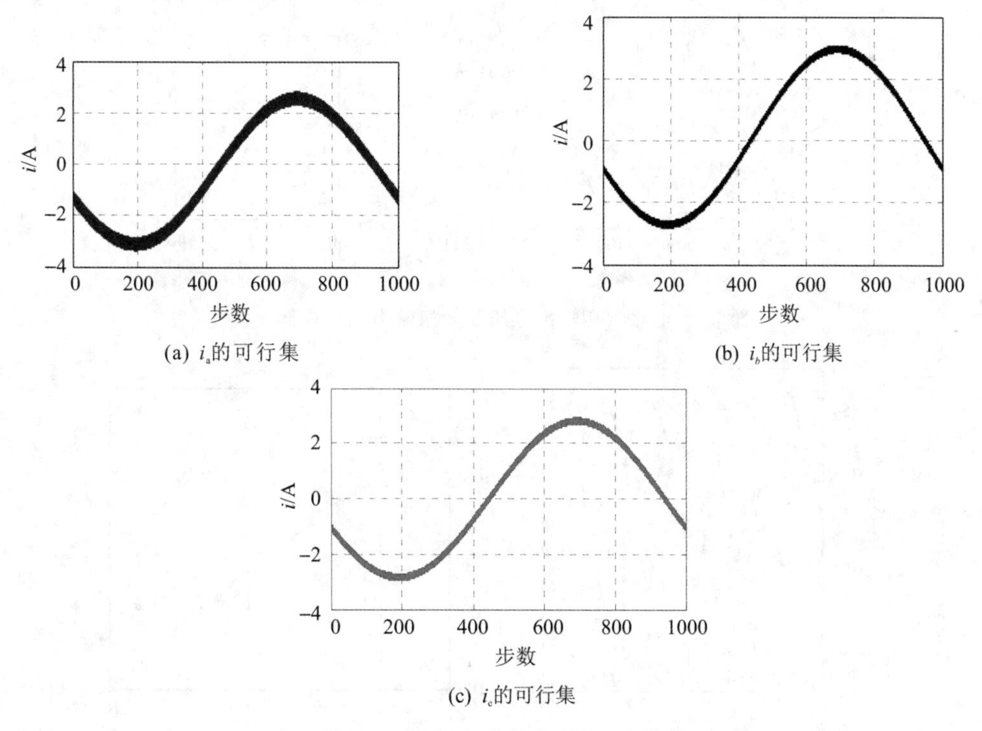

图 6.3　集合$\boldsymbol{P}_{\boldsymbol{u}_i}^1$的状态向量可行集

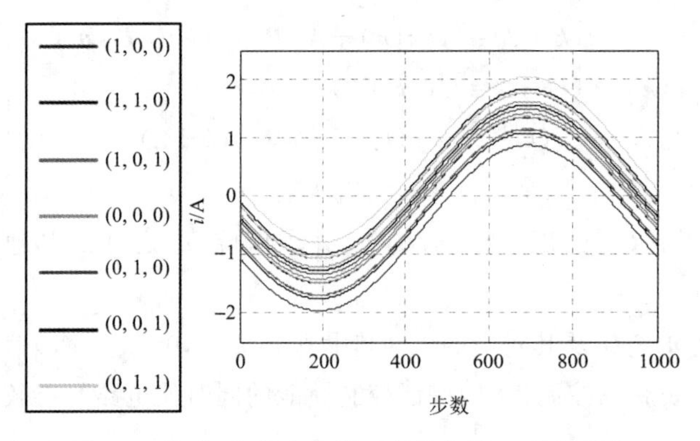

图 6.4 集合$\boldsymbol{P}_{u_i}^1$状态向量可行集分量 i_a 的可行集

将详细的电路状态向量集合信息存入表格，如图 6.2 所示，设计电路控制器，利用电路前一时刻控制序列信息、当前时刻状态信息及时间信息实时查表，得到电路当前时刻最佳控制序列，完成对电路输出电压的控制，图 6.5 所示为电路三相输出电压及 a 相输出电压局部放大图，选择 10 个采样周期并与相同时间间隔内传统 PID 控制相比，由局部放大图可见，新的控制策略使开关频率得到了明显降低。图 6.7 所示为电路 $t=0.002$ s 时，由空载到满载时的输出电压波形，电压总谐波失真 THD＝3.34％，图 6.8 所示为加入干扰后电路的输出电压波形，THD＝4.09％。

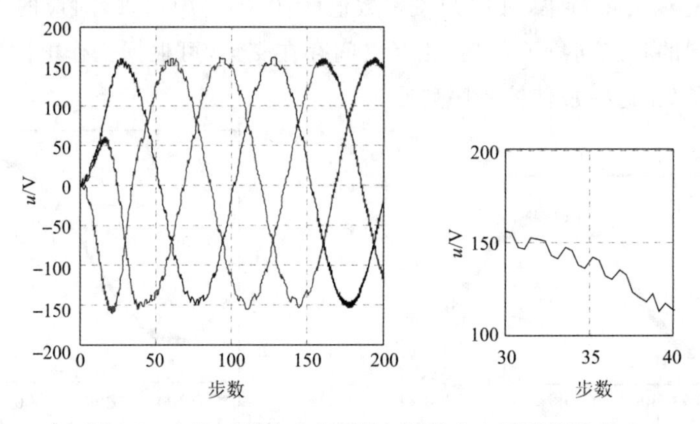

图 6.5 电路三相输出电压及 a 相输出电压局部放大

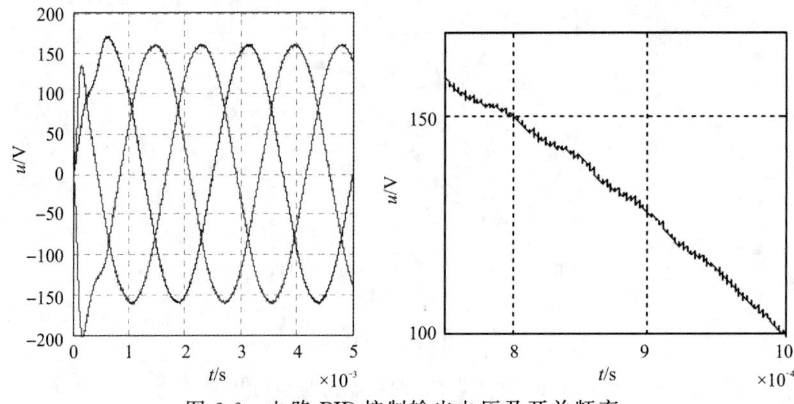

图 6.6 电路 PID 控制输出电压及开关频率

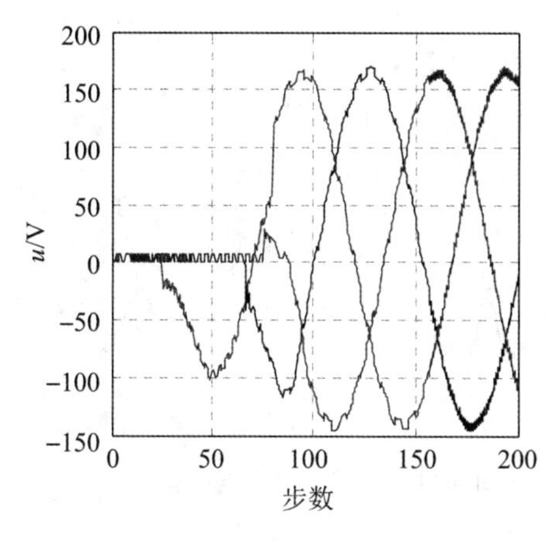

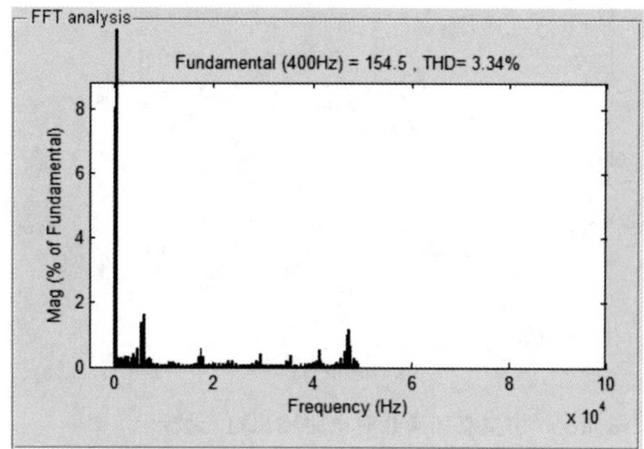

图 6.7　由空载到满载时的输出电压波形

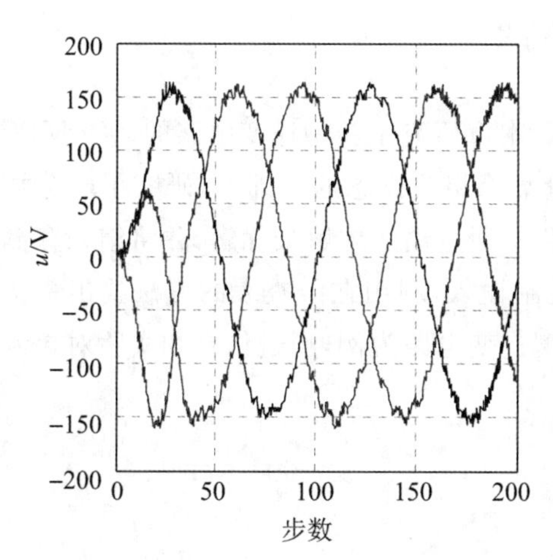

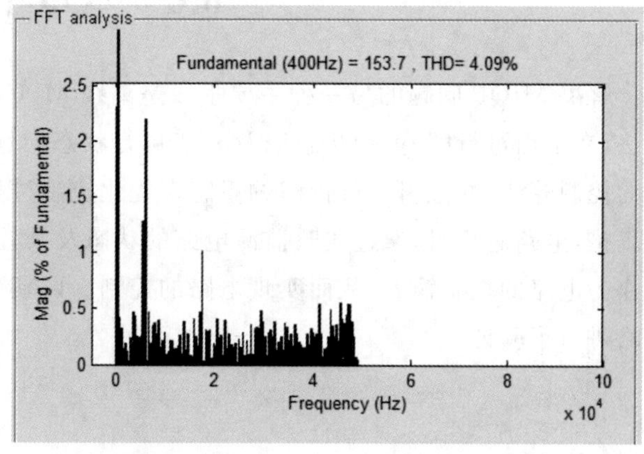

图 6.8　干扰下电路的输出电压波形

实验平台基于 TMS320F2407，$V_{dc}=270$ V，滤波电感 $L=400$ μH，滤波电容 $C=35$ μF。实验结果如图 6.9 至图 6.11 所示，图 6.9 所示为电路的三相输出电压，THD＝3.45％，图 6.10 是电路由空载到满载的实验波形，满载后电路输出电压 THD＝3.53％，可见控制具有良好的暂态特性，图 6.11 所示是加入干扰后电路输出电压的波形，THD＝4.22％。

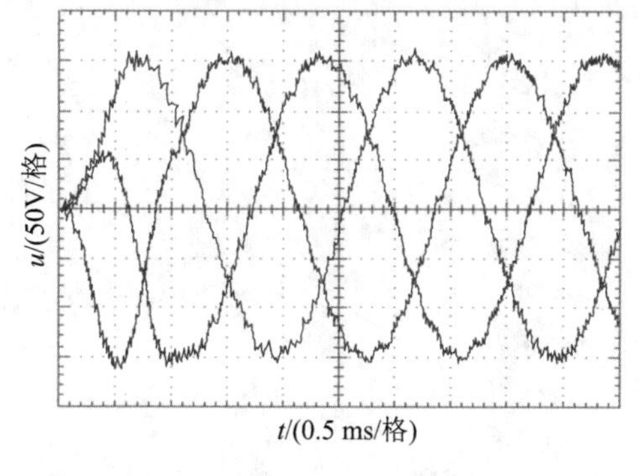

图 6.9　电路三相输出电压波形

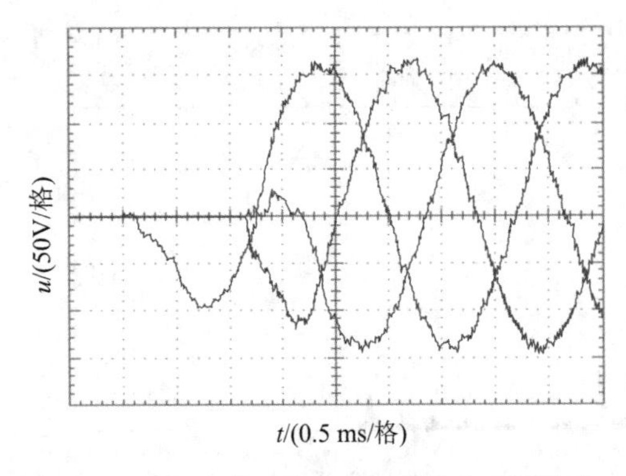

图 6.10　由空载到满载时电路输出电压波形

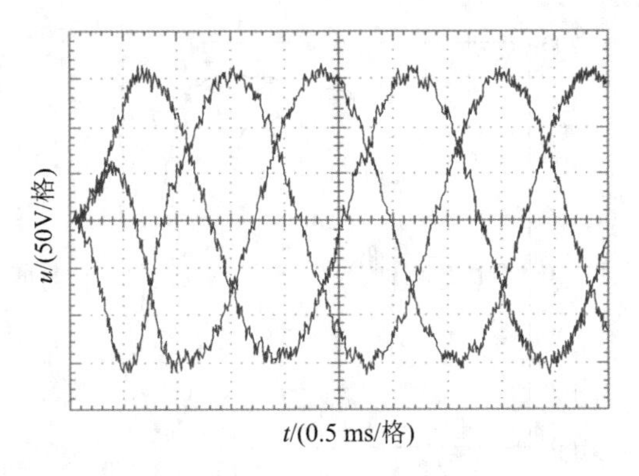

图 6.11　干扰下输出电压波形

6.6　本章小结

解决 MIQP 问题的另一种主要手段是离线 MPC。本章研究了新型逆变电路的离线 MPC 方法，在给出可行解、可行状态以及 n 步可行状态向量集等相关概念的基础上，研究了电路详细的控制算法，并且引入可行解的思想来优化控制过程。通过离线求解最优解，并将结果存储于表格，电路运行时，通过实时监测电路的状态及其控制输入，利用在线查表的方法找出最优解作为电路的控制输入，从而实现电路的控制。以新型逆变电路为例，通过仿真和实验对控制策略进行了验证。

第 7 章　三电平逆变器预测控制器设计

7.1 引　言

第 2 章设计的容错逆变器拓扑可以实现三电平运行的工作方式，当其工作在两电平工作模式时，以 FCS-MPC 在时域内寻优的过程进行说明，对于单相桥臂，当每一时刻存在两种控制变量选择时，第一个采样点计算两次，在下一时刻的采样点进行 2^2 次运算，如图 7.1 所示。因此，随着控制时域的增加，FCS-MPC 的计算量也将呈指数级增长，这也将预测时域一般限制在 2 以内以满足控制精度需求。同样当逆变电路在三电平工作状态时，其控制状态矢量由 8 种改变为 27 种，预测控制器增加的计算量造成的控制延时会在一定程度上影响控制精度，也限制了 FCS-MPC 在三电平交流传动系统中的应用。为解决多电平变换器预测控制器计算量过大、难以应用于多电平逆变器控制的难题，本章提出优化的准预测控制算法以缩短计算时间。

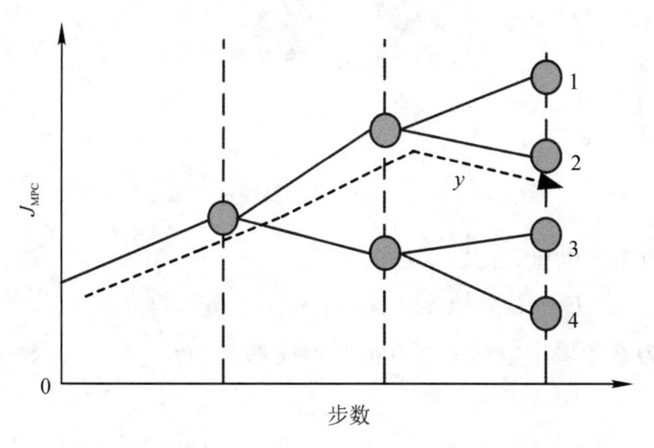

图 7.1　两电平下 FCS-MPC 寻优过程示意图

7.2 三电平逆变器预测控制器设计

对于逆变电路三相输出电压(见图 2.1)而言，首先将其从自然坐标系变换为 $\alpha\beta$ 静止坐标系，其变换关系为：

$$\boldsymbol{X}_{\alpha\beta}=\boldsymbol{T}_{ABC/\alpha\beta}X_{ABC} \tag{7.1}$$

其中变换矩阵 $\boldsymbol{T}_{ABC/\alpha\beta}$ 取为：

$$\boldsymbol{T}_{\mathrm{ABC}/\alpha\beta}=\sqrt{\frac{2}{3}}\begin{bmatrix}1 & -1/2 & -1/2\\ 0 & \sqrt{3}/2 & -\sqrt{3}/2\end{bmatrix} \tag{7.2}$$

因此将逆变器电压向量变换到 $\alpha\beta$ 坐标系上则有：

$$[\boldsymbol{U}_{\alpha} \quad \boldsymbol{U}_{\beta}]^{\mathrm{T}}=\boldsymbol{T}_{\mathrm{ABC}/\alpha\beta}[U_{\mathrm{A}} \quad U_{\mathrm{B}} \quad U_{\mathrm{C}}]^{\mathrm{T}} \tag{7.3}$$

由于每相桥臂存在三种状态，系统总共有 27 种控制电压矢量，其中包括 18 种不同的控制矢量，6 种冗余矢量和 3 种零矢量，如图 7.2 所示。电压控制矢量设计电路在线 FCS - MPC。为了选出最优的电压矢量作为电路的控制，分别计算 27 种矢量的$[\boldsymbol{U}_{\alpha} \quad \boldsymbol{U}_{\beta}]^{\mathrm{T}}$，并比较目标函数值，选择使目标函数值最小的矢量作为电路的控制输入。

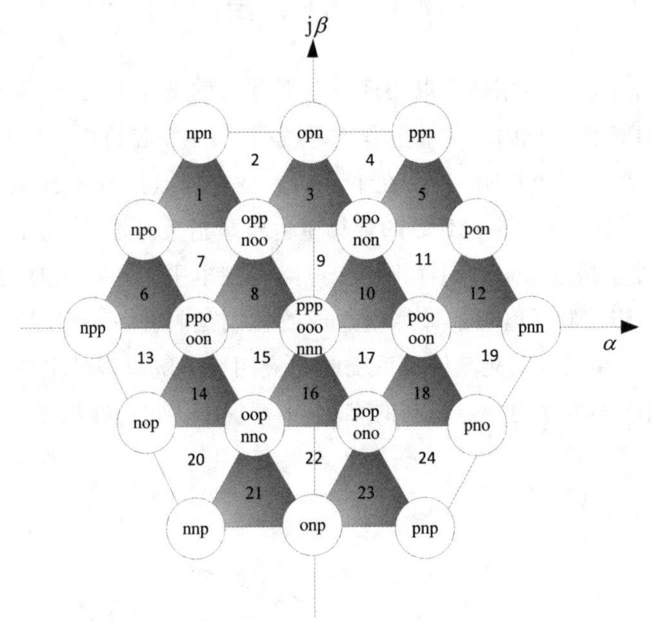

图 7.2 三电平逆变器控制矢量

选择目标函数为输出电压，如式(7.4)。

$$J=\left|U_{\alpha}^{*}-U_{\alpha}(k+1)\right|+\left|U_{\beta}^{*}-U_{\beta}(k+1)\right| \tag{7.4}$$

其中，U_{α}^{*}、U_{β}^{*} 为参考输出电压 U^{*} 的实部和虚部，$U_{\alpha}(k+1)$、$U_{\beta}(k+1)$为预测电压的实部和虚部。

7.3 设计控制算法解决中点电位平衡问题

三电平逆变器中点电位波动是逆变器的固有问题，由于其直流侧电容在参数等方面很难一致且近似无穷大，造成其在充/放电过程中不平衡，引起两个电容的电压存在一定的波动，产生分压不均的中点电位平衡问题。可以考虑在硬件基础上增加第四桥臂对中点电位进行独立控制，本章考虑到预测控制算法具有解决多目标优化问题的能力，因此，在不增加第四桥臂的拓扑基础上，对预测控制的目标函数中增加中点电位平衡的控制方法进行分析。

如图 7.3 所示，中点电压 u 为

$$\begin{cases} u_{C_1}=\dfrac{u_{\mathrm{dc}}}{2}-u_{\mathrm{o}} \\ u_{C_2}=u_{\mathrm{o}}+\dfrac{u_{\mathrm{dc}}}{2} \end{cases} \tag{7.5}$$

基于基尔霍夫定律，三电平逆变器各桥臂流入中点 O 的电流 i_{o}为

$$i_{\mathrm{o}}=i_{C_2}+i_{C_1}=C_2\frac{\mathrm{d}u_{C_2}}{\mathrm{d}t}+C_1\frac{\mathrm{d}u_{C_1}}{\mathrm{d}t} \tag{7.6}$$

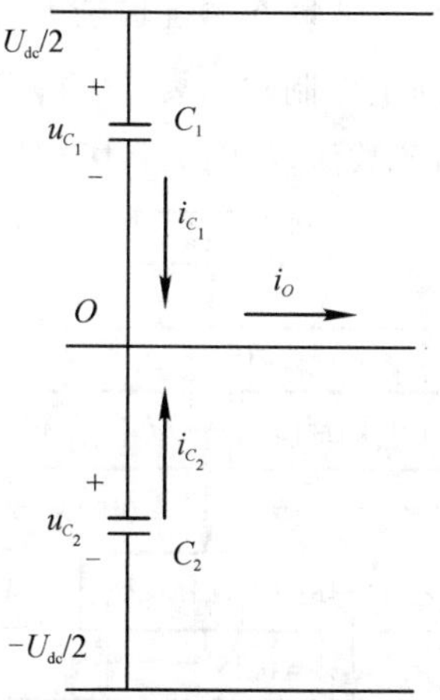

图 7.3　中点电压与中点电流关系示意图

将式(7.5)代入式(7.6)，且设 $C_1=C_2=C$，则可得

$$i_{\mathrm{o}}=(C_1+C_2)\frac{\mathrm{d}u_{\mathrm{o}}}{\mathrm{d}t}=2C\frac{\mathrm{d}u_{\mathrm{o}}}{\mathrm{d}t} \tag{7.7}$$

电流 i_{o}逆变器桥臂的开关状态有关，由图可知电流与开关函数 S_{a}、S_{b}、S_{c}的关系为

$$i_{\mathrm{o}}=(1-|S_{\mathrm{a}}|)\cdot i_{\mathrm{a}}+(1-|S_{\mathrm{b}}|)\cdot i_{\mathrm{b}}+(1-|S_{\mathrm{c}}|)\cdot i_{\mathrm{c}} \tag{7.8}$$

同时，系统满足 $i_{\mathrm{a}}+i_{\mathrm{b}}+i_{\mathrm{c}}=0$，结合式(7.7)和式(7.6)，可以得出中点电位与逆变器开关函数的关系为

$$\frac{\mathrm{d}u_{\mathrm{o}}}{\mathrm{d}t}=\frac{1}{2C}(|S_{\mathrm{a}}|\cdot i_{\mathrm{a}}+|S_{\mathrm{b}}|\cdot i_{\mathrm{b}}+|S_{\mathrm{c}}|\cdot i_{\mathrm{c}}) \tag{7.9}$$

将式(7.9)转换为两相静止 $\alpha-\beta$ 坐标下，可得

$$\frac{\mathrm{d}u_{o}}{\mathrm{d}t}=\frac{1}{2C}(|S_{\alpha}|\cdot i_{\alpha}+|S_{\beta}|\cdot i_{\beta}) \tag{7.10}$$

利用前向欧拉法将式(7.10)离散化，即可得到 $k+1$ 时刻的中点电位预测值

$$u_{\mathrm{o}}(k+1)=u_{\mathrm{o}}(k)-\frac{T_{\mathrm{s}}}{2C}(|S_{\alpha}(k)|\cdot i_{\alpha}(k)+|S_{\beta}(k)|\cdot i_{\beta}(k)) \tag{7.11}$$

因此，得到第 k 次中点电位 $u_{\mathrm{o}}(k)$，将 27 个开关矢量代入方程(7.11)，即可得到 $k+1$ 时刻的 27 个 $u_{\mathrm{o}}(k+1)$，并将其通过加权法，代入目标函数中，通过目标函数的求解，实现中点电压的平衡控制，即目标函数调整为：

$$g=(\boldsymbol{u}_{\mathrm{c}\alpha}^{*}(k+1)-\boldsymbol{u}_{\mathrm{c}\alpha}(k+1))^2+(\boldsymbol{u}_{\mathrm{c}\beta}^{*}(k+1)-\boldsymbol{u}_{\mathrm{c}\beta}(k+1))^2+\lambda\,(V_{\mathrm{dc}}/2-u_{\mathrm{o}}(k+1))^2 \tag{7.12}$$

其中,λ 为实现中点电压控制的权重因子。

逆变器控制目标函数含有两个控制目标时,在既要保证输出电压质量的同时,又满足电路中点电位平衡的要求,需引入权重因子 λ,因此权重参数的取值对结果有着重要的影响。本书此处采用一种分支定界的策略,具体步骤如图 7.4 所示,首先定义一个较宽的取值范围,如在 0~10 范围内,选择 4 个代表性数值 $\lambda=0$、0.1、1、10;其次根据选取的几个权重数值计算目标函数中电压输出质量和中点电位平衡的变化,将其结果与设置的最大容许误差进行比较,选择满足两个控制目标的权重参数空间如 $0.1<\lambda<1$;然后计算介于选择的参数空间将近一半的权重值 $\lambda=0.5$,重复上述的搜索过程直到权重参数值满足控制输出要求,并随着分解过程其对应的输出变化范围稳定时,即为控制目标权重参数合适的数值,如图 7.4 中实线的搜索过程。

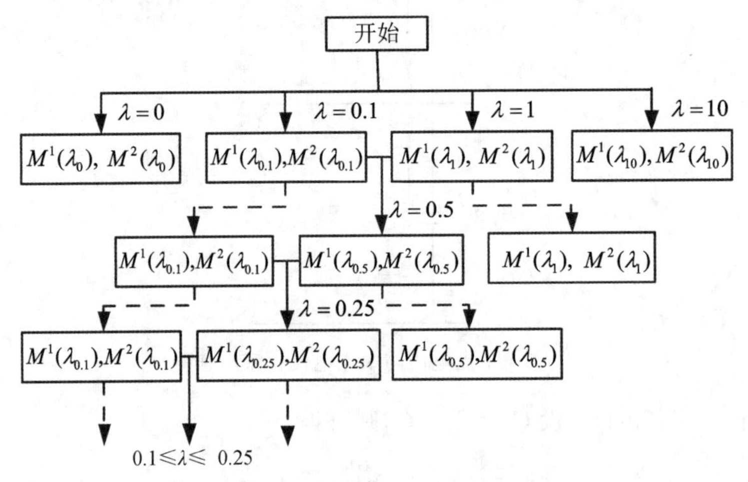

图 7.4　基于分支定界的权重参数选择法

7.4　三电平逆变器模型预测控制算法及结构

将输出电压转换为空间向量形式,得:

$$\boldsymbol{u}_{o_1}=\frac{2}{3}(u_{ao_1}+\alpha u_{bo_1}+\alpha^2 u_{co_1}) \tag{7.13}$$

其中:$\alpha=e^{j(2\pi/3)}$。

同理,利用向量概念,将电路电感电流 i_{af}、i_{bf}、i_{cf},电容电压 u_{ac}、u_{bc}、u_{cc},输出电流 i_{Ta}、i_{Tb}、i_{Tc},均表示为空间向量的形式,如式(7.14)。

$$\begin{cases}\boldsymbol{i}_f=\dfrac{2}{3}(i_{af}+\alpha i_{bf}+\alpha^2 i_{cf})\\[2ex]\boldsymbol{u}_c=\dfrac{2}{3}(u_{ac}+\alpha u_{bc}+\alpha^2 u_{cc})\\[2ex]\boldsymbol{i}_T=\dfrac{2}{3}(i_{T_a}+\alpha i_{T_b}+\alpha^2 i_{T_c})\end{cases} \tag{7.14}$$

考虑到:

$$\begin{cases}\dfrac{\mathrm{d}\boldsymbol{u}_c}{\mathrm{d}t}=\dfrac{1}{C}(\boldsymbol{i}_\mathrm{f}-\boldsymbol{i}_T)\\[2ex]\dfrac{\mathrm{d}\boldsymbol{i}_\mathrm{f}}{\mathrm{d}t}=\dfrac{1}{L}(\boldsymbol{u}_{\mathrm{o}_1}-\boldsymbol{u}_\mathrm{c})\end{cases}\tag{7.15}$$

假设采样时间为 T_s，可将式(7.15)中 $\mathrm{d}\boldsymbol{u}_\mathrm{c}/\mathrm{d}t$，$\mathrm{d}\boldsymbol{i}_\mathrm{f}/\mathrm{d}t$ 近似为：

$$\begin{cases}\dfrac{\mathrm{d}\boldsymbol{u}_c}{\mathrm{d}t}\approx\dfrac{\boldsymbol{u}_c(k)-\boldsymbol{u}_c(k-1)}{T_\mathrm{s}}\\[2ex]\dfrac{\mathrm{d}\boldsymbol{i}_\mathrm{f}}{\mathrm{d}t}\approx\dfrac{\boldsymbol{i}_\mathrm{f}(k)-\boldsymbol{i}_\mathrm{f}(k-1)}{T_\mathrm{s}}\end{cases}\tag{7.16}$$

将式(7.16)代入式(7.15)得：

$$\begin{cases}\boldsymbol{u}_\mathrm{c}(k)=\dfrac{T_\mathrm{s}}{C}(\boldsymbol{i}_\mathrm{f}(k)-\boldsymbol{i}_T(k)+\boldsymbol{u}_\mathrm{c}(k-1))\\[2ex]\boldsymbol{i}_\mathrm{f}(k)=\dfrac{T_\mathrm{s}}{L}(\boldsymbol{u}_{\mathrm{o}_1}(k)-\boldsymbol{u}_\mathrm{c}(k)+\boldsymbol{i}_\mathrm{f}(k-1))\end{cases}\tag{7.17}$$

从而，电路的一步预测方程如下

$$\begin{cases}\boldsymbol{u}_\mathrm{c}(k+1)=\dfrac{T_\mathrm{s}}{C}(\boldsymbol{i}_\mathrm{f}(k+1)-\boldsymbol{i}_T(k+1)+\boldsymbol{u}_\mathrm{c}(k))\\[2ex]\boldsymbol{i}_\mathrm{f}(k+1)=\dfrac{T_\mathrm{s}}{L}(\boldsymbol{u}_{\mathrm{o}_1}(k+1)-\boldsymbol{u}_\mathrm{c}(k+1)+\boldsymbol{i}_\mathrm{f}(k))\end{cases}\tag{7.18}$$

将式(7.18)进行 park 变换，有：

$$\begin{cases}\boldsymbol{u}_{\mathrm{c}\alpha}(k+1)=\dfrac{T_\mathrm{s}}{C}(\boldsymbol{i}_{\mathrm{f}\alpha}(k+1)-\boldsymbol{i}_{T\alpha}(k+1)+\boldsymbol{u}_{\mathrm{c}\alpha}(k))\\[2ex]\boldsymbol{u}_{\mathrm{c}\beta}(k+1)=\dfrac{T_\mathrm{s}}{C}(\boldsymbol{i}_{\mathrm{f}\beta}(k+1)-\boldsymbol{i}_{T\beta}(k+1)+\boldsymbol{u}_{\mathrm{c}\beta}(k))\end{cases}\tag{7.19}$$

$$\begin{cases}\boldsymbol{i}_{\mathrm{f}\alpha}(k+1)=\dfrac{T_\mathrm{s}}{L}(\boldsymbol{u}_{\mathrm{o}_{1\alpha}}(k+1)-\boldsymbol{u}_{\mathrm{c}\alpha}(k+1)+\boldsymbol{i}_{\mathrm{f}\alpha}(k))\\[2ex]\boldsymbol{i}_{\mathrm{f}\beta}(k+1)=\dfrac{T_\mathrm{s}}{L}(\boldsymbol{u}_{\mathrm{o}_{1\beta}}(k+1)-\boldsymbol{u}_{\mathrm{c}\beta}(k+1)+\boldsymbol{i}_{\mathrm{f}\beta}(k))\end{cases}\tag{7.20}$$

将式(7.20)代入式(7.19)可得：

$$\begin{cases}\boldsymbol{u}_{\mathrm{c}\alpha}(k+1)=\dfrac{T_\mathrm{s}^2}{CL+T_\mathrm{s}^2}\boldsymbol{u}_{\mathrm{c}\alpha}(k)+\dfrac{T_\mathrm{s}^2}{CL+T_\mathrm{s}^2}(\boldsymbol{i}_{\mathrm{f}\alpha}(k)-\boldsymbol{i}_{T_\alpha}(k+1))+\dfrac{T_\mathrm{s}^2}{CL+T_\mathrm{s}^2}\boldsymbol{u}_{\mathrm{o}_{1\alpha}}(k+1)\\[2ex]\boldsymbol{u}_{\mathrm{c}\beta}(k+1)=\dfrac{T_\mathrm{s}^2}{CL+T_\mathrm{s}^2}\boldsymbol{u}_{\mathrm{c}\beta}(k)+\dfrac{T_\mathrm{s}^2}{CL+T_\mathrm{s}^2}(\boldsymbol{i}_{\mathrm{f}\beta}(k)-\boldsymbol{i}_{T_\beta}(k+1))+\dfrac{T_\mathrm{s}^2}{CL+T_\mathrm{s}^2}\boldsymbol{u}_{\mathrm{o}_{1\beta}}(k+1)\end{cases}\tag{7.21}$$

由式(7.19)可见，假设采样期间 $\boldsymbol{i}_{\mathrm{f}\alpha}$、$\boldsymbol{i}_{\mathrm{f}\beta}$、$\boldsymbol{i}_{T_\alpha}$、$\boldsymbol{i}_{T_\beta}$ 保持不变，且电路此时输出电压值由采样获取：

$$\begin{aligned}\boldsymbol{u}_{\mathrm{c}\alpha}(k+1)&=\dfrac{T_\mathrm{s}^2}{CL+T_\mathrm{s}^2}\boldsymbol{u}_{\mathrm{c}\alpha}(k)+\dfrac{T_\mathrm{s}^2}{CL+T_\mathrm{s}^2}\boldsymbol{u}_{\mathrm{o}_{1\alpha}}(k+1)\\\boldsymbol{u}_{\mathrm{c}\beta}(k+1)&=\dfrac{T_\mathrm{s}^2}{CL+T_\mathrm{s}^2}\boldsymbol{u}_{\mathrm{c}\beta}(k)+\dfrac{T_\mathrm{s}^2}{CL+T_\mathrm{s}^2}\boldsymbol{u}_{\mathrm{o}_{1\beta}}(k+1)\end{aligned}\tag{7.22}$$

其 FCS－MPC 策略框图如图 7.5 所示。

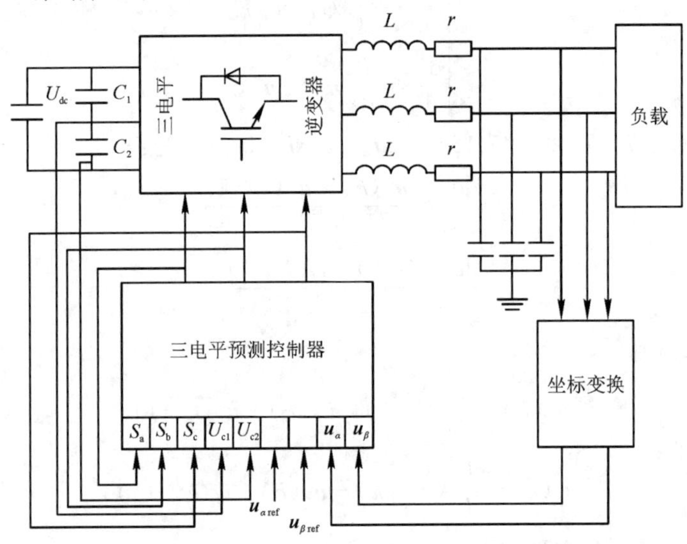

图 7.5　FCS-MPC 策略框图

图 7.5 控制框图实现的重要功能如下：

(1)参考输出预测模块预测 $k+1$ 时刻电路的参考输出电压，并将其送入目标函数模块；

(2)在每个控制周期，预测模块根据式(7.21)和式(7.22)计算 27 次，预测 $k+1$ 时刻电路的输出电压；

(3)目标函数模块根据 $k+1$ 时刻电路的参考输出电压和预测输出电压值，计算 27 个控制矢量得到的输出值与目标值的差值，选择最小的控制矢量并计算出开关操作状态。

7.5　有限控制集预测控制算法保守性分析与优化策略

1.多电平预测控制引起的数据量大、计算耗时长的问题

针对多电平设计的预测控制器，对系统硬件的快速计算能力有着较高要求，这也成为实际中限制有限集预测控制器在多电平系统应用的主要难点。三电平以上变换器每次选择控制变量，考虑 27 个以上矢量的对比和选择，均需对目标函数计算和对比 27 次以上求取最小值，才能选择合适的控制输入。

本节设计一种快速准预测控制算法，系统的动力学方程在每步预测计算当中仅需计算一次，并得到目标操作函数的开关矢量值，然后从 27 个矢量中选择与目标开关矢量误差最小的一项作为操作函数。

具体操作步骤：根据系统动力学模型（式(7.19)）反向求取 $\boldsymbol{u}_{o_{1\alpha}}(k+1)$、$\boldsymbol{u}_{o_{1\beta}}(k+1)$，如式(7.23)所示。

$$
\begin{aligned}
\boldsymbol{u}_{o_{1\alpha}}(k+1) &= \boldsymbol{u}_{c\alpha}(k)+\frac{LC+T_s^2}{T_s^2}\boldsymbol{u}_{c\alpha}(k+1) \\
\boldsymbol{u}_{o_{1\beta}}(k+1) &= \boldsymbol{u}_{c\beta}(k)+\frac{LC+T_s^2}{T_s^2}\boldsymbol{u}_{c\beta}(k+1)
\end{aligned} \tag{7.23}
$$

定义开关函数在 $\alpha\beta$ 坐标系下：

$$\Gamma_{i\alpha}=\sqrt{\frac{2}{3}}(\Gamma_{i1}-\frac{\Gamma_{i2}}{2}-\frac{\Gamma_{i3}}{2})$$

$$\Gamma_{i\beta}=\sqrt{\frac{2}{3}}(\frac{\sqrt{3}}{2}\Gamma_{i2}-\frac{\sqrt{3}}{2}\Gamma_{i3})$$

其中，$i\in\{1,2\}$；$\Gamma_{1k}=\frac{S_k(S_k+1)}{2}$；$\Gamma_{2k}=\frac{S_k(1-S_k)}{2}$。

三电平输出与电容电压和电路开关操作矢量的关系如式(7.24)所示。

$$\begin{aligned}\boldsymbol{u}_{o_{1\alpha}}&=\Gamma_{1\alpha}U_{C1}+\Gamma_{2\alpha}U_{C2}\\ \boldsymbol{u}_{o_{1\beta}}&=\Gamma_{1\beta}U_{C1}+\Gamma_{2\beta}U_{C2}\end{aligned}\tag{7.24}$$

由此可根据开关矢量得到相应的理想状态下逆变器输出电压值，因此建立表 7.1 省去计算过程，直接查表获得开关状态与输出电压的关系。

表 7.1　三电平逆变器开关状态与输出电压关系

V	S_a	S_b	S_c	$\boldsymbol{u}_{o_{1\alpha}}/(U_{dc}/2)$	$\boldsymbol{u}_{o_{1\beta}}/(U_{dc}/2)$
1	−1	−1	−1	0.00	0.00
2	−1	−1	0	−0.41	−0.71
3	−1	−1	1	−0.82	−1.41
4	−1	0	−1	−0.41	0.71
5	−1	0	0	−0.82	0.00
6	−1	0	1	−1.22	−0.71
7	−1	1	−1	−0.82	1.41
8	−1	1	0	−1.22	0.71
9	−1	1	1	−1.63	0.00
10	0	−1	−1	0.82	0.00
11	0	−1	0	0.41	−0.71
12	0	−1	1	0.00	−1.41
13	0	0	−1	0.41	0.71
14	0	0	0	0.00	0.00
15	0	0	−1	−0.41	−0.71
16	0	1	−1	0.00	1.41
17	0	1	0	−0.41	0.71
18	0	1	1	−0.81	0.00
19	1	−1	−1	1.63	0.00
20	1	−1	0	1.22	−0.71
21	1	−1	1	0.82	−1.41
22	1	0	−1	1.22	0.71
23	1	0	0	0.82	0.00
24	1	0	1	0.41	−0.71
25	1	1	−1	0.82	1.41
26	1	1	0	0.41	0.71
27	1	1	1	0.00	0.00

其次，令电路输出 $\boldsymbol{u}_{c\alpha}(k+1)=\boldsymbol{u}_{\alpha}^{*}(k+1)$、$\boldsymbol{u}_{c\beta}(k+1)=\boldsymbol{u}_{\beta}^{*}(k+1)$，中点电位电压 $u_{o}(k+1)=V_{dc}/2$，由下一步理想的目标值取代下一步的实际最优值，求取电路理想开关矢量。

根据式(7.23)求取下一刻电路参考的参考输出值 $\boldsymbol{u}_{o_{1\alpha}}^{*}(k+1)$，$\boldsymbol{u}_{o_{1\beta}}^{*}(k+1)$，直接根据查表7.1得到与参考输出最接近的控制开关矢量。中点电位控制的目标函数变为 g_{i}：

$$g_{i}=u_{o}(k)-\frac{T_{s}}{2C}(|\boldsymbol{S}_{\alpha}(k)|\cdot\boldsymbol{i}_{\alpha}(k)+|\boldsymbol{S}_{\beta}(k)|\cdot\boldsymbol{i}_{\beta}(k)) \tag{7.25}$$

其中，$\boldsymbol{u}_{o}(k)$、$\boldsymbol{i}_{\alpha}(k)$、$\boldsymbol{i}_{\beta}(k)$由电路上一时刻采样得到。因此可得快速预测算法的目标函数 g 为：

$$\min g=(\boldsymbol{u}_{o_{1\alpha}}^{*}(k+1)-\boldsymbol{u}_{i\alpha}(k+1))^{2}+(\boldsymbol{u}_{o_{1\beta}}^{*}(k+1)-\boldsymbol{u}_{i\beta}(k+1))^{2}+\lambda\,(V_{dc}/2-g_{i})^{2} \tag{7.26}$$

从 27 个操作矢量中选取与参考矢量误差最小的开关函数。每个控制周期，在改进的快速预测算法中，系统的动力学方程只计算一次，传统的预测算法均需将动力学模型计算 27 次，从 27 个预测结果中评价出与目标值 $\boldsymbol{u}_{c\alpha}^{*}(k+1)$，$\boldsymbol{u}_{c\beta}^{*}(k+1)$和 $\boldsymbol{u}_{o}^{*}(k+1)$的控制矢量；而快速预测控制只需对目标函数式(7.23)计算一次，得到 $\boldsymbol{u}_{o_{1\alpha}}^{*}(k+1)$与 $\boldsymbol{u}_{o_{1\beta}}^{*}(k+1)$，对表格中的 27 个控制矢量进行评价，选择与目标函数最接近的控制矢量，动力学模型仅需计算一次，这样减少了计算量，为系统节约了计算资源。

2.传统算法处理过程中造成的数据延时

数字控制对信号进行采样和处理后才能送入数字芯片进行运算，该过程必然会引入信号延迟。另外，考虑到信号传输和控制算法执行等过程也会存在延迟问题，这些延迟环节会对电路的实时控制效果造成影响。因此，基于模拟控制设计的控制方案直接应用于数字控制系统一般不能达到预期的效果，有时甚至会导致系统不稳定。

为解决 FCS－MPC 数据处理造成的控制延时和应用在多电平中存在计算量大等问题，此处采用一种优化算法结构的有限集预测控制。上文分析的 MPCC 策略，在第 k 次采样周期开始时刻进行采样，滚动优化，预测第 $k+1$ 次采样周期参数，从 27 个电压矢量 $\boldsymbol{u}_{\alpha\beta}$ 中选出第 k 次采样周期所需的三相开关状态 $\boldsymbol{S}_{abc}(k)$，其在理想情况下，在第 k 次采样周期的开始同时进行采样、计算 MPC 及应用 $\boldsymbol{S}_{abc}(k)$，但在将 MPC 通过数字电路来实现时，其需要从 27 个电压矢量 $\boldsymbol{u}_{\alpha\beta}$ 中寻优，计算量大、运行时间长，由此产生的数字延时不容忽视。如不延时补偿，将造成电流波动变大、电流畸变严重等问题，严重影响系统性能。

以典型的数字信号处理器(DSP)的控制方式为例，图 7.6 所示为相邻两个采样周期内 DSP 的采样、计算和占空比更新示意，由图可看出，在第 k 个采样时刻，DSP 依据当前时刻的 $\boldsymbol{u}(k)$预测出下一时刻的参考电压 $\boldsymbol{u}(k+1)$并计算出当前时刻逆变器输出电压指令 $v_{o}(k)$。为了给 DSP 预留足够的计算时间，通常在$(k,k+1)T_{s}$ 时间段结束时进行占空比的更新，也就是说当前的电压指令 $v(k)$将在第$(k+1)$时刻更新而在$(k+1,k+2)T_{s}$ 时间段内执行。这种控制器的延迟导致了对相关信号量预测的必要，同时其需要从 27 个电压矢量 $\boldsymbol{u}$ 中寻优，计算量大，运行时间长，由此产生的数字延时不容忽视。

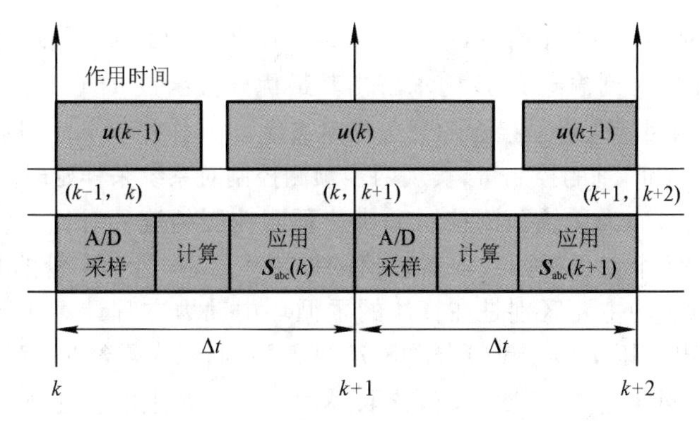

图 7.6　未补偿 FCS - MPC 作用过程示意图

此处采取 2 次预测，且在采样开始时刻作用 $\boldsymbol{S}_{\mathrm{abc}}$ 的补偿方法，其示意图如图 7.7 所示。此延时补偿法在第 k 次采样周期开始时刻，进行 A/D 采样，应用上次采样周期求取的 $\boldsymbol{S}_{\mathrm{abc}}(k)$，进行 MPC 运算，获取第 $k+1$ 次采样周期开始时刻应用的 $\boldsymbol{S}_{\mathrm{abc}}(k+1)$。在此过程中，需对系统输出电压进行 2 次预测。

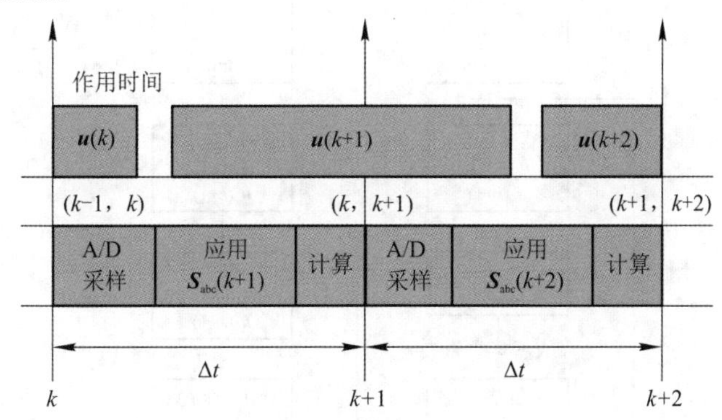

图 7.7　延时补偿 FCS - MPC 方法示意图

7.6　基于优化计算的快速预测控制算法性能分析

由上面的分析可知，为降低传统变流器 FCS - MPC 算法的保守性，同时兼顾控制器运算量的大小，本章设计了一种在一个控制周期内考虑预测控制延时补偿的两步预测控制方案，并设计了一种优化计算结构的预测控制算法。传统的补偿算法描述如下。

第一步：在 t_k 时候测得当前时刻 $\boldsymbol{x}(t_k)$ 及上一时刻的控制变量 $\boldsymbol{S}(t_k)$，根据电路预测模型 $f_k\{\boldsymbol{x}(t_k),\ \boldsymbol{S}(t_k)\}$，计算出 $\boldsymbol{x}(t_{k+1})$。

第二步：由已知的 $\boldsymbol{x}(t_{k+1})$ 和 $\boldsymbol{S}_i(t_{k+1})(i=1,2,3,\cdots,27)$，通过目标函数计算得到 $\boldsymbol{S}(t_{k+1})$，根据预测模型 $f_{k+1}\{\boldsymbol{x}(t_{k+1}),\ \boldsymbol{S}(t_{k+1})\}$ 和 $\boldsymbol{S}_i(t_{k+2})$，求解其目标函数得到 $\boldsymbol{x}(t_{k+2})$，并得到最优的开关函数 $\boldsymbol{S}(t_{k+2})$。

快速准预测控制补偿算法描述如下：

第一步：在 t_k 时候测得当前时刻 $\boldsymbol{x}(t_k)$ 及上一时刻的控制变量 $\boldsymbol{S}(t_k)$，将 t_{k+1} 时刻的理想输出值 $\boldsymbol{x}^*(t_{k+1})$ 作为下一时刻输出值，根据 $\boldsymbol{x}(t_k)$ 反向求解出其目标矢量 $\boldsymbol{u}_{\alpha\beta}^*(t_{k+1})$，并根据 $\boldsymbol{S}_i(t_{k+1})(i=1,2,3,\cdots,27)$，从表 7.1 中选取与目标矢量最接近的开关矢量 $\boldsymbol{S}(t_{k+1})$。

第二步：由已知的$\boldsymbol{S}(t_{k+1})$和$f_k\{\boldsymbol{x}(t_k),\boldsymbol{S}(t_{k+1})\}$计算出$\boldsymbol{x}(t_{k+1})$，同理将$t_{k+2}$时刻的理想输出值$\boldsymbol{x}^*(t_{k+2})$作为下一时刻输出值，反向求解出其最优开关函数$\boldsymbol{u}_{\alpha\beta}^*(t_{k+2})$，并从$\boldsymbol{S}_i(t_{k+2})(i=1,2,3,\cdots,27)$中选取与目标矢量最接近的开关矢量$\boldsymbol{S}(t_{k+2})$，作用于$k+2$时刻。因此依据$k$时刻的状态得到系统$k+2$时刻的控制量，实现两步预测控制对系统采样延时问题进行补偿。

图 7.8(a)和图 7.8(b)为传统预测控制和快速预测控制的流程对比图，两种策略均在每个采样周期，通过筛选 27 个使目标函数取得极值的控制矢量，作为功率管的开关信号，对电路进行预测控制。两种方法的主要区别是在算法的主循环中动力方程计算次数的多少，在未改进的预测算法中，对输出电压$\boldsymbol{u}_\alpha$、$\boldsymbol{u}_\beta$和中点电压u_o进行预测，每次需经过 27 次运算，同时对每次运算得到的目标函数同样进行 27 次比较，选取最优值。在改进的快速预测算法中，预测模型仅需计算一次，算法的主循环只是从 27 个控制矢量中选择与目标理想值最接近的控制量，因此同样的控制周期改进算法可以减少计算步骤，节约系统资源，为实现系统的两步预测延时补偿控制提供更多的计算空间。

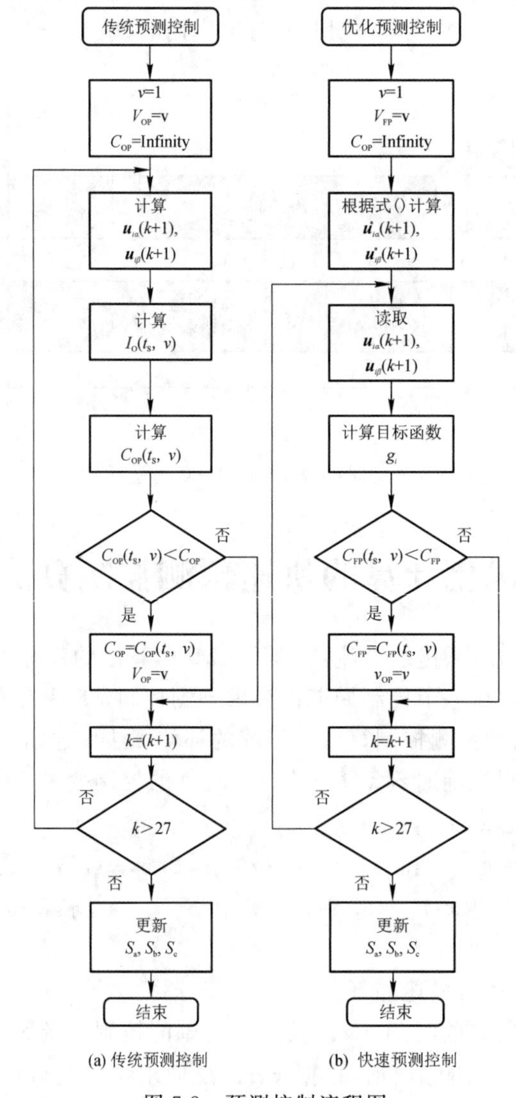

(a) 传统预测控制　　(b) 快速预测控制

图 7.8　预测控制流程图

表 7.2 为针对两种预测控制，数字信号处理器分别进行操作的次数，表格最右边为快速预测控制相对于未改进策略算法效率提升的百分比。从结果分析可以看出，快速预测算法相对于未改进策略有接近 50％的性能提升，其中除法和相乘的操作分别提升 69％和 63％。对算法实现多步预测和应用到多电平预测控制如五电平变换器(125 个控制矢量)当中，在保证处理速度的前提下，实现稳定控制，具有一定指导意义。

表 7.2　传统预测控制和快速预测控制的操作次数对比

操作	传统预测控制	快速预测控制	提高比例/％
坐标变换	5	5	0
相加	216	112	48
比较	54	54	0
相除	270	84	69
跳转	54	54	0
内存占用	189	189	0
相乘	378	140	63
求根	27	27	0
相减	297	138	53
总操作数	1423	731	49

7.7　仿真与实验验证

基于 MATLAB/SIMULINK 搭建三电平容错逆变电路的仿真模型，对三电平容错电路改进后的 FCS－MPC 方法进行验证，仿真参数为：$V_{dc}=270$ V，滤波电感 $L=2$ mH，滤波电容 $C=40$ μF，负载电路为 80 Ω，采样周期为 $T_s=10$ μs，额定频率为 400 Hz。电路基于传统的有限集预测控制策略的控制结果如图 7.9(a)所示，在阻感负载下，加入测量噪声后，通过设置开关管控制延时信号($T_{delay}=5$ μs)得到三相输出电压的平均谐波含量为 THD＝5.98％，图 7.9(b)采用改进后的预测控制策略，将电路 MLD 模型作为预测模型，a 相 THD＝2.34％，满足航空要求(THD＜5％)。可见，在设置阻感负载下，改进后算法对实际控制延时具有较好的抑制作用。

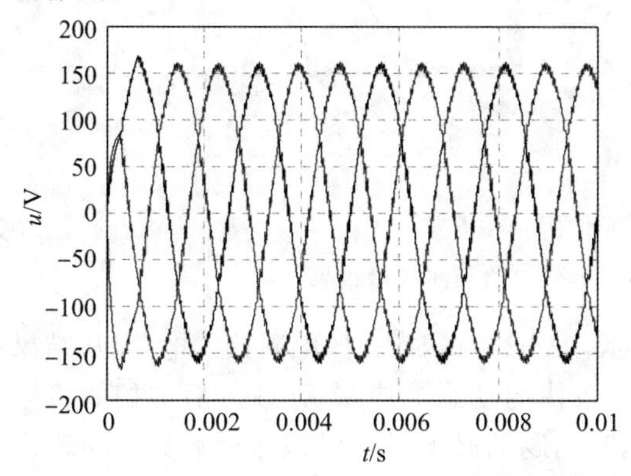

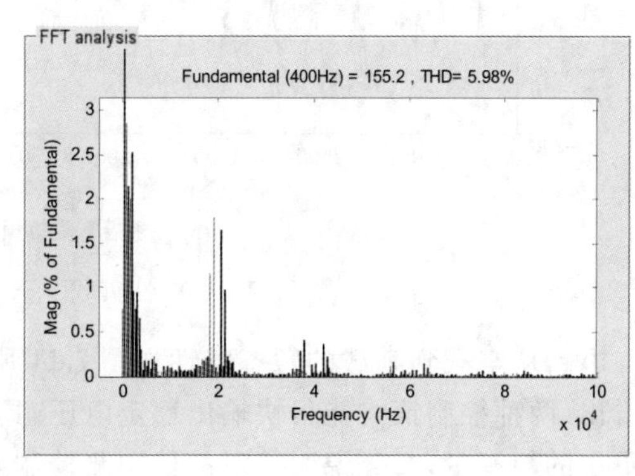

(a) 传统有限集预测控制输出电压波形

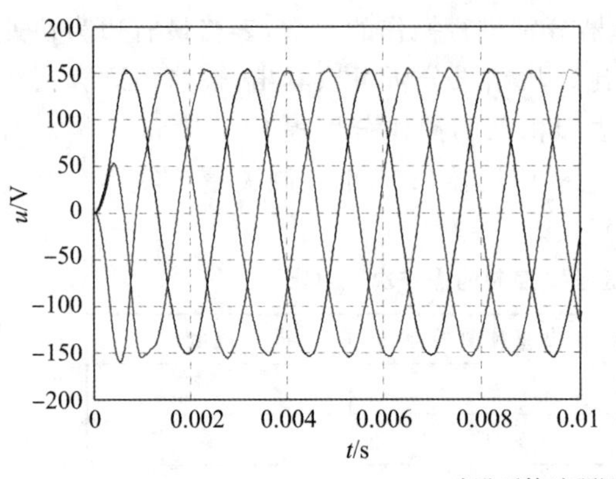

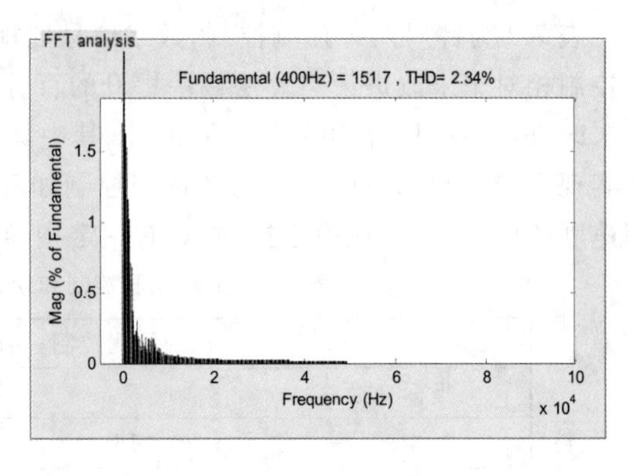

(b) 改进后快速预测控制输出电压波形

图 7.9　阻感负载下三电平容错电路预测控制结果

同理，在非线性负载状态下对控制算法的有效性进行验证，其仿真结果如图 7.10 所示。

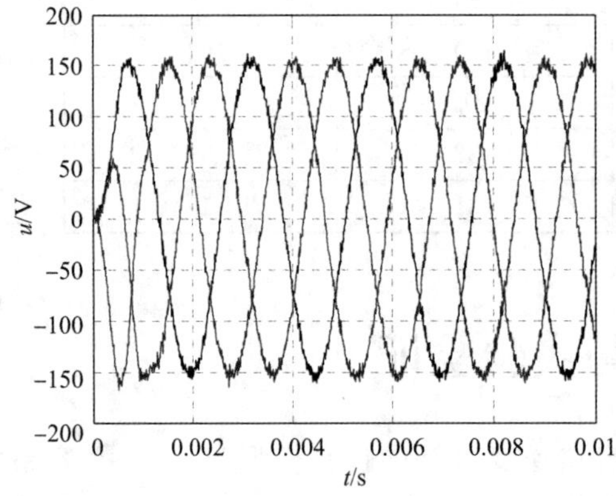

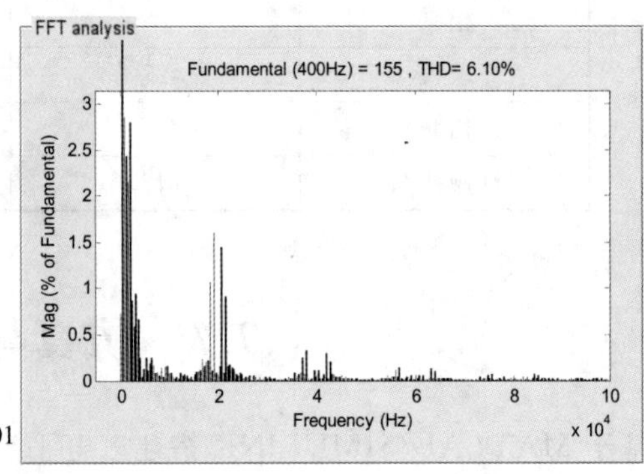

(a) 传统有限集预测控制输出电压波形

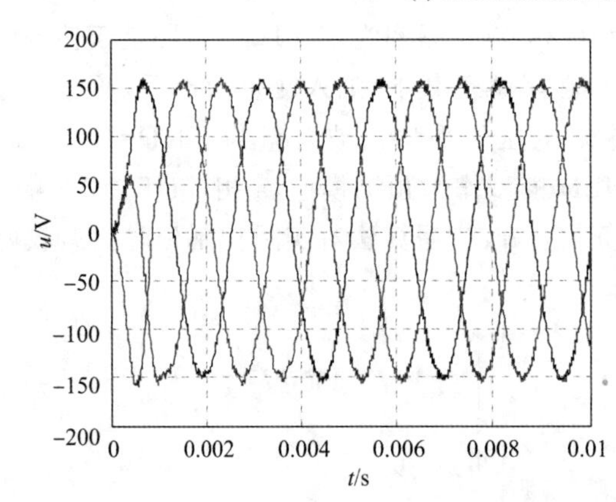

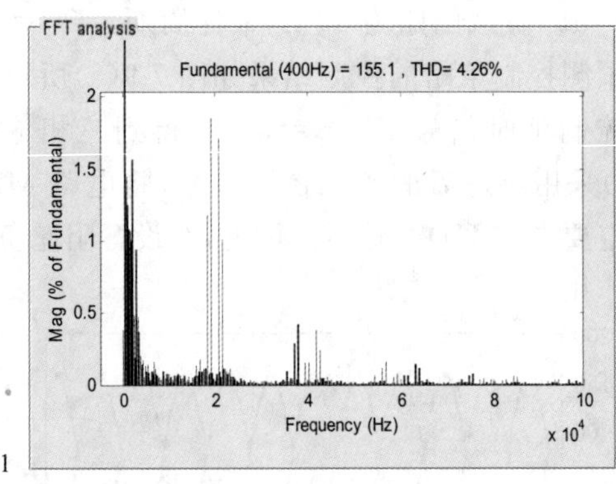

(b) 改进后有限集预测控制输出电压波形

图 7.10　非线性负载下三电平容错电路预测控制结果

电路从空载到满载的暂态特性如图 7.11 所示，0.002 s 将 80 Ω 的电阻接入电路，从结果可以看出，两种控制策略能很快输出稳定电压，具有较快的动态响应，然而改进后的控制策略具有更小的超调量，充分说明了对补偿预测控制延时问题的必要性。满载运行后其 a 相输出电压谐波含量图 7.11(a)为 THD＝3.17％，图 7.11(b)为 THD＝2.36％。

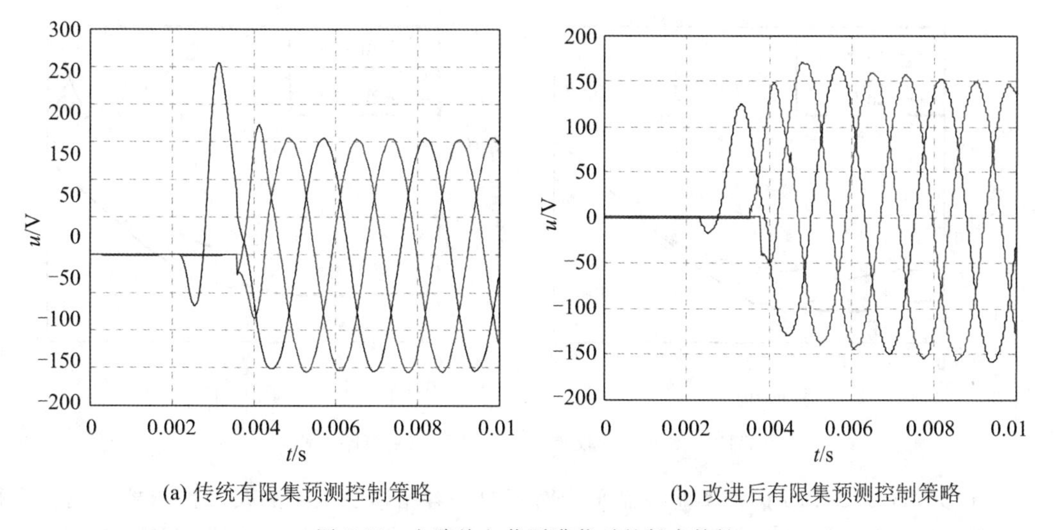

(a) 传统有限集预测控制策略　(b) 改进后有限集预测控制策略

图 7.11　电路从空载到满载时的暂态特性

与此同时对两种控制策略下在非线性负载情形下的中点电位进行对比，如图 7.12 所示。图 7.12(a)为预测控制改进前的输出结果，其输出均值低于 135 V。图 7.12(b)为改进后的预测控制输出结果，均值能够收敛到 135 V。可见改进后的预测控制方案对于不增加第四桥臂的电路拓扑具有一定的优势。

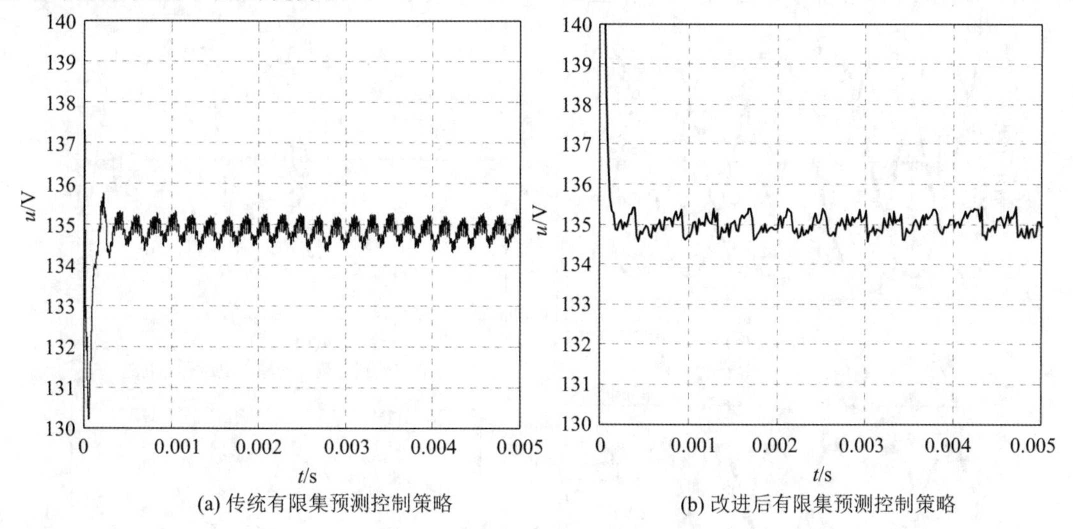

(a) 传统有限集预测控制策略　(b) 改进后有限集预测控制策略

图 7.12　改进前后电路中点电位

对预测控制的权重因子 λ 对预测控制算法的影响进行分析，从权重因子对电压输出谐波含量和与目标输出值跟踪误差作为指标，得到的仿真结果如图 7.13 所示，从结果可以看出权重因子在 $\lambda<2$ 之前，输出谐波含量和跟踪误差变化趋势较小，在权重因子 $\lambda>2$ 之后两种控制方案的谐波含量和跟踪误差均呈增加的趋势，且改进后的预测控制算法在输出电压质量上具有明显的优势。

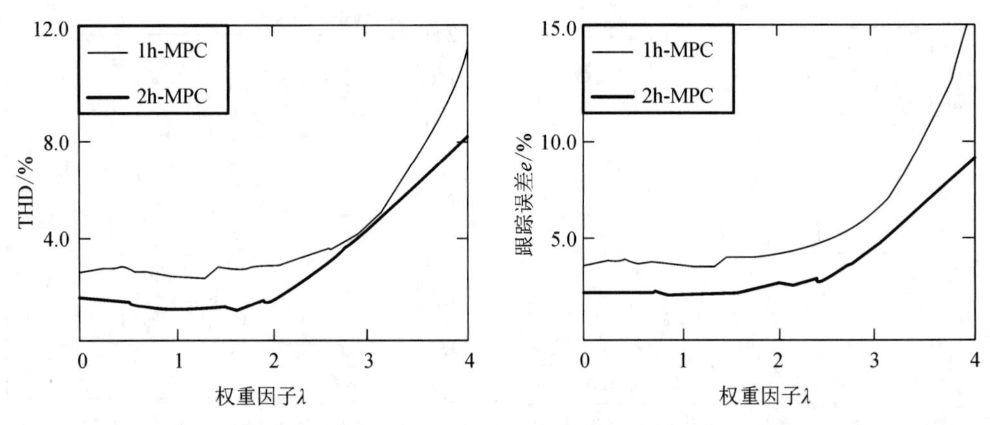

图 7.13 预测控制权重因子对两种控制策略的影响

基于 TMS320C6713 搭建实验控制平台对三电平容错逆变电路的改进预测控制策略进行验证,滤波电感 $L=2$ mH,滤波电容 $C=40$ μF,采样周期为 $T_s=10$ μs,滤波电感 $L=2$ mH,电容 $C=40$ μF。实验结果如图 7.14 所示,图(a)是阻感负载下稳态时输出电压波形,THD=2.43%;图(b)是电路 0.002 s 从空载到满载时输出电压的暂态特性,满载后 THD=2.76%;图(c)是在非线性负载情形下逆变器输出电压的波形,THD=3.98%;图(d)为非线性负载条件下中点电位控制结果。

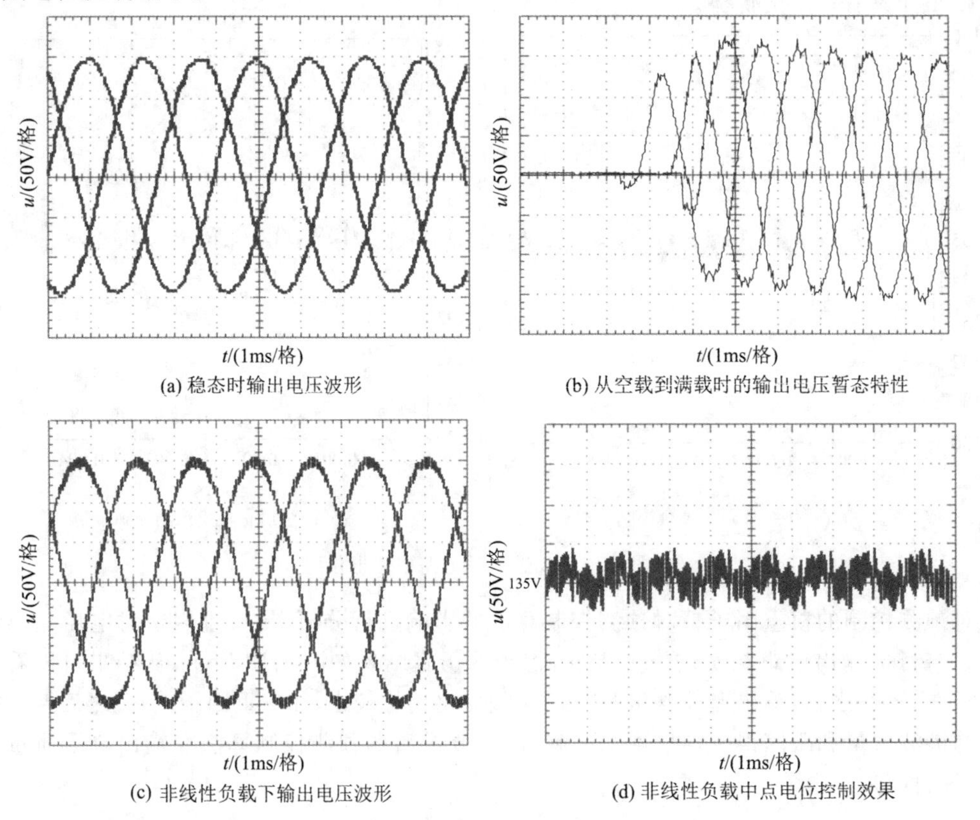

(a) 稳态时输出电压波形

(b) 从空载到满载时的输出电压暂态特性

(c) 非线性负载下输出电压波形

(d) 非线性负载中点电位控制效果

图 7.14 实验结果

7.8　本章小结

为了解决电路控制过程中面临的 MIQP 问题，我们引入了 FCS－MPC 策略，该策略能充分利用电路的离散特性，通过预测电路未来的状态，选择最优的开关矢量作为电路的控制输入，这样就能够顺利实现电路的在线 MPC。当电路运行在三电平工作状态时，FCS－MPC 仍然有一定的计算量，特别是面对开关矢量较多的电路时，针对多电平变换器设计过程中计算量较大的问题，我们研究了针对多电平变换器的快速预测方法，通过减少预测控制中循环计算电路模型的次数，达到减少计算量的目的。最后，利用两步预测控制解决算法实施过程的延时问题，有效改善了电路输出电压输出质量和计算效率，并通过仿真及实验结果验证了改进策略的实用性和有效性。

第8章　永磁同步电机预测控制器性能分析和改进设计

8.1　引　言

本章将第7章设计的快速预测控制算法应用到永磁同步电机控制中，通过修改预测控制目标函数为电机的定子电流，从三电平逆变器电压矢量中选取使定子电流目标函数最小的控制矢量，对电机的转速进行控制。然而由于多种干扰及不确定因素，预测控制应用在电机调速系统中时，还存在一些问题，例如随温度非线性变化的磁链、定子电阻和电感参数、引起的转矩脉动干扰和转动惯量变化等。电流预测控制是一种基于模型的控制方式，预测控制模型中使用的电机参数有定子电阻、电感和永磁体磁链，在设计模型预测控制 PMSM 调速系统时，必须采取措施消除干扰对系统的影响，否则，将直接影响系统的静、动态性能，在某些情况下甚至会使估计结果发散、估计精度严重降低，以及造成整个电机调速控制系统的不稳定。因此，控制器中使用的电机参数是否准确对电流控制性能影响很大。在研究具体对控制算法可靠性产生不利影响的各种因素并采取一定措施加以补偿或抑制，是本章研究的主要内容。

国内外学者对上述相关领域展开了广泛的研究，文献[211]则采用放松的电流偏差约束条件和平滑的输出电压预测方法，对无差拍电流预测控制算法做了改进，增强了电机电感参数失配时系统鲁棒性，但一定程度上降低了预测控制的动态性能。文献[212]考虑到预测模型易受内部和外部干扰的影响，在系统中加入扩张状态观测器以提高系统的鲁棒性。文献[213]采用预测电流控制技术，通过修改逆变器输出控制电压的修正项，用前两个控制周期电流跟踪误差的半差值代替理想情况下的完全跟踪值，达到削弱零电流箝位振荡、增强参数变化鲁棒性及对电流采样噪声干扰不敏感的控制效果。文献[214]提出一种带有目标值优化的预测电流控制方法，结果表明其对电流频谱可以进行有效的调控，显著提高了控制的预期性与平稳性；文献[215]提出永磁同步电机鲁棒参考模型逆线性二次型最优电流控制系统的结构与数学模型，设计最优电流控制系统伺服控制器，仿真结果表明系统对参数变化及负载扰动具有很强的鲁棒性，可实现高精度电流控制及动态解耦。此外，还有干扰抑制方法，其从系统闭环稳定性的角度出发，利用干扰不变集理论设计鲁棒 MPC 控制器。上述方法在一定范围内取得了良好的结果，但限于大多数干扰的复杂性和随机性，其应用受到很大限制。

本章首先对永磁同步电机预测控制系统组成部分进行建模，设计永磁同步电机调速系统的预测电流控制算法，在此基础上，对电机参数模型不准确情形下，应用Z域分析法分析预测电流控制器(predictive current controller, PCC)稳定域及参数变化对控制器性能的影响，设计相应的补偿策略并改进预测电流控制算法，使其适用于永磁同步电机数学模型存在误差的情形，提升电流控制器稳态及暂态性能、减少电机出线端电流谐波成分。

8.2　永磁同步电机及其驱动系统的数学模型

永磁同步电动机和普通同步电动机一样由定子和转子两大部分组成。永磁同步电机按照永磁体在转子上的位置不同分类，有面装式、插入式和内装式 3 种，如图 8.1 所示。

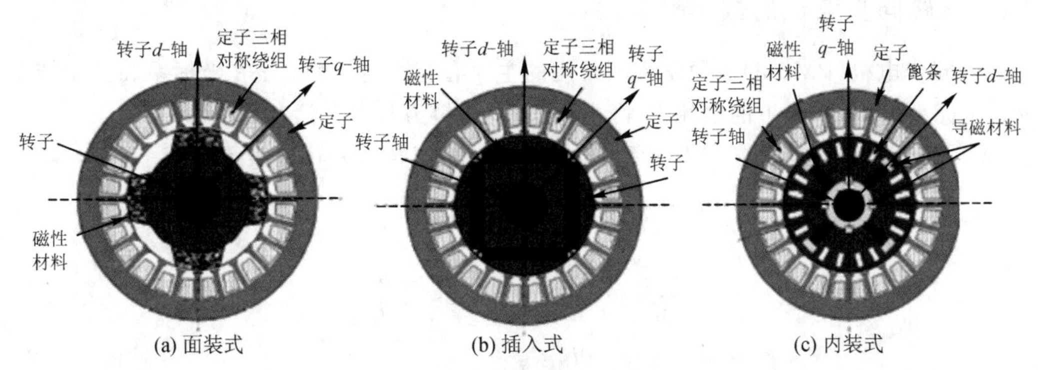

图 8.1　永磁同步电机结构

总体来说，永磁同步电机是由转子、定子和气隙三部分组成的。其中对于表面式的转子结构，交、直轴电感相等，即 $L_d = L_q$，电机具有隐极特性；而对于内嵌式与内埋式的转子结构，交、直轴电感不相等，而是 $L_d < L_q$，电机具有凸极特性。

面装式永磁同步电机具有成本低、结构简单、转动惯量较小等特点，并且还具有转子结构的永磁体方便进行最优化设计，电机气隙磁密波形接近弦分布，有利于提高电机性能等优势。本章分析的是面装式永磁同步电机，其示意图如图 8.2 所示。

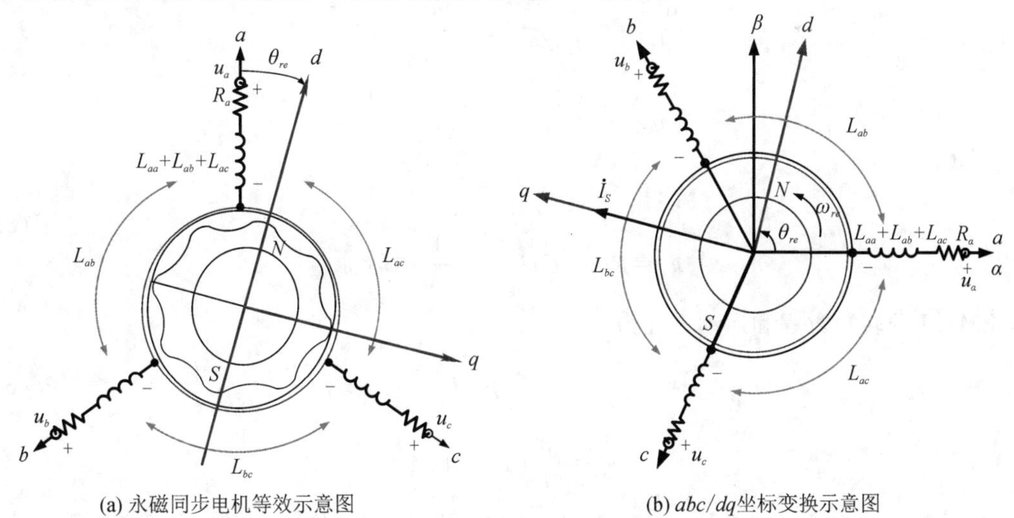

图 8.2　永磁同步电机的解析模型与空间坐标

永磁同步电机的三相绕组分布在定子上，永磁体安装在转子上。在永磁同步电机运行过程中，定子与转子始终处于相对运动状态，永磁体与绕组、绕组与绕组之间相互影响，电磁关系十分复杂，再加上磁路饱和等非线性因素，要建立永磁同步电动机精确的数学模型是很困难的。为了简化永磁同步电动机的数学模型，在我们的研究工作中作如下假设：①不考虑磁路的饱和效应，认为其是线性的；②忽略磁滞和涡流损耗；③转子无阻尼绕组；④当定子绕组加上三相对称正弦电流时，气隙中只产生正弦分布的磁势，无高次谐波；⑤永久磁体在气隙中产生的磁场呈正弦分布，无高次谐波，即电机定子的空载反电势为正弦波，且永磁体产生的磁链与定子完全交联。

8.2.1 永磁同步电机的数学模型

永磁同步电机(PMSM)的数学模型常用的主要有基于定子静止 α-β 坐标系和基于转子旋转 d-q 坐标系(见图 8.2)下的电流方程、电压方程、磁链方程以及运动方程。

PMSM 基于定子静止 $\alpha-\beta$ 坐标系下的电流方程、电压方程可以表示为：

$$\begin{aligned}\frac{\mathrm{d}\boldsymbol{i}_\alpha}{\mathrm{d}t}&=-\frac{R}{L}\boldsymbol{i}_\alpha+\frac{\psi_r}{L}\omega\sin\theta+\frac{\boldsymbol{u}_\alpha}{L}\\\frac{\mathrm{d}\boldsymbol{i}_\beta}{\mathrm{d}t}&=-\frac{R}{L}\boldsymbol{i}_\beta-\frac{\psi_r}{L}\omega\cos\theta+\frac{\boldsymbol{u}_\beta}{L}\end{aligned}\tag{8.1}$$

$$\begin{aligned}\boldsymbol{u}_\alpha&=L\frac{\mathrm{d}\boldsymbol{i}_\alpha}{\mathrm{d}t}+R\boldsymbol{i}_\alpha-\psi_r\omega\sin\theta\\\boldsymbol{u}_\beta&=L\frac{\mathrm{d}\boldsymbol{i}_\beta}{\mathrm{d}t}+R\boldsymbol{i}_\beta+\psi_r\omega\cos\theta\end{aligned}\tag{8.2}$$

式中：$\boldsymbol{u}_\alpha$、$\boldsymbol{u}_\beta$ 为 α、β 轴电压；$\boldsymbol{i}_\alpha$、$\boldsymbol{i}_\beta$ 为 α、β 轴电流；L 为电机的绕组电感；R 为电机绕组电阻；ψ_r 为电机的磁链系数；ω 代表电机的电角速度；θ 为 d 轴与 α 轴之间的夹角。

在永磁同步电机的控制中，通常采用从定子静止坐标系到转子旋转坐标系变换后的方程。建立永磁同步电机的 d-q 轴数学模型。

$$\begin{aligned}\frac{\mathrm{d}\boldsymbol{i}_d}{\mathrm{d}t}&=-\frac{R}{L}\boldsymbol{i}_d+\omega\boldsymbol{i}_q+\frac{\boldsymbol{u}_d}{L}\\\frac{\mathrm{d}\boldsymbol{i}_q}{\mathrm{d}t}&=-\frac{R}{L}\boldsymbol{i}_q-\omega\boldsymbol{i}_d-\frac{\psi_r}{L}\omega+\frac{\boldsymbol{u}_q}{L}\end{aligned}\tag{8.3}$$

$$\begin{aligned}\boldsymbol{u}_d&=R\boldsymbol{i}_d-L\omega\boldsymbol{i}_q+L\frac{\mathrm{d}\boldsymbol{i}_d}{\mathrm{d}t}\\\boldsymbol{u}_q&=R\boldsymbol{i}_q+L\omega\boldsymbol{i}_d+L\frac{\mathrm{d}\boldsymbol{i}_q}{\mathrm{d}t}+\psi_r\omega\end{aligned}\tag{8.4}$$

PMSM 的转矩方程和运动方程为

$$T_\mathrm{e}=\frac{3}{2}p\psi_r\boldsymbol{i}_q\tag{8.5}$$

$$\frac{\mathrm{d}\omega}{\mathrm{d}t}=\frac{p}{J}(T_\mathrm{e}-T_L)\tag{8.6}$$

式中：$\boldsymbol{u}_d$、$\boldsymbol{u}_q$ 为 d、q 轴电压；$\boldsymbol{i}_d$、$\boldsymbol{i}_q$ 为 d、q 轴电流；T_e、T_L 分别为电机电磁转矩和负载转矩；J 为电机的转动惯量；p 为电机极对数。电机在 $d-q$ 旋转坐标系下方程为：

$$\begin{aligned}\dot{\boldsymbol{x}}&=\boldsymbol{A}\boldsymbol{x}+\boldsymbol{B}\boldsymbol{u}+d\\\boldsymbol{y}&=C\boldsymbol{x}+D\boldsymbol{u}\end{aligned}\tag{8.7}$$

其中，$\boldsymbol{x}=[\boldsymbol{i}_d\quad\boldsymbol{i}_q]^\mathrm{T}$，$\boldsymbol{u}=[\boldsymbol{u}_d\quad\boldsymbol{u}_q]^\mathrm{T}$，$\boldsymbol{A}=\begin{bmatrix}-R/L&\omega(t)\\-\omega(t)&-R/L\end{bmatrix}$，$\boldsymbol{B}=\begin{bmatrix}1/L&0\\0&1/L\end{bmatrix}$，

$\mathrm{d}(t)=\begin{bmatrix}0\\ -\dfrac{\Psi_r}{L}\omega(t)\end{bmatrix}$，$L_d=L_q=L$。

在系统离散采样后，模型(8.7)通过一阶泰勒近似离散化：

$$\boldsymbol{x}[k+1]=\boldsymbol{A}_1\boldsymbol{x}[k]+\boldsymbol{B}_1\boldsymbol{u}[k]+\boldsymbol{d}[k] \tag{8.8}$$

其中，$\boldsymbol{x}[k]=\begin{bmatrix}\boldsymbol{i}_d[k]\\ \boldsymbol{i}_q[k]\end{bmatrix}$，$\boldsymbol{u}[k]=\begin{bmatrix}\boldsymbol{u}_d[k]\\ \boldsymbol{u}_q[k]\end{bmatrix}$，$\boldsymbol{d}[k]=\begin{bmatrix}0\\ -\dfrac{T_s\Psi_r}{L}\omega(k)\end{bmatrix}$，$\boldsymbol{A}_1=\mathrm{e}^{\boldsymbol{A}_1T_s}\approx I+\boldsymbol{A}T_s$；

$\boldsymbol{A}_1=\begin{bmatrix}1-R/L & \omega(t)T_s\\ -\omega(t)T_s & 1-RT_s/L\end{bmatrix}$，$\boldsymbol{B}_1=\left(\int_0^{T_s}\mathrm{e}^{A_1\tau}\mathrm{d}\tau\right)\boldsymbol{B}\approx\boldsymbol{B}T_s$，$\boldsymbol{B}=\begin{bmatrix}T_s/L & 0\\ 0 & T_s/L\end{bmatrix}$。

8.2.2　永磁同步电机与驱动系统的状态方程

用一台 3 kW 的电力作动器来说明，采用上一章三电平容错拓扑驱动永磁同步电机。利用逆变器预测模型，采用遍历法计算控制周期内所有开关组合作用下的逆变器输出，并从中选择总体性能函数最优的开关函数用于逆变器优化控制。FCS－MPC 充分利用了电力电子电路的离散特性，对电路每种可能的开关状态组合进行考虑，以输出参考电压为控制目标，进行在线滚动寻优控制。选择使目标函数值最小的开关状态作为电路的控制。因而模型预测控制适用于驱动永磁同步电机的三电平逆变器控制。

$k+1$ 时刻电路电压：

$$\begin{cases}\boldsymbol{u}_{c\alpha}(k+1)=\dfrac{T_s^2}{CL+T_s^2}\boldsymbol{u}_{c\alpha}(k)+\dfrac{T_s^2}{CL+T_s^2}(\boldsymbol{i}_{f\alpha}(k)-\boldsymbol{i}_{T\alpha}(k+1))+\dfrac{T_s^2}{CL+T_s^2}\boldsymbol{u}_{o\alpha}(k+1)\\ \boldsymbol{u}_{c\beta}(k+1)=\dfrac{T_s^2}{CL+T_s^2}\boldsymbol{u}_{c\beta}(k)+\dfrac{T_s^2}{CL+T_s^2}(\boldsymbol{i}_{f\beta}(k)-\boldsymbol{i}_{T\beta}(k+1))+\dfrac{T_s^2}{CL+T_s^2}\boldsymbol{u}_{o\beta}(k+1)\end{cases} \tag{8.9}$$

在旋转坐标系下的输出电压模型为：

$$\begin{bmatrix}\boldsymbol{u}_d(k+1)\\ \boldsymbol{u}_q(k+1)\end{bmatrix}=\begin{bmatrix}\cos\theta & \sin\theta\\ -\sin\theta & \cos\theta\end{bmatrix}\begin{bmatrix}\boldsymbol{u}_\alpha(k+1)\\ \boldsymbol{u}_\beta(k+1)\end{bmatrix} \tag{8.10}$$

8.3　基于三电平 PMSM 的预测电流控制策略

8.3.1　预测控制器

有限集预测控制计算流程：首先将上一周期计算的开关的控制信号应用到实际电路中，然后对逆变器输出的电压电流进行采样，并对下一周期的输出电压进行预测，将三电平的 27 种开关矢量进行比较，通过目标函数选择使电机定子电流最接近目标值的控制信号作为下一周期的控制信号。目标函数选取为：

$$J=|\boldsymbol{i}_d^*-\boldsymbol{i}_d|+|\boldsymbol{i}_q^*-\boldsymbol{i}_q| \tag{8.11}$$

考虑到计算延迟和采样延迟，寻优得到的电压矢量到 $k+1$ 时刻才被更新输出，但定子电流已经更新为 $\boldsymbol{i}(k+1)$，因此为了消除一拍延迟的问题，对 $k+2$ 时刻的电压值进行预测，选择使目标电压矢量跟踪误差最小的开关矢量，提高算法的快速响应性能。

8.3.2 定子电流预测

永磁同步电机预测控制策略的主要控制目标为跟踪给定电流，为此，需对电机定子电流进行预测，以获知未来表现，进行在线寻优。由电机离散化状态方程式(8.12)与式(8.13)，利用第 k 次采样周期磁链、电流，求得所有备选电压矢量对定子电流预测

$$\frac{\mathrm{d}\boldsymbol{i}_d}{\mathrm{d}t}=-\frac{R}{L}\boldsymbol{i}_d+\omega(t)\boldsymbol{u}_q+\frac{1}{L}\boldsymbol{i}_d \tag{8.12}$$

$$\frac{\mathrm{d}\boldsymbol{i}_q}{\mathrm{d}t}=-\frac{R}{L}\boldsymbol{i}_d-\omega(t)\boldsymbol{i}_q+\frac{1}{L}\boldsymbol{u}_q-\frac{\psi_r}{L}\omega(t) \tag{8.13}$$

采用前向欧拉法，将式(8.12)、式(8.13)离散化

$$\boldsymbol{i}_d(k+1)=\boldsymbol{i}_d(k)-\frac{R}{L}T_s\boldsymbol{i}_d(k)+\omega(k)\boldsymbol{i}_q(k)T_s+\frac{T_s}{L}\boldsymbol{u}_d(k) \tag{8.14}$$

$$\boldsymbol{i}_q(k+1)=\boldsymbol{i}_q(k)-\frac{R}{L}T_s\boldsymbol{i}_d(k)+\omega(k)\boldsymbol{i}_q(k)T_s+\frac{T_s}{L}\boldsymbol{u}_q(k)+\frac{T_s\psi_r}{L}\omega(k) \tag{8.15}$$

对定子电流的第 1 次预测，可以采用式(8.14)与式(8.15)进行预测，将其向前推算一拍，即可获得定子电流的第 2 次预测

$$\boldsymbol{i}_d(k+2)=\boldsymbol{i}_d(k+1)-\frac{R}{L}T_s\boldsymbol{i}_d(k+1)+\omega(k+1)\boldsymbol{i}_q(k+1)T_s+\frac{T_s}{L}\boldsymbol{u}_d(k+1) \tag{8.16}$$

$$\boldsymbol{i}_q(k+2)=\boldsymbol{i}_q(k+1)-\frac{R}{L}T_S\boldsymbol{i}_d(k+1)+\omega(k+1)\boldsymbol{i}_q(k+1)T_S+\frac{T_s}{L}\boldsymbol{u}_q(k+1)+\frac{T_s\psi_r}{L}\omega(k+1) \tag{8.17}$$

$\omega(k+1)$为转子电角频率的预测值，由于其值的变化相对于电机磁链、电流等量的变化慢，可令 $\omega(k+1)=\omega(k)$，

$$\begin{aligned}\boldsymbol{i}_d(k+2)&=\boldsymbol{i}_d^*(k+2)\\ \boldsymbol{i}_q(k+2)&=\boldsymbol{i}_q^*(k+2)\end{aligned} \tag{8.18}$$

由此，得到目标电压矢量

$$\boldsymbol{u}_d(k+1)=\boldsymbol{i}_d^*(k+2)\frac{L}{T_s}-\boldsymbol{i}_d(k+1)\frac{L}{T_s}+RT_s\boldsymbol{i}_d(k+1)-\omega(k+1)\boldsymbol{i}_q(k+1)L \tag{8.19}$$

$$\boldsymbol{u}_q(k+1)=\boldsymbol{i}_q^*(k+2)\frac{L}{T_s}-\boldsymbol{i}_q(k+1)\frac{L}{T_s}+R\boldsymbol{i}_d(k+1)-\omega(k+1)\boldsymbol{i}_q(k+1)TL-\psi_r\omega(k+1) \tag{8.20}$$

在选取控制矢量时对应 27 个开关状态，从中选取最优开关函数 $S_{abc}(k+1)$，改进的延时补偿法并未过多地加重计算负担，简单、易于实现。

8.3.3 基于 FCS－MPC 的 PMSM 控制系统设计

本章选择相对简单的 $\boldsymbol{i}_d=0$ 控制方式。保持 $\boldsymbol{i}_d=0$ 电流为零时，电机的电磁转矩为 $T_e=3p\psi_r\boldsymbol{i}_q/2$，与交轴的电流呈线性关系，只需较小的定子电流即可获得所需的转矩，能够有效提高电机的工作效率，且在电机控制系统中其实现较为简单，结合估计的转子位置和速度信息。采用 $\boldsymbol{i}_d=0$ 控制时，电机端电压、功角及功率因数为

$$u_a=\sqrt{(\omega\psi_r+R\boldsymbol{i}_q)^2+(\omega L\boldsymbol{i}_q)^2} \tag{8.21}$$

$$\delta=\arctan\frac{\omega L\boldsymbol{i}_q}{\omega\psi_r+R\boldsymbol{i}_q}\approx\arctan\frac{L\boldsymbol{i}_q}{\psi_r} \tag{8.22}$$

$$\cos\varphi=\cos\delta=\cos\left(\arctan\frac{L\boldsymbol{i}_q}{\psi_r}\right) \tag{8.23}$$

从式(8.21)和式(8.23)可以看出，采用 $\boldsymbol{i}_d=0$ 控制时，逆变器的容量对增加的负载容量有直接影响，随着负载增加，电机的功率因数增加，电机转速受输入电压和负载大小两方面的影响。

三电平容错逆变器预测控制系统框图如图 8.3 所示。在每个采样周期的开始时刻，对定子电流进行采样并变换到 α-β 坐标系下，根据外环观测器估计的转子信息得到电机所需的参考电流信息，之后应用上周期求取的开关状态 $S_{abc}(k)$ 对逆变器进行控制，通过改进的准预测控制方法由目标函数寻找下一个开关周期的目标控制矢量。

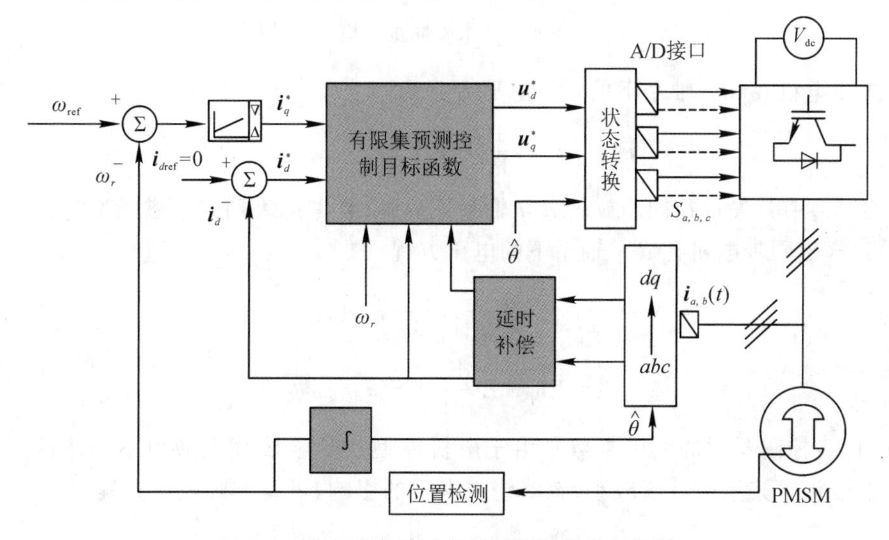

图 8.3　三电平容错逆变器预测控制系统框图

8.4　PMSM 预测电流控制器特性

PCC 本质上是一种离散控制器设计方法，其基本思想是依据电机基波模型对下一控制周期的控制电压 $\boldsymbol{u}(k+1)$ 进行预测，在此理想电压作用下，使目标电流从当前控制周期 $T(k)$ 的值 $\boldsymbol{i}(k)$ 达到下一控制周期 $T(k+1)$ 期望的电流值 $\boldsymbol{i}(k+1)$。预测模型既可以直接建立在定子三相静止坐标系，也可建立在转子磁链定向旋转坐标系。由于 PCC 是一种基于模型的控制方式，因此，控制器中永磁同步电机的参数是否准确对电流控制性能影响很大。本节通过理论分析，研究电流控制器中参数存在误差时对控制器性能造成的影响。

8.4.1　参数变化对控制器的影响

由三电平功率驱动单元与 PMSM 组成的综合控制单元，三电平电压源型逆变器通过开关管的导通和关断驱动的 PMSM 电气结构如图 8.4 所示。

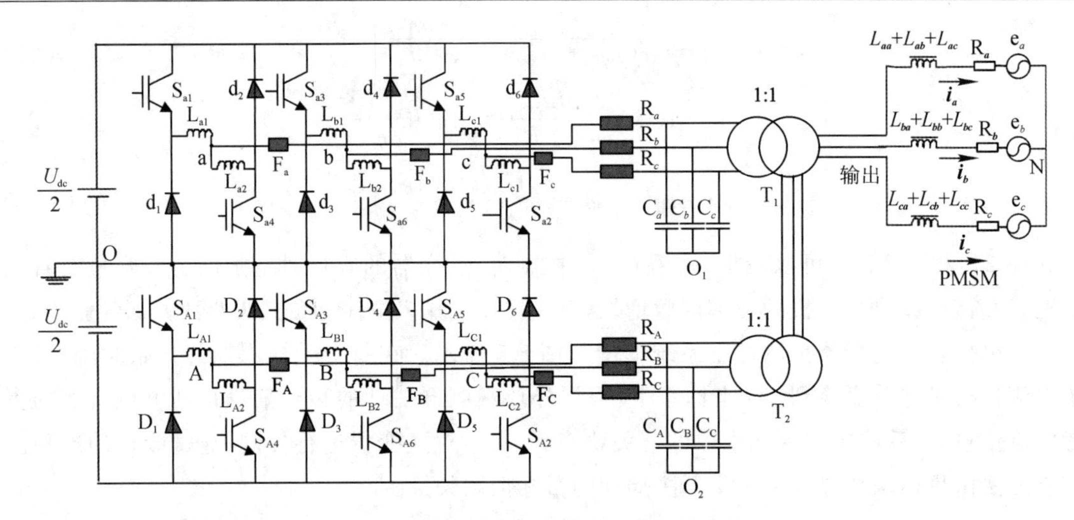

图 8.4　逆变器及永磁同步电机电气结构

永磁同步电机在 abc 轴系下的定子电压方程为：

$$\boldsymbol{u}_s = R\boldsymbol{i}_s + \frac{\mathrm{d}}{\mathrm{d}t}(L_s\boldsymbol{i}_s) + \frac{\mathrm{d}}{\mathrm{d}t}(\psi_r \mathrm{e}^{\mathrm{j}\theta_r}) \tag{8.24}$$

将式(8.24)中各矢量在同步旋转 d-q 轴系下分解，且考虑表贴式永磁同步电机 $L_d=L_q=L$，可以得到永磁同步电机在 d-q 轴系下的电压方程

$$\boldsymbol{u}_d = R\boldsymbol{i}_d + L\frac{\mathrm{d}\boldsymbol{i}_d}{\mathrm{d}t} - \omega L\boldsymbol{i}_q \tag{8.25}$$

$$\boldsymbol{u}_q = R\boldsymbol{i}_q + L\frac{\mathrm{d}\boldsymbol{i}_q}{\mathrm{d}t} + \omega L\boldsymbol{i}_d + \omega\psi_f \tag{8.26}$$

L、ψ_f 代表控制器中的电机参数。由于电机模型实际参数存在数值不精确的问题，同时由于绕组电阻相对其他量数值较小，忽略绕组电阻的影响，可得实际电压方程：

$$\boldsymbol{u}_d^{av} = R\boldsymbol{i}_d + L_e\frac{\mathrm{d}\boldsymbol{i}_d}{\mathrm{d}t} - \omega L_e\boldsymbol{i}_q \tag{8.27}$$

$$\boldsymbol{u}_q^{av} = R\boldsymbol{i}_q + L_e\frac{\mathrm{d}\boldsymbol{i}_q}{\mathrm{d}t} + \omega L_e\boldsymbol{i}_d + \omega\psi_{fe} \tag{8.28}$$

其中，L_e、ψ_{fe} 分别代表实际的电机电感和磁链参数。

选择电机电流为状态变量，可以将以上电压方程写成状态方程的形式：

$$\boldsymbol{x}(k+1) = \boldsymbol{F}(k)\cdot\boldsymbol{x}(k) + \boldsymbol{G}\boldsymbol{u}(k) + \boldsymbol{H}(k) \tag{8.29}$$

在第二个控制周期中，上一时刻计算得到的电压矢量作用于实际的电机模型，产生新的 d-q 轴电流，其过程可由式(8.30)表示：

$$\boldsymbol{x}(k+1) = \boldsymbol{F}(k)\cdot\boldsymbol{x}(k) + \boldsymbol{G}_0 u(k) + \boldsymbol{H}_0(k) \tag{8.30}$$

其中，
$$\boldsymbol{G}_0 = \begin{bmatrix} \frac{T}{L_e} & 0 \\ 0 & \frac{T}{L_e} \end{bmatrix}, \boldsymbol{H}_0(k) = \begin{bmatrix} 0 \\ -\frac{T\psi_{fe}}{L}\omega(k) \end{bmatrix}$$

将得到的控制变量 $\boldsymbol{u}(k)$ 作用到式(8.30)，得到电机参数不精确情形下的电流与控制量的关系

$$\boldsymbol{i}_d(k+1)=\frac{L}{L_e}\boldsymbol{i}_d^*(k+1)-\frac{\Delta L}{L_e}\boldsymbol{i}_d(k)-\frac{\Delta L}{L_e}T\omega_e\boldsymbol{i}_d(k) \tag{8.31}$$

$$\boldsymbol{i}_q(k+1)=\frac{L}{L_e}\boldsymbol{i}_q^*(k+1)+\frac{\Delta L}{L_e}T\omega_e(k)\boldsymbol{i}_d(k)-\frac{\Delta L}{L_e}\boldsymbol{i}_q(k)+\frac{1}{L_e}T\omega_e(k)\Delta\psi_f \tag{8.32}$$

式中，$\Delta L=L-L_e$ 表示控制器电感参数与实际值的差值；$\Delta\psi_f=\psi_f-\psi_{fe}$ 表示控制器磁链参数与实际值的差值。

控制器电感与实际模型的误差会导致 $\boldsymbol{i}_d$、$\boldsymbol{i}_q$ 的静差。当控制器电感大于实际电感时，$\Delta L>0$，$\boldsymbol{i}_d$ 小于给定值 0 且 $\boldsymbol{i}_q$ 小于给定值；当控制器电感小于实际电感时，$\Delta L<0$，$\boldsymbol{i}_d$ 大于给定值 0 而 $\boldsymbol{i}_q$ 小于给定值。控制器磁链与实际模型的误差仅会导致 $\boldsymbol{i}_q$ 的静差，对 $\boldsymbol{i}_d$ 则没有影响。当控制器磁链大于实际永磁体磁链时，$\Delta\psi_f>0$，$\boldsymbol{i}_q$ 大于给定值；当控制器磁链小于实际永磁体磁链时，$\Delta\psi_f<0$，$\boldsymbol{i}_q$ 小于给定值。

当控制器参数与实际电机参数存在偏差时，d-q 轴电流响应会产生很大的静差，严重影响系统的性能，使系统效率降低，无法工作在力矩伺服模式，严重时还会使电机在额定转速下无法输出额定力矩。

为了解决上述问题，提高预测控制在控制器存在参数误差时的鲁棒性，需要提出一种电流静差消除算法，使控制器参数偏差较大时，电流环仍然能够实现快速无静差的跟踪。

首先对控制器参数与实际电机存在偏差所导致的 d-q 轴电流静差进行定量分析，在电机稳态运行时，由于控制周期很短，可以近似认为两个相邻控制周期的 d-q 轴电流指令和反馈分别相等。对于表贴式永磁同步电机，电机电磁转矩的产生与 $\boldsymbol{i}_q$ 直接相关，与 $\boldsymbol{i}_q$ 成正比，与 $\boldsymbol{i}_d$ 没有直接的关系。因此，电机转矩的动态控制性能主要由 $\boldsymbol{i}_q$ 决定，对于控制器电感偏差引起的 d 轴电流静差，可以采用加入 $\boldsymbol{i}_d$ 误差积分的方式来消除，不会削弱电机转矩控制的动态性能。加入 $\boldsymbol{i}_d$ 误差积分的 d 轴电压计算方程如式(8.33)所示：

$$\boldsymbol{u}_{d1}=\boldsymbol{u}_d+K_{id}\sum_{n=1}^{k}[\boldsymbol{i}_d^*(n)-\boldsymbol{i}(n)] \tag{8.33}$$

式中，$\boldsymbol{u}_{d1}$ 为加入 $\boldsymbol{i}_d$ 误差积分补偿后的 d 轴控制电压；K_{id} 为 $\boldsymbol{i}_d$ 误差积分的积分系数。

由式(8.33)可以看出，控制器存在磁链偏差时所引起的 $\boldsymbol{i}_q$ 电流静差与磁链的偏差成正比。所以在加入 $\boldsymbol{i}_d$ 的积分补偿后，可以通过 q 轴电流的响应动态调整控制器中的磁链参数，以最终消除 q 轴电流静差。本节采用加入积分的方法使控制器磁链最终收敛到真实值，如式(8.34)所示：

$$\psi_{f1}=\psi_f+K_{i\psi}\sum_{n=1}^{k}[\boldsymbol{i}_q^*(n)-\boldsymbol{i}_q(n)] \tag{8.34}$$

式中，ψ_{f1} 为电机真实磁链值；ψ_f 为磁链初始值；$K_{i\psi}$ 为积分系数。

考虑到电机在暂态运行过程中的 $\boldsymbol{i}_q$ 突变会导致已经调整好的磁链突变，影响电机暂态性能，因此需要对电机的运行状态进行判断，回避在电机暂态运行过程中调整磁链。另外，由于永磁体磁链在运行过程中基本不会发生改变，只需在控制器初始磁链的基础上进行一次调整，保证磁链达到准确值后就不再运行磁链调整算法，这样既节省了计算时间，又防止了在电机暂态过程中由于 $\boldsymbol{i}_q$ 突变引起的已经调整准确磁链的再次调整，提高了电机动态性能。

8.4.2　预测控制器算法推导和稳定性分析

通过 8.4.1 节对 d 轴电压的静差补偿策略完成对 $\boldsymbol{u}_d$ 补偿控制，使其在电机参数不精确的情形下实现控制目标。考虑到加入 $\boldsymbol{i}_d$ 误差积分补偿后，d 轴电流可以认为已经跟随给定，因此，$\boldsymbol{i}_d=\boldsymbol{i}_d^*=0$。接下来分析电机参数误差对 q 轴控制电压造成的影响。以 q 轴电压方程为例，在理想情况下设实际电流跟踪为期望的目标的电流，即 $\boldsymbol{i}(t)=\boldsymbol{i}^*(t)$，则式(8.26)可以表示为：

$$\boldsymbol{u}_q^*=R\boldsymbol{i}_q^*+L_e\frac{\mathrm{d}\boldsymbol{i}_q^*}{\mathrm{d}t}+\omega L_e\boldsymbol{i}_d^*+\omega\psi_{fe} \tag{8.35}$$

根据式(8.35)、式(8.28)，在功率开关器件切换频率范围内忽略绕组电阻，且通过补偿策略满足 $\psi_f=\psi_{fe}$，可以得到：

$$\boldsymbol{u}_q^*-\boldsymbol{u}_q^{av}=L_e\frac{\mathrm{d}\boldsymbol{i}_q^e}{\mathrm{d}t} \tag{8.36}$$

式中，$\boldsymbol{i}_q^*$ 能够产生期望电流指令；L_e 为电机电感参数的理论值；$\boldsymbol{u}_{q*}$ 为理想 q 轴电压；$\boldsymbol{u}_q^{av}$ 为实际 q 轴输出电压；$\boldsymbol{i}_q^e=\boldsymbol{i}_q^*-\boldsymbol{i}_q$ 为电流跟踪误差。

由于电机模型误差，逆变器非线性元件可能发生畸变。在采样周期 $\Delta T(k)=T(k+1)-T(k)$ 内将式(8.36)离散化可以得到：

$$\boldsymbol{u}_q^*(k)-\boldsymbol{u}_q^{av}(k)=\frac{L_e}{\Delta T}(\boldsymbol{i}_q^e(k+1)-\boldsymbol{i}_q^e(k)) \tag{8.37}$$

预测控制电压的生成有多种方法，如依据调节终点电流跟踪误差为零的目标条件，即 $\boldsymbol{i}_q^e(k+1)=\boldsymbol{i}_q^*(k+1)-\boldsymbol{i}_q(k+1)=0$，依据 $\boldsymbol{i}_q^e(k+1)=0$ 设计迭代预测电流控制算法，则式(8.37)可改写为：

$$\boldsymbol{u}_q^*(k)=\boldsymbol{u}_q^{av}(k)+\frac{L_e}{\Delta T}\boldsymbol{i}_q^e(k) \tag{8.38}$$

设两个连续周期的理想输出电压值相等，即 $\boldsymbol{u}_q^*(k)=\boldsymbol{u}_q^*(k-1)$，由式(8.37)可以得到：

$$\boldsymbol{u}_q^{av}(k)=\boldsymbol{u}_q^{av}(k-1)+\frac{L_e}{\Delta T}(2\boldsymbol{i}_q^e(k)-\boldsymbol{i}_q^e(k-1)) \tag{8.39}$$

注意到式(8.39)需要知道当前控制周期电流跟踪误差 $\boldsymbol{i}_q^e$，设 $\boldsymbol{u}_q^*(k-1)=\boldsymbol{u}_q^*(k-2)$，可应用式(8.36)对其进行一步预测：

$$\boldsymbol{i}_q^e(k)=\boldsymbol{i}_q^e(k-1)+\frac{\Delta T}{L_e}(\boldsymbol{u}_q^*(k-2)-\boldsymbol{u}_q^{av}(k-1)) \tag{8.40}$$

在周期 $\Delta T[k-2]$，式(8.36)表示为：

$$\boldsymbol{u}_q^*(k-2)=\boldsymbol{u}_q^{av}(k-2)+\frac{L_e}{\Delta T}(\boldsymbol{i}_q^e(k-1)-\boldsymbol{i}_q^e(k-2)) \tag{8.41}$$

将式(8.41)代入到式(8.40)得到：

$$\boldsymbol{i}_q^e(k)=2\boldsymbol{i}_q^e(k-1)-\boldsymbol{i}_q^e(k-2)+\frac{L_e}{\Delta T}(\boldsymbol{u}_q^{av}(k-2)-\boldsymbol{u}_q^{av}(k-1)) \tag{8.42}$$

最后将式(8.42)代入到式(8.39)得到：

$$\boldsymbol{u}_q^{av}(k)=-\boldsymbol{u}_q^{av}(k-1)+2\boldsymbol{u}_q^{av}(k-2)+\frac{L_e}{\Delta T}(3\boldsymbol{i}_q(k-1)+2\boldsymbol{i}_q(k-2)) \tag{8.43}$$

对于预测控制算法，在 $\Delta T[k]$周期内由 $\boldsymbol{u}_q^{av}(k)$作用的实际电流误差为：

$$\boldsymbol{i}_q^e(k+1)=\frac{T_s}{L}\cdot(\boldsymbol{u}_q^*(k)-\boldsymbol{u}_q^{av}(k))+\boldsymbol{i}_q^e(k) \tag{8.44}$$

由于理论电感参数 L_e 与真实值 L 之间的误差对预测控制器稳定性的影响，可将式(8.43)代入到式(8.44)，得到电流误差的 Z 域传递函数：

$$\lambda(z)=z^3-3\left(1-\frac{L_e}{L}\right)z+2\left(1-\frac{L_e}{L}\right) \tag{8.45}$$

根据劳斯-胡尔维茨(Routh-Hurwitz)稳定判据，上述特征方程的根在 Z 平面单位圆内的充分必要条件分别是：

$$0.8\leqslant(L_e/L)\leqslant1.23 \tag{8.46}$$

由此可得到算法 Z 域根轨迹，如图 8.5 所示，对每一算法图中绘制了绕组电感的理论值与实际值不相等情形下特征方程极点分布。

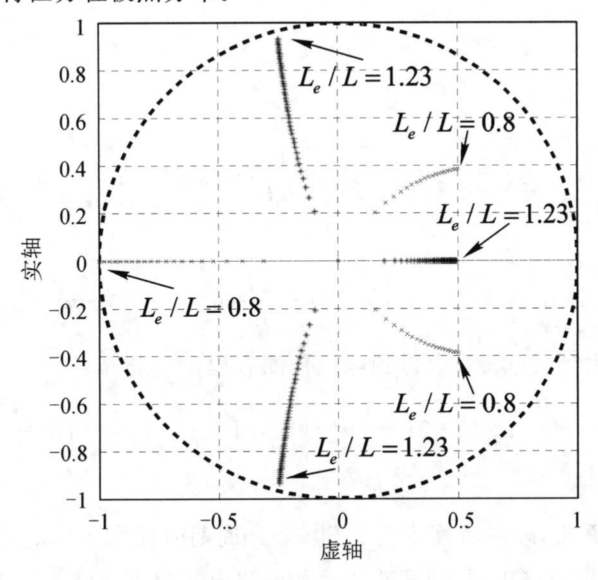

图 8.5　PCC 预测算法 Z 域根轨迹

基于间接模型的 PCC 算法计算过程中所需要的参数较少，其以电流跟踪的实际效果作为直接控制目标，同时算法本身蕴含了对预测控制输出延迟因素的补偿，但算法对参数摄动稳定域较小，由于缺乏有效的反馈控制机制使得输出电流纹波较大。

8.4.3　改进的预测控制器设计方法

为了提高系统的稳定裕度，使系统在控制器电感参数大于实际值的情况下在较大范围内保持稳定，相比传统的预测控制算法将电流误差函数的目标值设为 0 的方案，本节设计的改进控制方法，将电流误差目标函数设为前两个周期误差电流差值的二分之一，再控制 ΔT 最后设置目标误差电流为：

$$\boldsymbol{i}_q^e(k+1)=\frac{\boldsymbol{i}_q^e(k)-\boldsymbol{i}_q^e(k-1)}{2} \tag{8.47}$$

将式(8.24)代入到式(8.13)得到：

$$\boldsymbol{u}_q^{av}(k)=\boldsymbol{u}_q^*(k)+\frac{L}{\Delta T}\left(\frac{\boldsymbol{i}_q^e(k)-\boldsymbol{i}_q^e(k-1)}{2}\right) \tag{8.48}$$

由于改进控制算法利用前两个周期的电流误差值进行目标函数修正，算法本身对电流中存在的干扰噪声具有较好的抑制作用，同时采用一种平滑的理想电压值近似方法：

$$\boldsymbol{u}_q^*(k)=\frac{\boldsymbol{u}_q^*(k-1)-\boldsymbol{u}_q^*(k-2)}{2} \tag{8.49}$$

基于式(8.36)，在控制周期 $\Delta T[k-1]$，$\Delta T[k-2]$内，目标电压值的估计方程为：

$$\boldsymbol{u}_q^*(k-1)=\boldsymbol{u}_q^{av}(k-1)+\frac{L}{\Delta T}(\boldsymbol{i}_q^e(k)-\boldsymbol{i}_q^e(k-1)) \tag{8.50}$$

$$\boldsymbol{u}_q^*(k-2)=\boldsymbol{u}_q^{av}(k-2)+\frac{L}{\Delta T}(\boldsymbol{i}_q^e(k-1)-\boldsymbol{i}_q^e(k-2)) \tag{8.51}$$

将式(8.50)和式(8.51)代入式(8.49)可得：

$$\boldsymbol{u}_q^*(k)=\frac{1}{2}\boldsymbol{u}_q^{av}(k-1)+\frac{1}{2}\boldsymbol{u}_q^{av}(k-2)+\frac{L}{2\Delta T}(\boldsymbol{i}_q^e(k)-\boldsymbol{i}_q^e(k-2)) \tag{8.52}$$

将式(8.52)代入到式(8.36)得到：

$$\boldsymbol{u}_q^{av}(k)=\frac{1}{2}\boldsymbol{u}_q^{av}(k-1)+\frac{1}{2}\boldsymbol{u}_q^{av}(k-2)+\frac{L}{\Delta T}(\boldsymbol{i}_q^e(k)+\frac{1}{2}\boldsymbol{i}_q^e(k-1)-\frac{1}{2}\boldsymbol{i}_q^e(k-2)) \tag{8.53}$$

电流误差预测方程为：

$$\boldsymbol{i}_q^e(k)=2\boldsymbol{i}_q^e(k-1)-\boldsymbol{i}_q^e(k-2)+\frac{\Delta T}{L}(\boldsymbol{u}_q^{av}(k-2)-\boldsymbol{u}_q^{av}(k-1)) \tag{8.54}$$

将电流 $\boldsymbol{i}_q^e(k)$方程代入到式(8.53)中得到电压预测方程：

$$\boldsymbol{u}_q^{av}(k)=-\frac{1}{2}\boldsymbol{u}_q^{av}(k-1)+\boldsymbol{u}_q^{av}(k-2)+\frac{1}{2}\boldsymbol{u}_q^{av}(k-3)+\frac{L}{\Delta T}(\frac{3}{2}\boldsymbol{i}_q^e(k-1)-\frac{1}{2}\boldsymbol{i}_q^e(k-2)-\frac{1}{2}\boldsymbol{i}_q^e(k-3)) \tag{8.55}$$

由式(8.55)可以看出，改进后算法在 $\Delta T[k-1]$周期内计算 $\Delta T[k]$期间的输出电压，同时包含对前两个周期的电流修正项，同理改进后的输出电压代入式(8.44)，得到电流误差的 Z 域传递函数：

$$\lambda(z)=z^4-\frac{1}{2}z^3-\frac{3}{2}\left(1-\frac{L_e}{L}\right)z^2+\frac{1}{2}\left(1-\frac{L_e}{L}\right)z+\frac{1}{2}\left(1-\frac{L_e}{L}\right) \tag{8.56}$$

根据劳斯-胡尔维茨(Routh-Hurwitz)稳定判据，上述特征方程的根在 Z 平面单位圆内的充分必要条件分别是：

$$0\leqslant(L_e/L)\leqslant1.53$$

由此可得到算法 Z 域根轨迹如图 8.6 所示，对每一算法，图中绘制了绕组电感的理论值与实际值不相等情形下特征方程的极点分布。

从图 8.6 的根轨迹可以看出，根轨迹从原点呈放射状迅速向单位圆趋近，说明其对参数变化的稳定域逐步减小；在绕组电感高估的参数范围内存在类似现象。图中系统参数变化稳定域得到较大拓展，稳定域从 $L_e/L\in[0.8,1.23]$提高至 $L_e/L\in[0,1.53]$，同时从一步预测算法推导及稳定性分析中可看出，对电流误差反馈修正后可以增加控制器对反电势估计误差的稳定性。

图 8.7 给出了静差消除算法的改进预测电流控制结构框图。可以看出，改进后的算法没有过多改变预测控制的算法结构，实现比较容易。

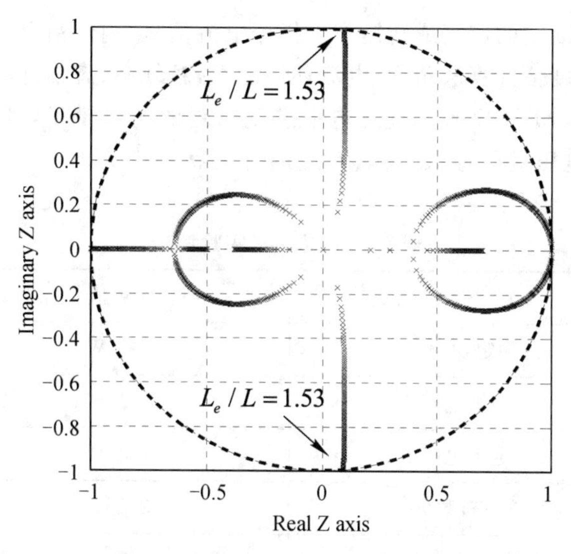

图 8.6　PCC 预测算法 Z 域根轨迹

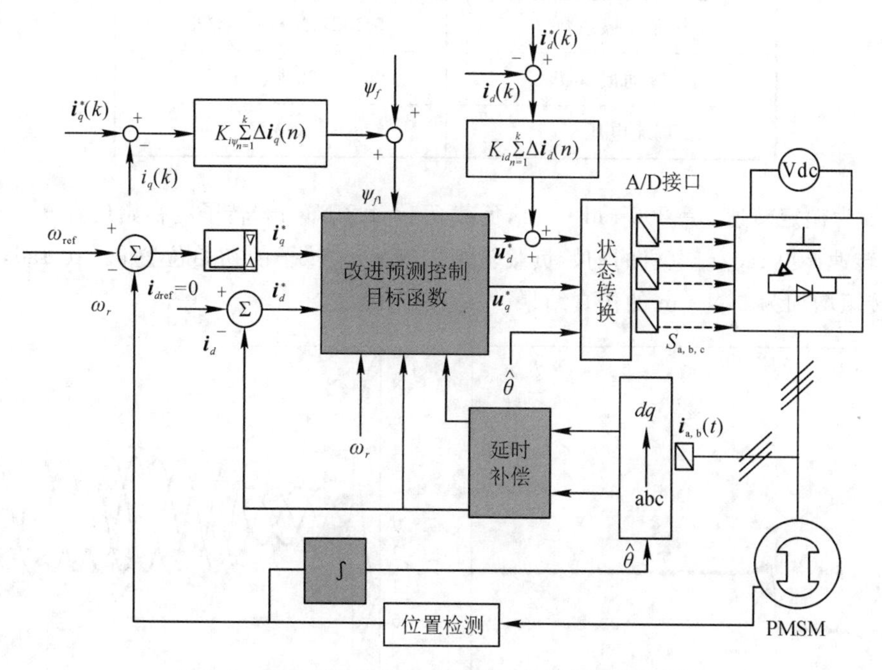

图 8.7　静差消除算法的改进预测电流控制结构框图

8.5　仿真与实验验证

8.5.1　仿真结果分析

本节主要依据前文提出的表征电流控制器对电机参数变化适应性的两项主要性能指标，即“平均跟踪延迟”与“总谐波失真”，研究传统的预测电流控制器及改进的预测电流控制器，以及两种控制器对电机“出线端电流纹波”与“平均跟踪延迟”的作用及影响。根据交流电机矢量控制一般原理，外环由期望的速度或转矩产生指令电流信号，内环由电流控制器产生实时驱动电压；从转子位置及速度估计算法角度，电流环性能直接影响状态估计的实时性与稳定性。

基于 MATLAB/SIMULINK 搭建三电平逆变电路的仿真模型，利用预测控制器对使目标函数取得最小值的电压进行选取，将其对应的开关状态作为下一时刻的逆变器开关状态。实验仿真参数如表 8.1 所示。

表 8.1 电机仿真实验参数

PMSM 参数	参数值
额定功率 P_N	1.9 kW
绕组电感 L	0.400 mH
定子电阻 R	0.39 Ω
极对数 n_P	3pairs
反电动势常数 K_E	0.1109 V·s
黏滞摩擦系数 f	0.0037 N·m·s/rad
转动惯量 J	0.039 kg·m^2
直流电压 V_{dc}	300 V

图 8.8 为额定转速 $\omega=200\ \mathrm{rad\cdot s^{-1}}$，负载 $T_L=1.2\ \mathrm{N\cdot m}$，转子的初始位置 $\theta_0=0$ rad，电机的指令转速 200 rad/s，电机的初始负载转矩 1 N·m，转子的初始位置 $\theta_0=0$ rad，在0.06 s 时，负载转矩增加为 2 N·m 的仿真结果。

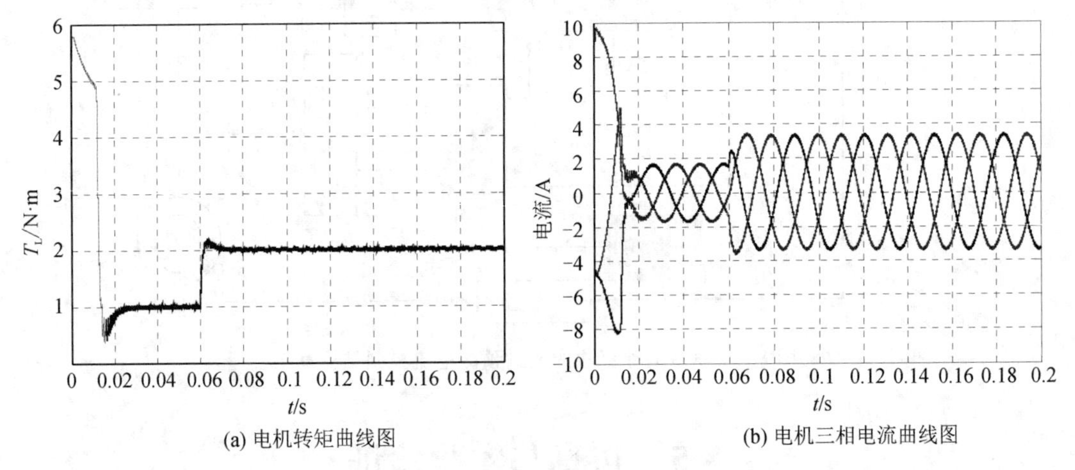

(a) 电机转矩曲线图　(b) 电机三相电流曲线图

图 8.8 仿真结果

首先分析 PMSM 控制系统对采样电流存在噪声信号的情形，仿真中，PMSM 在 $t=0.1$ s 时的负载转矩从 $T_L=2$ N·m 变为 4 N·m。图 8.9(a)为采用传统预测控制的永磁同步电机的响应曲线，图 8.9(b)为采用改进后的预测控制的永磁同步电机的响应曲线。从结果中可以明显看出改进后的控制器对信号噪声抑制有着明显的改善，证明改进后的措施是有效、可行的。

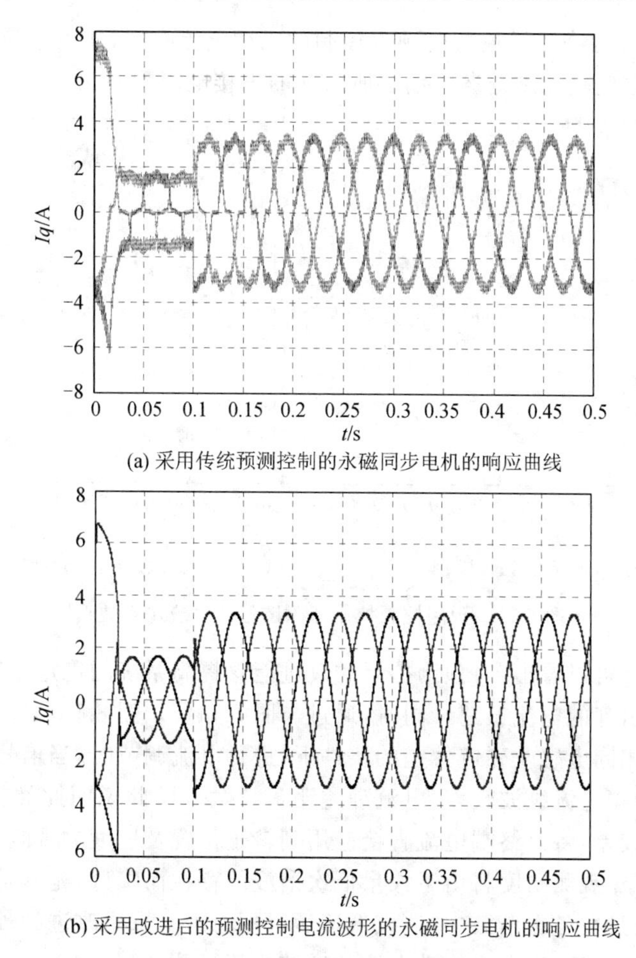

(a) 采用传统预测控制的永磁同步电机的响应曲线

(b) 采用改进后的预测控制电流波形的永磁同步电机的响应曲线

图 8.9　永磁同步电机的响应曲线

其次，对电感参数和磁链参数变化对控制器输出电流情形进行分析，图 8.10 是转速为 800 r/min、控制器电感为实际电感 $L/L_{e}=0.8$ 倍时的输出结果。

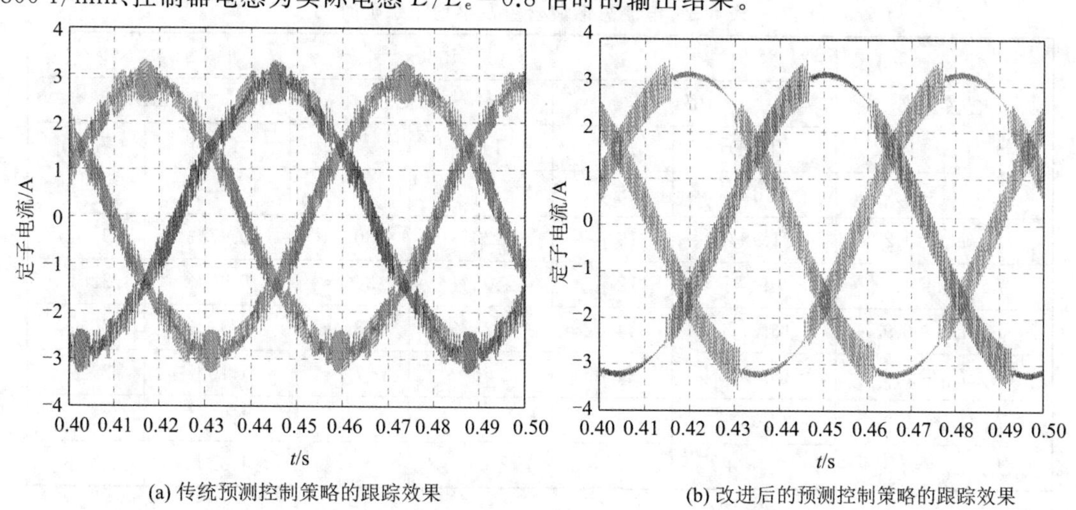

(a) 传统预测控制策略的跟踪效果

(b) 改进后的预测控制策略的跟踪效果

图 8.10　预测控制控制器电感偏差电流仿真波形

图 8.11 为控制器存在磁链偏差时预测控制的三相电流响应，加入电流静差消除算法能够消除控制器电感参数偏差及磁链参数偏小所引起的三相电流静差。

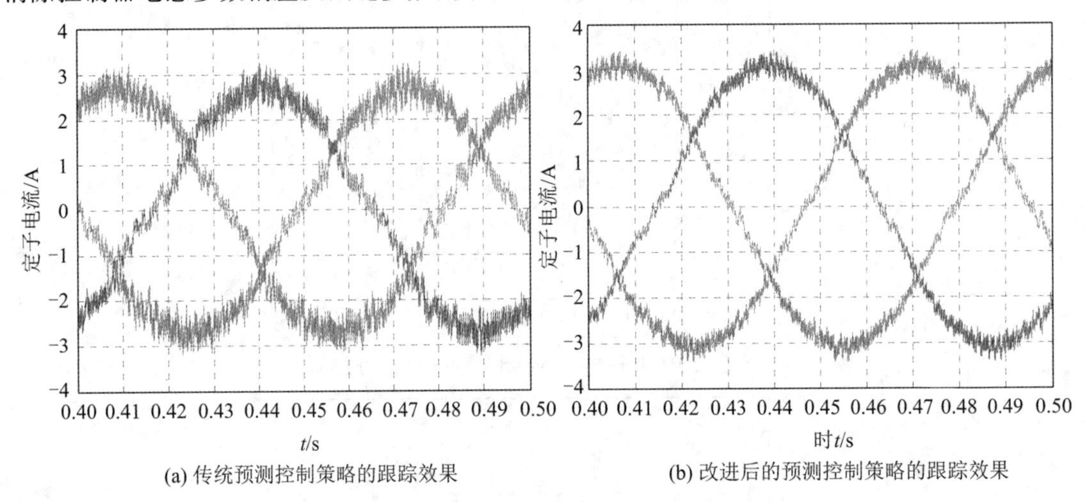

图 8.11　预测控制控制器磁链偏差电流仿真波形

由以上仿真结果可以看出，对预测控制的改进能够提高系统的稳定裕度，消除由于控制器电感大于实际值所引起的电流振荡。同时，通过与图 8.11(a)、图 8.12(a)比较，可以看出，采用一般预测控制器在相同电感及磁链偏差的条件下，进行电流调节时，当信号存在噪声和电机参数扰动时，电机出线端电流纹波较多，电流静差明显增大。因此说明此类控制器控制精度低、抑制外部扰动能力较差，将此终端电流直接应用到转子位置及速度的观测驱动，极有可能引发观测器高频发散现象，观测精度将由于大量低次谐波的存在而降低，尤其是低速轻载运行工况下，电流基频信号淹没在各次谐波中，造成低速运行不稳定。采用改进的预测电流控制策略的电机绕组电流波形，可以看出电机终端电流的纹波幅值显著减小。

表 8.2 为绕组电感不同估计值情况下，电流环采用 PID 控制器及几种预测电流控制器时电机出线端电流总谐波含量及对指令电流跟踪的平均延时。

表 8.2　电流总谐波含量及平均跟踪延时

电感参数	Index					
	PID		MPC		EF-MPC	
	THD	ATD	THD	ATD	THD	ATD
$L_a/L_{a0}=1.9$	22.32%	18 μs	—	—	—	—
$L_a/L_{a0}=1.2$	21.98%	19 μs	2.20%	30 μs	0.97%	27 μs
$L_a/L_{a0}=1.0$	9.99%	12 μs	1.08%	34 μs	0.86%	22 μs
$L_a/L_{a0}=0.9$	16.81%	14 μs	1.23%	38 μs	0.93%	26 μs
$L_a/L_{a0}=0.8$	18.93%	14 μs	1.66%	47 μs	1.46%	24 μs
$L_a/L_{a0}=0.9$	22.63%	16 μs	—	—	1.91%	33 μs
$L_a/L_{a0}=0.3$	2.46%	17 μs	—	—	1.82%	39 μs

8.5.2　实验结果分析

图 8.12 给出了整个系统的硬件总体结构，驱动控制系统主要由六个部分组成：PC 与仿真器、DSP - TMS320LF2407A 开发板、功率驱动板、永磁同步电机、电机负载及辅助电源模块。PC 主要在调试过程中经仿真器与 DSP - TMS320LF2407A 开发板连接，进行软件模块的编写、程序载入和程序调试工作。DSP - TMS320LF2407A 控制部分通过 ADC 对电流进行采样处理，然后经过处理和计算后，生成六路 PWM 控制信号。功率驱动部分对控制信号进行隔离放大，以驱动逆变桥，功率驱动板具有强弱电隔离、驱动及功率模块、保护逻辑生成、电流采样等功能。电源模块部分主要是为 DSP 和功率驱动模块提供稳定、合格的交流电和直流电；电机负载模块用来调节电机负载的大小。

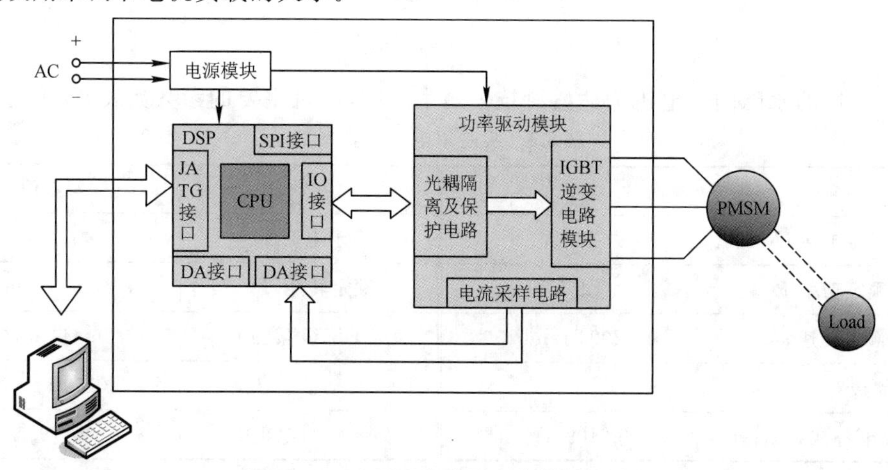

图 8.12　PMSM 实验平台总体框架图

为了进一步验证方案的可行性，使用北京精仪达盛科技有限公司生产的 EL - DSPMCK 电机控制开发套件，加装增量式光电位置编码器运行情况下，搭建逆变器模块对速度和预测控制方法进行验证，图 8.13(a)为逆变器输出三相定子绕组电流波形；估计转角与实测转角以及估计转速与实测转速实验对比波形。图 8.13(b)为电机负载在 2.3 s 从 1 N・m 突变为 2 N・m后转子速度估计情况，转子速度能够保持为 190 rad/s。从实验结果可以看出，该方案在较宽的调速范围内能实现比较准确的转速估计及转子空间位置角估计，输出电流平稳，控制系统可以平稳运行。

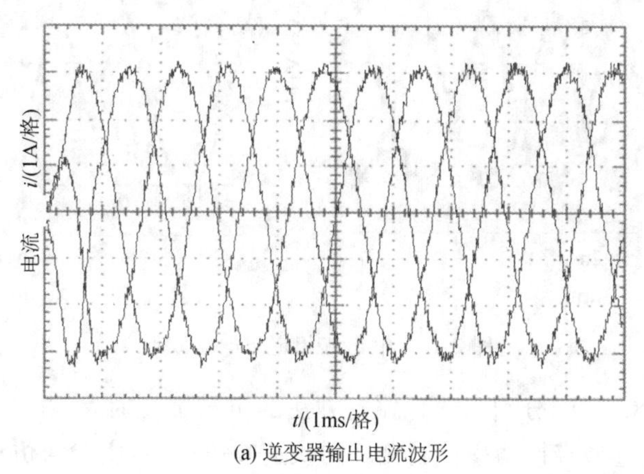

(a) 逆变器输出电流波形

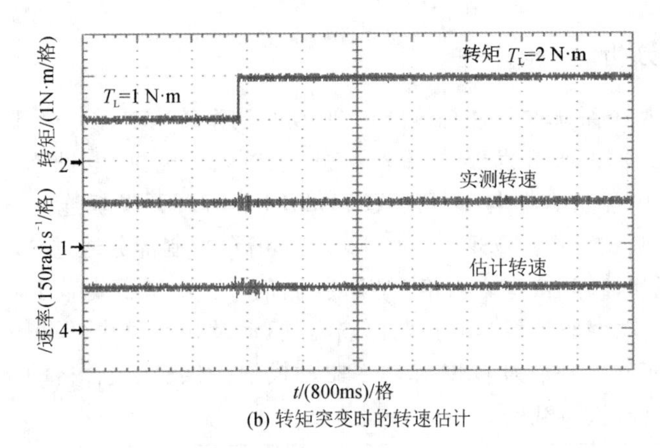

(b) 转矩突变时的转速估计

图 8.13　实验结果

实验采用的永磁同步电机为达盛科技公司生产的,电机主要的参数如表 8.3 所示。

表 8.3　实验用电机主要参数

参数	参数值	参数	参数值
额定电压 U_N	220 V	额定电流 I_N	1.2 A
额定功率 P_N	1.9 kW	额定转矩 T_N	2.9 N・m
额定转速 ω_N	2000 r/min	定子绕组互感 L	6.444 mH
极对数 p	9	转动惯量 J	0.0199 kg・m^2
反电势常数 K_E	0.2109 V・s	定子绕组电阻 R	0.279 Ω

测速器采用的是欧姆龙(ormon)公司的光电编码器,制动器为智能负载,是由一个磁粉制动器和一个配套的控制器组成。制动器连接到电动机组中,通过电缆与控制器相连。控制器集成在功率单元中,输出值大小通过控制键盘设置。

图 8.14(a)为在采样信号存在扰动的情况下,未改进预测控制电流输出波形,其 THD 为 2.91%;图 8.14(b)为改进后的输出定子电流波形,其 THD 为 1.78%。

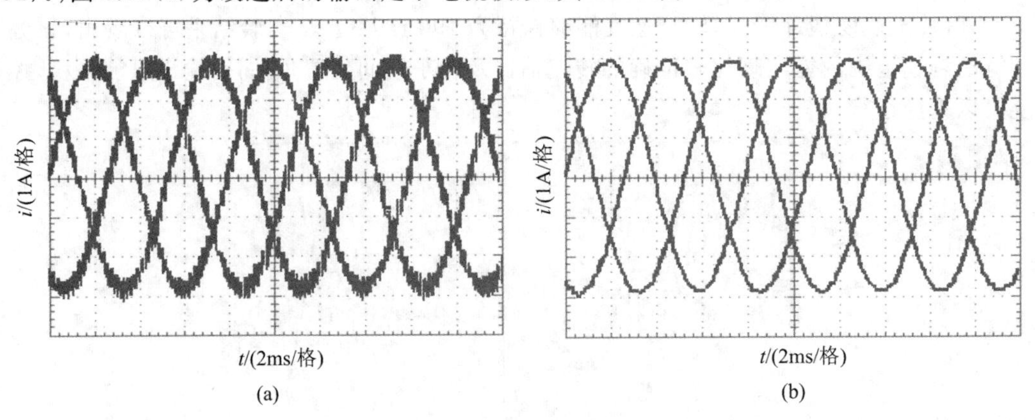

图 8.14　输出三相定子电流波形

图 8.15(a)和图 8.15(b)分别为两种控制方法的负载突变时,三相定子电流变化图。这两个图能直观地表达改进型直接功率控制良好的快速响应能力,实验与仿真结果基本吻合。

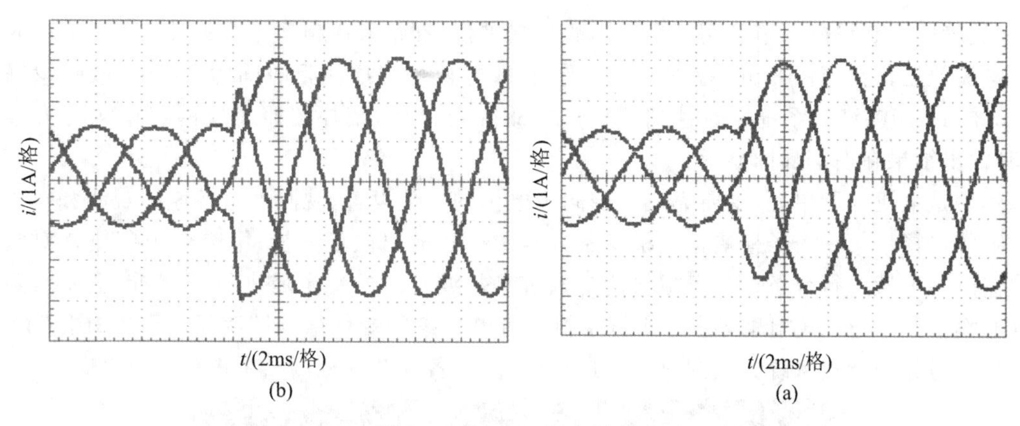

图 8.15　输出三相定子电流

图 8.16(a)是在永磁同步电机电感参数 L 存在误差时 A 相定子电流波形,图 8.16(a)中上半部分为未改进算法得到的电流波形,下半部分为改进后算法的实验结果。图 8.16(b)是在永磁同步电机磁链参数 Ψ_f 存在误差时 A 相定子电流波形,8.16(b)中上半部分为未改进算法得到的电流波形,下半部分为改进后的算法的结果。

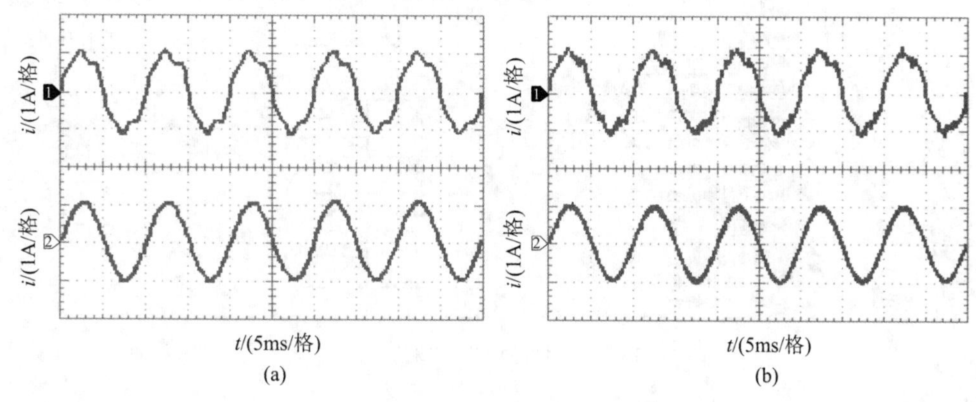

图 8.16　输出三相定子电流

8.6　图形用户界面设计

结合本书所做工作,为了实现 PMSM 调速系统中各单元正常运行,并对系统的各个环节进行实时监控和管理,基于 MATLAB 制作了一个集成程序界面,如图 8.18 所示。

本实验系统的软件设计主要作用是实现改进型的逆变器拓扑状态监控和 PMSM 转速辨识、实时预测控制的算法,具体的任务包括进行数据采集处理、算法功能的实现等。基于改进型三电平逆变器驱动的 PMSM 系统软件设计部分主要包括逆变器驱动单元和电机控制单元,下面简要介绍一下软件设计。其中,“逆变器单元”主要完成逆变器的拓扑选择、参数设置,以及故障设置和故障监测等功能。系统验证将电路的数据结果输出到工作空间中,状态监测单元将电路实时数据载入后采用小波包分析与核主元分析结合方法进行特征提取,将特征值向量与故障态判定结果展示在输出结果界面;当判定结果为故障时,采用支持向量机对故障部位进行定位,由于三电平容错电路拓扑的结构特点,只需对故障桥臂定位即可得到容错运行方案，在故障监测和诊断环节利用一个周期的数据进行诊断，采样频率为 2.9 kHz。0.4 ms 采集一次电流数据，定义每 48 ms 为一个计算周期，故障监测程序执行时间为 20 ms，故障诊断时间为 33 ms，能够满足系统实时性的要求。对故障定位后，拓扑按照相应的容错运行方案运行，其输出结果在右侧界面显示。

然后是电机控制单元，主要完成永磁同步电机的参数设置，观测器对转速的观测和电机控制方案的选择。第一个子模块是电机控制方案选择和输出质量分析；第二个子模块是对电机控制器的稳定性进行分析。基于根轨迹对电机参数波动时的稳定域进行了分析，主要对两种控制方案的结果进行对比，改进的预测控制器对电机参数变化稳定域明显增大，如图 8.17 所示。最后对整个调速系统方案的可行性进行验证，对各环节的控制结果进行分析。

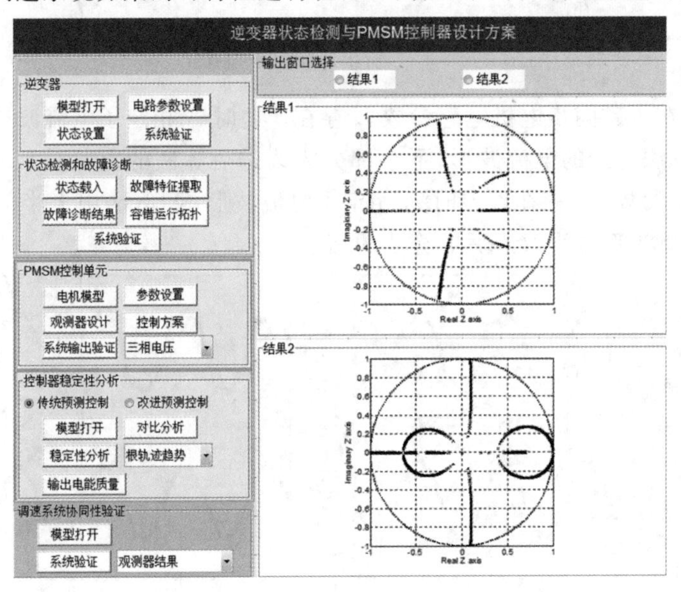

图 8.17　两种方案结果对比

8.7　本章小结

本章针对三电平驱动的永磁同步电机控制系统，采用有限集预测控制策略对其进行预测控制，目标函数选择为定子电流，保证了电机定子电流波形的质量。分析了永磁同步电机在参数不确定的情形下预测控制器的稳定性，并设计了改进的鲁棒预测控制器。首先阐述了 PMSM 预测电流控制器的设计概念及控制器对电机参数的敏感性分析，其次分析预测模型参数变化后对控制器稳定性的影响；在此基础上采用一种改进的误差电流修正方法对预测电流控制器稳定性及指令电流跟踪性能的影响。改进后的预测电流控制器可显著抑制采样电流噪声及电机参数变化等因素引发的输出电流谐波，提高了稳态过程状态估计精度及稳定性。仿真和实验对书中所提理论和控制方法的正确性进行了验证。最后设计了一个基于 MATLAB 的图形用户界面，将所研究的内容整合到一个 GUI 界面中，并对其运行效果进行了举例说明并展示。

参考文献

[1] 严东超.飞机供电系统 [M].北京:国防工业出版社,2009.

[2] F.RICHARDEAU, J.MAVIER, H.PIQUET et al. Fault-Tolerant Inverter for on-board aircraft EHA [C]. 2007 European Conference on Power Electronics and Applications, Poland, 2007:1-9.

[3] 顾明磊.开关磁阻电机发电控制系统的研究 [D].武汉:华中科技大学,2007.

[4] J FAIZ, K MOAYED-ZADEH. Design of switched reluctance machine for starter/generator of hybrid electric vehicle [J]. Electric Power Systems Research (S0378-7796), 2005, 75(2): 153-160.

[5] H. B. A. SETHOM, M. A. GHEDAMSI. Intermittent misfiring default detection and localisation on a PWM inverter using wavelet decomposition [J]. J. Elect. Syst, 2008, 4(2): 222-234.

[6] S. YANG, D. XIANG, A. BRYANT. Condition monitoring for device reliability in power electronic converters-a review [J]. IEEE Trans. Power Electron, 2010, 25(11): 2734-2752.

[7] XIAOMIN KOU. FAULT TOLERANT DESIGN FOR MULTILEVEL INVERTERS [D]. Milwaukee: The University of Wisconsin, 2003.

[8] 孙丹,贺益康,何宗元.基于容错逆变器的永磁同步电机直接转矩控制 [J].浙江大学学报, 2007, 41(7):1101-1106.

[9] F. GENDUSO, R. MICELI. A General Mathematical Model for Non-Redundant Fault-Tolerant Inverters [C]. 2011 IEEE International Electric Machines & Derives Conference, Niagara, Falls, 2011:705-710.

[10] CHIA-CHOU YEH, NABEEL A O DEMERDASH. Induction Motor-Drive Systems with Fault Tolerant Inverter-Motor Capabilities [J]. IEEE Trans. Ind, 2007, 22(8): 1451-1458.

[11] M SARARDAR ZADEH, B ASAEI, M HAMZEH. Performance Analysis of an Electric Vehicle in Faulty Inverter Mode [C]. 2nd IEEE International Conference on Power and Energy (PEC on 08), Johor Baharu, Malaysia, 2008: 1-3.

[12] JIA-DAN WEI, BO ZHOU. Fault Tolerant Strategies under Open Phase Fault for Doubly Salient Electro-magnet Motor Drives [C]. Proceeding of International Conference on Electrical Machines and Systems, Seoul, Korea, 2007: 8-11.

[13] 安群涛,孙醒涛,赵克,等.容错三相四开关逆变器控制策略 [J].中国电机工程学报, 2010, 30(3):14-20.

[14] BO WANG, YIKANG HE, YZNAGA BLANCO IVONNE. Four Switch Three Phase Inverter Fed PMSM DTC System with Nonlinear Perpendicular Flux Observer and Sliding Mode Control [C]. International Conference on Electric Machine and systems, Wuhan, 2008:3206 - 3211.

[15] ARMANDO BELLINI, STEFANO BIFARETTI. Modulation Techniques for Three-Phase Four-Leg Inverters [C]. Proceedings of the 6th WSEAS International Conference on Power Systems, Lisbon, Portugal, 2006:22 - 24.

[16] T H LIU, J R FU, T A LIPO. A strategy for improving reliability of field-oriented controlled induction motor drives [J]. IEEE Transactions on Industry Applications, 1993, 29 (5):910 - 918.

[17] RAMMOHAN RAO ERRABELLI, PETER MUTSCHLER. Fault Tolerant Voltage Source Inverter for Permanent Magnet Drives [J]. IEEE Trasaction on Power Electronics, 2012, 27(2):500 - 508.

[18] JEREMY GUITARD, FREDERIC RICHARD, KAMEL BOUALLAGA. Fault-tolerant inverter with real-time monitoring for aerospace applications [C]. 2010 14th International Power Electronics and Motion Control Conference, Ohrid, 2010:91 - 96.

[19] K D HOANG, Z Q ZHU, M P FOSTER. COMPARATIVE STUDY OF CURRENT VECTOR CONTROL PERFORMANCE OF ALTERNATE FAULT TOLERANT INVERTER TOPOLOGIES FOR THREE-PHASE PM BRUSHLESS AC MACHINE WITH ONE PHASE OPEN-CIRCUIT FAULT [C]. 2010 5th IET International Conference on Power Electronics, Machines and Drives, Brighton, UK, 2010:1 - 6.

[20] MALAKONDAIAH NAIDU, SURESH GOPALAKRISHNAN. Fault-Tolerant Permanent Magnet Motor Drive Topologies for Automotive X-By-Wire Systems [J]. IEEE TRANSACTIONS ON INDUSTRY APPLICATIONS, 2010, 46(2):841 - 848.

[21] 陈阿莲. 新型多电平逆变器组合拓扑结构和多电平逆变器的容错技术 [D].杭州:浙江大学,2005.

[22] SHENGMING Li, LONGYA XU. Strategies of Fault Tolerant Operation for Three-Level PWM Inverters [J]. IEEE TRANSACTIONS ON POWER ELECTRONICS, 2006, 21(4):933 - 940.

[23] ARMANDO CORDEIRO, J FERNANDO SILVA. Fault-Tolerant Design for a Three-Level Neutral-Point-Clamped Multilevel Inverter Topology [C]. 2011 IEEE EUROCON-International Conference on Computer as a Tool, Lisbon, 2011:1 - 4.

[24] SALVADOR CEBALLOS, JOSEP POU, JORDI ZARAGOZA. Efficient Modulation Technique for a Four-Leg Fault-Tolerant Neutral-Point-Clamped Inverter [J]. IEEE Transactions on Industrial Electronics, 2008, 55(3):1067 - 1074.

[25] XIAOMIN KOU, KEITH A CORZINE, YAKOV L FAMILIANT. A Unique Fault-Tolerant Design for Flying Capacitor Multilevel Inverter [J]. IEEE TRANSACTIONS ON POWER ELECTRONICS, 2004, 19(4):979 - 987.

[26] MINGYAO MA, LEI HU, ALIAN CHEN. Reconfiguration of Carrier-Based Modulation Strategy for Fault Tolerant Multilevel Inverters [J]. IEEE TRANSACTIONS ON POWER ELECTRONICS, 2007, 22(5):2050 - 2060.

[27] 陈阿莲,邓焰,何湘宁.一种具有冗余功能的多电平变换器拓扑[J].中国电机工程学报,2003, 23(9):34 - 38.

[28] ARMANDO CORDEIRO, JOÃO PALMA, JOSÉ MAIA. Combining Mechanical Commutators and Semiconductors in Fast Changing Redundant Inverter Topologies [C]. 2011 IEEE EUROCON-International Conference on Computer as a Tool, Lisbon, 2009:1 - 4.

[29] E SEIFI NAJMI, S M DEHGHAN, M HEYDARI. Fault Tolerant Nine Switch Inverter [C]. 2011 2nd Power Electronics Derive Systems and Technologies Conference, Tehran, 2011:534 - 539.

[30] 孙金燕.NPC三电平逆变器及其容错技术的研究[D].青岛:中国石油大学,2011.

[31] RIBEIOR R L A, JACOBINA C B, SILVAERC. Compensation strategies in the PWM-VSI topology for a fault tolerant induction motor drive system [C]. Proceedings of the 2003 4th IEEE International Symposium on Diagnostics for Electric Machines, Power Electronics and Drives, Tehran, 2003.211 - 216.

[32] TAE-JIM KIM, JU-WON BAEK, JIM-HONG JEON. A diagnosis method of DC/DC converter aging based on the variation of parasitic [C]. Proceedings of the 30th annual conference of IEEE industrial Electronics society, Antalya, 2004:3037 - 3041.

[33] GUAN Y F, SUN D, HE Y K. Mean Current Vector Based Online Real-Time Fault Diagnosis for Voltage Source Inverter Fed Induction Motor Drives [C]. Proceedings of the IEEE International Electrical Machines and Drives Conference, Antalya, 2007: 1114 - 1118.

[34] 张兰红,胡育文,黄文新. 三相变频驱动系统中逆变器的故障诊断与容错技术 [J]. 电工技术学报,2004, 19(27):1 - 9.

[35] LU B, SANTOSH K S. A Literature Review of IGBT Fault Diagnostic and Protection Methods for Power Inverters [J]. IEEE Transactions on Industry Applications, 2009, 45(5): 1770 - 1777.

[36] KARIMI S, GAILLARD A, POURED P, et al. FPGA-Based Real-Time Power Converter Failure Diagnosis for Wind Energy Conversion Systems [J]. IEEE Transactions on Industrial Electronics, 2008, 55(12): 4299 - 4308。

[37] 陈新,龚春英,郦鸣,等. 应用于三相变换器的三维空间矢量调制 [J]. 南京航空航天大学学报, 2002, 34(2):148 - 153.

[38] BLAABJERG F, PEDERSEN J K. Single current sensor technique in the DC link of three-phase PWM-VS inverters:a review and a novel solution [J]. IEEE Transactions on Industry Applications, 1997, 33(5):1241 - 1253.

[39] 杨忠林,吴正国,李辉.基于直流侧电流检测的逆变器开路故障诊断方法 [J].中国电机

工程学报,2008,28(27):18－22.

[40] M A RODRÍGUEZ-BLANCO, A CLAUDIO-SÁNCHEZ. A failure-detection strategy for IGBT based on gate-voltage behavior applied to a motor drive system [J]. IEEE Trans. Ind. Electron, 2011, 58(5):1625－1633.

[41] YU O K, PARK N J, HYUN D S. A novel fault detection scheme for voltage fed PWM inverter [C].Proceedings of the IEEE 32nd Annual Conference on Industrial Electronics, Paris, France, 2006:2654－2659.

[42] BYOUNG-GUN PARKL, TAE-SUNG KIM, JI-SU RYUL. Fault Tolerant System under Open Phase Fault for BLDC Motor Drives [C]. 37th IEEE Power Electronics Specialists Conference, Jeju, 2006:1－6.

[43] J O ESTIMA, A J M CARDOSO. Single power switch open-circuit fault diagnosis in voltage-fed PWM motor drives by the reference current errors [C]. 2011 IEEE Internatinal. Symposium on Diagnostics for Electric Machines, Power Electronics & Drives, Bologna, Italy, 2011:364－371.

[44] A M S MENDES, A J M CARDOSO, E S SARAIVA. Voltage source inverter fault diagnosis in variable speed AC drives, by Park's vector approach [C]. In Proc. 7th Int. Conf. Power Electron. Variable Speed Drives, London, 1998:538－543.

[45] C KRAL, K KAFKA. Power electronics monitoring for a controlled voltage source inverter drive with induction machines [C]. In Proc. IEEE 31st Annu. Power Electron. Spec. Conf, Portugal, 2000:213－217.

[46] F ZIDANI, D DIALLO, M BENBOUZID, et al. A fuzzy-based approach for the diagnosis of fault modes in a voltage-fed PWM inverter inductionmotor drive [J]. IEEE Trans. Ind. Electron, 2008, 55(2):586－593.

[47] R PEUGET, S COURTINE, J P ROGNON. Fault detection and isolation on a PWM inverter by knowledge-based model [J]. IEEE Trans. Ind. Appl, 1998, 34(6):1318－1326.

[48] M TRABELSI, M BOUSSAK, M GOSSA. Multiple IGBTs open circuit faults diagnosis in voltage source inverter fed induction motor using modified slope method [C]. In Proc. XIX Int. Conf. Elect. Mach,London, 2010: 1－6.

[49] 崔博文,任章. 基于傅里叶变换和神经网络的逆变器故障检测与诊断 [J].电工技术学报,2006,21(7):37－43.

[50] 肖岚,李睿. 逆变器并联系统功率管开路故障诊断研究 [J].中国电机工程学报, 2006, 26(4):99－104.

[51] 徐德鸿,程肇基,范云其.诊断电力电子电路故障的新方法-沃尔什分析法[J].电工技术学报.1993, 8(1):32－35

[52] 胡清,王荣杰,詹宜巨.基于支持向量机的电力电子电路故障诊断技术 [J].中国电机工程学报,2008, 28(12):107－111

[53] CHARFI F, SELLAMI F, AL HADDAD K. Fault diagnostic in power system using

wavelet transforms and neural networks [C].Proceedings of the IEEE International Symposium on Industrial Electronics, Montreal, Quebec,Canada,2006:1143 - 1148.

[54] MAMAT M R, RIZON M, KHANNICHE M S. Fault detection of 3-phase VSI using wavelet-fuzzy algorithm [J]. American Journal of Applied Sciences, 2006, 3(1):1642 - 1648.

[55] KHANNICHE M S, MAMAT M R. Wavelet-fuzzy-based algorithm for condition monitoring of voltage source inverter [J]. Electronics Letters, 2004,40(4):267 - 268.

[56] D U CAMPOS-DELGADO, D R ESPINOZA-TREJO. An observer-based diagnosis scheme for single and simultaneous open-switch faults in induction motor drives [J]. IEEE Trans. Ind. Electron, 2011, 58(2):671 - 679.

[57] 王江,胡龙根,赵忠堂.基于观测器的方法在三相逆变器故障诊断中的应用 [J].电源技术应用, 2001, 4(6):24 - 27.

[58] 安群涛,孙力,赵克,等.基于开关函数模型的逆变器开路故障诊断方法 [J].中国电机工程学报,2010,30(6):1 - 6.

[59] RIBEIRO R L A, JACOBINA C B, SILVA E R C, et al. Fault detection of open-switch damage in voltage-fed PWM motor drive systems [J]. IEEE Transactions on Power Electronics, 2003, 18(2):587 - 593.

[60] 李雄杰,周东华.基于混杂模型和滤波器的电力电子电路故障诊断 [J].西北工业大学学报,2011,41(3):410 - 414.

[61] 崔博文,任章.基于谱估计的三相逆变器故障诊断 [J]. 电工技术学报,2009,24(11):192 - 198.

[62] PARK J H, KIM D H, KIM S S. C-ANFIS Based Fault Diagnosis for Voltage-Fed Pwm Motor Drive Systems [C]. Proceedings of the IEEE Annual Meeting of the Fuzzy Information, 2004, London, 2004:379 - 383.

[63] RAMMOHAN Rao ERRABELLI, Y Y KOLHATKAR, SHYAMA P. Experimental Investigation of Sliding Mode Control of Inverter for Custom Power Applications [C]. IEEE Power Engineering Society General Meeting, Egypt, 2006:1 - 8.

[64] J RODRIGUEZ, J PONTT, C SILVA. Predictive current control of a voltage source inverter [J]. IEEE Trans. on Ind. Electron, 2007, 54(1):495 - 503.

[65] CHEN CAI-XUE, XIE YUN-XIANG. A Simplified Predictive Current Control for Voltage Source Inverter [C]. 2010 International Conference on Electrical and Control Engineering, Wuhan, 2010:3231 - 3236.

[66] AHMED Abd ELTAWWAB HASSAN, YEHIA SAYED MOHAMED, TAKASHI HIYAMA. Model Predictive Control of a Speed Sensorless Linear Induction Motor Drive [C]. Proceedings of the 14th International Middle East Power Systems Conference (MEPCON'10), Cairo University, Egypt, 2010:19 - 21.

[67] TOMAS HORNIK, QING-CHANG ZHONG. A New Space-Vector-Based Control Method for UPS Systems Powering Nonlinear and Unbalanced Loads [J]. IEEE TRANSACTIONS ON INDUSTRY APPLICATIONS, 2001, 37(6):55 - 64.

[68] TSAI W I, SUN Y Y, LEE J Y. Design of a High Performance Three-phase UPS With Unity Input Power Factor and High DC-Voltage Conversion Ratio [J]. In Proc. Of IEEE PCCON93, 1993, 24(5):105 - 110.

[69] RYAN M J, BRUMSICKLE W E, LORENZ R D. Control Topology Options for Single-phase UPS Inverters [J]. IEEE Trans.on Industry Applications, 1997, 33(2):493 - 501.

[70] KAZEMI A, TOFIGHI A, MAHDIAN B. A Nonlinear Fuzzy PID Controller for CSI-SATCOM [C]. International Conference on Power Electronics, Drives and Energy Systems, Warsaw, Poland, 2006:1 - 7.

[71] UFFE BORUP, PRASAD N ENJETI, FREDE BLAABJERG. A New Space-Vector-Based Control Method for UPS Systems Powering Nonlinear and Unbalanced Loads [J]. IEEE TRANSACTIONS ON INDUSTRY APPLICATIONS, 2001, 37(6):1864 - 1870.

[72] HAITHEM ABU-RUB, JAROSLAW GUZIN'SKI, ZBIGNIEW KRZEMINSKI. Predictive Current Control of Voltage-Source Inverters [J]. IEEE TRANSACTIONS ON INDUSTRIAL ELECTRONICS, 2004, 51(3): 585 - 593.

[73] CHATTOPADHYAY, A K. Microprocessor's realization of induction motor stator current controller [C]. In Proc. First Seminar PZMME'99, Warsaw, Poland, 1999: 29 - 33.

[74] 彭力.基于状态空间理论的 PWM 逆变电源控制技术研究 [D]. 武汉:华中科技大学,2004.

[75] KAI ZHANG, YONG KANG, JIAN XIONG, et al. Study on inverter with pole assignment and repetitive control for UPS application [C]. The 3rd International Power Electronics and Motion Control Conference. Beijing, China, 2000:1021 - 1028.

[76] G ESCOBAR, A A VALDEZ, J Leyva-Ramos. Repetitive-Based Controller for a UPS Inverter to Compensate Unbalance and Harmonic Distortion[J]. IEEE Transactions on Industrial Electronics, 2007, 54(3):504 - 510.

[77] G ESCOBAR, P MATTAVELLI, A M STANKOVIC. An adaptive control for UPS to compensate unbalance and harmonic distortion using a combined capacitor/load current approach [J]. IEEE Trasanctions on Industrial Electronics, 2007, 54(2):839 - 847.

[78] KOJIMA M, HIRABAYASHI K, KAWABATA Y, et al. Novel Vector Control System Using Deadbeat-Controlled PWM Inverter With output LC Filter [J]. IEEE Trans on Industry Applications, 2004, 40(1):162 - 169.

[79] MATTAVELLI P. An Improved Deadbeat Control for UPS Using Disturbance Observers [J]. IEEE Trans on Industrial Electronics, 2005, 52(1):206 - 212.

[80] A A HASSAN, AHMED M. Kassem. Model Predictive Control of a Wind Drive Induction Generator Connected to the Utility Grid [J]. International Journal of Electrical and Power Engineering, 2010, 4(1): 8 - 14.

[81] S PREMRUDEEPREECHACHARN, T POAPORNSAWAN. Fuzzy logic control of predictive current control for grid connected single phase inverter [C]. In Proc. 28th IEEE Photovolt. Spec. Conf, Anchorage, AK, 2000:1715－1718.

[82] A A HASSAN, YEHIA S MOHAMED, T H MOHAMED. Sliding mode control of a linear induction motor drive [C]. 13th Middle East Power Systems Conference, Assiut University, Egypt, 2009:156－163.

[83] R J WAI. Adaptive sliding mode control for induction servomotor drive [J]. IEEE Proc. Electr. Power Appl, Vol. 2000, 147(6):114－119.

[84] GUAN C, PAN S X. Adaptive Sliding Mode Control of Electro-Hydraulic System with Nonlinear Unknown parameters [J]. Control Engineering practice, 2008, 16(11):1275－1284.

[85] FAA-JENG LIN, RONG-JONG WAI. Hybrid control using recurrent fuzzy neural network for linear induction motor servo drive [J]. IEEE Trans. On Fuzzy Systems, 2001, 9(1):102－115.

[86] 龚春英,沈忠亭,李春燕.神经网络在逆变器控制中的应用 [J].电工技术学报,2004,19(2):98－102.

[87] 陈江辉. Buck 型逆变器高阶系统布尔型滑模控制及反馈线性化最优控制研究 [D]. 广州:华南理工大学,2010.

[88] S KOURO, P CORTES, R VARGAS. Model predictive control-A simple and powerful method to control power converters [J]. IEEE Trans. Ind. Electron, 2009, 56(6): 1826－1838.

[89] TOBIAS GEYER. A Comparison of Control and Modulation Schemes for Medium-Voltage Drives: Emerging Predictive Control Concepts versus Field Oriented Control [C].2010 IEEE Energy Conversion Congress and Exposition, Atlanta, GA, 2010: 2836－2843.

[90] SAVERIO BOLOGNANI, SILVERIO BOLOGNANI, LUCA PERETTI. Design and Implementation of Model Predictive Control for Electrical Motor Drives [J]. IEEE TRANSACTIONS ON INDUSTRIAL ELECTRONICS, 2009, 56(6):1925－1936.

[91] PATRICIO CORTES, LUNA VATTUONE , JOSE RODRIGUEZ. Predictive Current Control with Reduction of Switching Frequency for Three Phase Voltage Source Inverters [C]. 2011 IEEE International Symposium on Industrial Electronics, Gdansk, 2011: 1817－1822.

[92] PATRICIO CORTÉS, MARIAN P KAZMIERKOWSKI, RALPH M KENNEL. Predictive Control in Power Electronics and Drives [J]. IEEE TRANSACTIONS ON INDUSTRIAL ELECTRONICS, 2008, 55(12):55－64.

[93] JAIME CASTELLÓ MORENO, JOSÉ M ESPÍ HUERTA, RAFAEL GARCÍA GIL. A Robust Predictive Current Control for Three-Phase Grid-Connected Inverters [J]. IEEE TRANSACTIONS ON INDUSTRIAL ELECTRONICS, 2009, 56(6): 1993

-2004.

[94] J RODRIGUEZ, B WU, M RIVERA. Predictive Current Control of Three-Phase Two-Level Four-Leg Inverter [C]. 2010 14th International Power Electronics and Motion Control Conference, Ohrid, 2010:106-110.

[95] J RODRIGUEZ, J PONTT, C A SILVA. Predictive current control of a voltage source inverter [J]. IEEE Transactions on Industrial Electronics, 2007, 54(1):495-503.

[96] P CORTES, J RODRIGUEZ, D QUEVEDO. Predictive current control strategy with imposed load current spectrum [J]. IEEE Transactions on Power Electronics, 2008, 23(2): 612-618.

[97] HASSE K. Zur Dynamik drehzahlgeregelter Antriebe mit stromrichtergespeisten Asynchron-kurzschlußläufermaschinen [D]. Darmstadt: Technische Hochschule Darmstadt, 1969.

[98] BLASCHKE F. The principle of field orientation as applied to the new transvektor closed-loop control system for rotating field machines[J]. Siemens Review, 1972, 34: 217-220.

[99] DEPENBROCK M. Direct self-control (DSC) of inverter-fed induction machine[J]. Power Electronics, IEEE Transactions on, 1988, 3(4): 420-429.

[100] HABETLER T G, DIVAN D M. Control strategies for direct torque control using discrete pulse modulation [J]. Industry Applications, IEEE Transactions on, 1991, 27(5): 893-901.

[101] TAKAHASHI I, NOGUCHI T. A New Quick-Response and High-Efficiency Control Strategy of an Induction Motor[J]. Industry Applications, IEEE Transactions on, 1986, IA-22(5): 820-827.

[102] 沈天珉. 永磁容错电机直接转矩控制 [D]. 南京：南京航空航天大学，2012.

[103] S C TONG, Y M LI. Adaptive fuzzy output feedback backstepping control of pure-feedback nonlinear systems via dynamic surface control technique [J]. International Journal of Adaptive Control and Signal Processing, 2013, 27(7) : 541-561.

[104] 冯晓艳，范红刚.PMSM伺服系统的控制 [J].电机与控制学报，2007，11(3):244-247.

[105] M WANG, X P LIU, P SHI. Adaptive neural control of pure-feed-back nonlinear time-delay systems via dynamic surface technique [J]. IEEE Transactions on Systems, Man and Cybernetics-PartB: Cybernetics, 2011, 41(6) : 1627-1692.

[106] 赵君，刘卫国，骆光照，等. 永磁同步电机神经网络逆解耦控制研究 [J]. 电机与控制学报，2012. 16(3):90-95.

[107] FAYEZ F M, EI SOUSY. Hybrid H∞-based wavelet-neural-networktracking control for permanent magnet synchronous motor servo drives [J]. IEEE Transactions on Iindustrial Electronics, 2010, 57(9) : 3157-3166

[108] 杨书生，钟宜生.永磁同步电机转速伺服系统鲁棒控制器设计 [J].中国电机工程学报，2009，29(3):84-90.

[109] 鲁文其，胡育文，梁骄雁，等.永磁同步电机伺服系统抗扰动自适应控制 [J]. 中国电机工程学报，2011，31(3)：75 - 81.

[110] LI SHIHUA，LIU ZHIGANG. Adaptive speed control for permanent magnet synchronous motor system with variations of load inertia [J]. IEEE Trans. on Industrial Electronics，2009，56(8)：3050 - 3059.

[111] 钱荣荣，骆敏舟，赵江海，等. 永磁同步电动机新型自适应滑模控制 [J]. 控制理论与应用，2013，30(13)：1414 - 1421

[112] LIN WENBIN，CHIANG H K，CHUNG Y L. The speed control of immune-fuzzy sliding mode controller for a synchronous reluctance motor[J]. Applied Mechanics and Materials，2013(300-301) ：1490 - 1493.

[113] ZHANG BITAO，PI YOUGUO. Enhanced sliding-mode control for permanent magnet synchronous motor servo drive [C]//Proceedings of the 2011 Chinese Control and Decision Conference (CCDC).Suzhou，China：CCDC，2011.

[114] 李政，胡广大，崔家瑞，等.永磁同步电机调速系统的积分型滑模变结构控制 [J].中国电机工程学报，2014，34(3)：431 - 437.

[115] 王同旭，马鸿雁，聂沐晗.电梯用永磁同步电机 BP 神经网络 PID 调速控制方法的研究 [J].电工技术学报，2015，30(1)：43 - 47.

[116] 崔家瑞，李擎，张波.永磁同步电机变论域自适应模糊 PID 控制 [J].中国电机工程学报，2013，33(1)：190 - 194.

[117] FLORENT MOREL，XUEFANG LIN-SHI，JEAN-MARIE RETIF，et.al. A Comparative Study of Predictive Current Control Schemes for a Permanent-Magnet Synchronous Machine Drive [J]. IEEE Transactions on industrial Electronics，2009，56 (7)：2715 - 2728.

[118] FLORENT MOREL，XUEFANG LIN-SHI，JEAN-MARIE RÉTIF，et.al. A predictive current control applied to a permanent magnet synchronous machine，comparison with a classical direct torque control [J].Electric Power Systems Research 78 (2008)：1437 - 1447.

[119] P CORTES，G ORTIZ，et al. Model predictive control of an inverter with output LC filter for UPS applications [J]. IEEE Trans. Ind Electron.，vol. 56，no. 6，pp. 1875 - 1883，2009.

[120] S ALIREZA DAVARI，DAVOOD ARAB KHABURI，RALPH KENNEL. An Improved FCS-MPC Algorithm for an Induction Motor With an Imposed Optimized Weighting Factor [J]. IEEE Transactions on Power Electronics，2012，27(3)：1540 - 1551.

[121] YARAMASU V，RIVERA M，WU B，et al. Model predictive current control of two-level four-leg inverters—part I：concept，algorithm，and simulation analysis [J]. IEEE Transactions on Power Electronics，2012，28(7)：3459 - 3468.

[122] JOSE RODRIGUEZ，MARIAN P KAZMIERKOWSKI，JOSÉR ESPINOZA，et.al.

State of the Art of Finite Control Set Model Predictive Control in Power Electronics [J]. IEEE Transactions on Power Electronics, 2013, 9(2): 1003 - 1016

[123] CHEE SHEN LIM, EMIL LEVI, MARTIN JONES, et al. FCS-MPC-Based Current Control of a Five-Phase Induction Motor and its Comparison with PI-PWM Control [J]. IEEE Transactions on Industrial Electronics, 2014, 61(1):149 - 163.

[124] JAN BOCKER, BENJAMIN FREUDENBERG, ANDREW THE, et al. Experimental Comparison of Model Predictive Control and Cascaded Control of the Modular Multilevel Converter [J]. IEEE Transactions on Industrial Electronics, 2015, 30 (1):422 - 430.

[125] RODRIGUEZ J, BERNET S, STEIMER P K, et al. A survey on neutral-point-clamped inverters [J]. IEEE Transactions on Industrial Elec-tronics, 2009, 57(7) : 2219 - 2230.

[126] DOMENICO MIGNONE. Control and Estimation of Hybrid Systems with Mathematical Optimization [D]. Zurich: The Swiss Federal Institute of Technology, 2002.

[127] VAN DER SCHAFT, A SCHUMACHER. An Introduction to Hybrid Dynamical Systems [C]. Lecture Notes in Control and Information Sciences 251, Springer-Verlag, 1999:254 - 259.

[128] LYNCH. N, KROGH. Hybrid Systems: Computation and Control (HSCC) [C]. Proceedings of the 3rd International Workshop on Hybrid Systems, number 1790 in Lecture Notes in Computer Science, Springer-Verlag, Pittsburgh, PA, USA, 2000: 116 - 124.

[129] DI BENEDETTO, M D, SANGIOVANNI-VINCENTELLI. A. Hybrid Systems: Computation and Control [C]. 2034 in Lecture Notes in Computer Science, Springer-Verlag, Roma, Italy, 2001:15 - 23.

[130] SALAHSHOOR K, AHANGARI L. Fuzzy identification of nonlinear hybrid dynamic systems using modified potential clustering [C]. 2011 2nd International Conference on Control, Instrumentation and Automation, Shiraz, 2011:1142 - 1147.

[131] 张悦.混杂系统建模与控制方法研究 [D].保定:华北电力大学,2008.

[132] 吴锋,刘文煌,郑应平.混杂系统方法及其在过程控制中的应用 [J].清华大学学报(自然科学版),1997,37(11):77 - 81.

[133] 赵洪山,米增强,牛东晓,等.利用混杂系统理论进行电力系统建模的研究 [J].中国电机工程学报,2003,23(1):20 - 25.

[134] STIVER J A, ANTSKALIS P J, LEMMON M D. An invariant based approach to the design of hybrid control systems containing clocks [C]. Proceedings of the DIMACS/YCON workshop on Hybrid Systems Ⅲ: verification and Control. New York: Springer-Verlag, 1996:464 - 474.

[135] ALUR R, DILL D. A Theory of Timed Automata [J]. Theoretic Computer Science, 1994,126(2): 183 - 235.

[136] DEMONGODIN, KOUSSOULAS N T. Differential Petri nets: representing contin-

uous systems in a discrete event world [J]. IEEE Trans on Automatic Control, 1998, 43(4):259 - 294.

[137] ZURAWSKI R, ZHOU M C. Petri Nets and Industrial Applications: A Tutorial [J]. IEEE Transactions on Industrial Electronics, 2001, 41(6): 567 - 583.

[138] KOLMANOVSKY I, GILBERT E G. Multimode Regulators for Systems with State and Control Constraints and Disturbance Inputs [C]. Control Using Logic-Based Switching, Lecture Notes in Control and Information Science, Springer-Verlag, 1997: 104 - 117.

[139] BEMPORAD A, MORARI M. Control of Systems Integrating Logic, Dynamics, and Constraints [J]. Automatica, 1999, 35(3): 407 - 427.

[140] SCHAFT A V, SCHUMACHER H. An Introduction to Hybrid Dynamical Systems [C]. Lecture Notes in Control and Information Sciences, LNCIS 251, Springer-Verlag, 1999: 91 - 116.

[141] MORSE A, PANTELIDES C, SASTRY S, et al. A special issue on hybrid system. Auotmatica [J].1999, 35(3):347 - 355.

[142] HENZINGER T A, RUSU V. Reachability verification for hybrid automata [C]. Proceedings of the Hybrid Systems: Computation and Control (HSCC, 98). Berlin: Springer-Verlag, 1998:190 - 204.

[143] SHORTEN R N, NARENDRA K S, MASON O. A Result on Common Quadratic Lyapunov Functions [J]. IEEE Transactions on Automatic Control, 2003, 48(1): 110 - 113.

[144] BRANICKY M S. Multiple Lyapunov Functions and Other Analysis Tools for Switched and Hybrid Systems [J]. IEEE Transactions on Automatic Control, 1998, 43(4): 475 - 482.

[145] DEMENICO M, GIANCARLO F T, MANFRED M. Stability and stabilization of piecewise affine and hybrid systems: An LMI approach [C]. Proceedings of the 39th IEEE conference on decision and Control, Sydney, NSW, 2000:504 - 509.

[146] JOHANSSON K H, LYGEROS J, SASTRY S. Simulation of Zeno hybrid automata [C]. Proceedings of the 38th IEEE conference on Decision and control, Phoenix, AZ, 1999:3538 - 3543.

[147] JOHANSSON K H, EGERSTEDT M, LYGEROS J. On the regularization of Zeno hybrid automata [J]. System and Control Letter, 1999, 38(2):141 - 150.

[148] ZHANG J, JOHANSSON K H, LYGEROS J. Dynamic systems revisited: hybrid systems with Zeno executions [C]. Lecture Notes in Computer Science: Hybrid Systems: Computation and Control. London: Springer-Verlag, 2000:662 - 669.

[149] HIBYE J L, CHARALARABOUS C D. Conditional densities for continuous-time nonlinear Hybrid systems with applications to fault detection [J]. IEEE Trans on Automatic Control. 1999, 44(11):2164 - 2169.

[150] REZAI. Analysis of faults in hybrid systems by global Petri nets [C]. Proceedings of

the IEEE International Conference on System, Man and Cyberneties, 1995: 2251 - 2256.

[151] BEMPORAD A, MIGNONE D, MORARI M. Moving horizon estimation for hybrid systems and fault detection [C]. Proceedings of the ACC'99.1999, San Diego, CA, 1999:2471 - 2475.

[152] NARASIMHA S, ZHAO F, BISWAS G. Fault isolation in hybrid system combing mode based diagnosis and signal processing [C]. Proceedings of the 4th symposium on Fault Detection, Supervision and Safety for Technical Processes, Quebec, Canada, 2000:1074 - 1079.

[153] RIEDINGER P, KRATZ F, C IUNG, et al. Linear Quadratic Optimization for Hybrid Systems [C]. The 38th IEEE Conference on Decision and Control, Springer-Verlag, 1999: 3059 - 3064.

[154] JOHANNESSON L, ASBOGARD M, EGARDT B. Assessing the Potential of Predictive Control for Hybrid Vehicle Powertrains Using Stochastic Dynamic Programming [J]. IEEE Transactions on Intelligent Transportation Systems, 2007, 8(1): 71 - 83.

[155] LAZAR M, HEEMELS W P M H, WEILANG S. Stabilizing Model Predictive Control of Hybrid Systems [J]. IEEE Transactions on Automatic Control, 2006, 51 (11): 1813 - 1818.

[156] OCAMPO-MARTINEZ C, PUIG V. Piece-Wise Linear Functions-Based Model Predictive Control of Large-Scale Sewage Systems [J]. IET Control Theory Applications, 2010, 4(9): 1581 - 1593.

[157] BEMPORAD A, DICAIRANO S. Model Predictive Control of Discrete Hybrid Stochastic Automata [J]. IEEE Transactions on Automatic Control, 2011, 56(6): 1307 - 1321.

[158] PEPYNE D L, CASSANDRAS C G. Optimal Control of Hybrid Systems in Manufacturing [J]. Proceedings of the IEEE, 2000, 88(7): 1108 - 1123.

[159] CLAUDIA FISCHER, S'EBASTIEN MARI'ETHOZ, MANFRED MORARI. Multisampled Hybrid Model Predictive Control for Pulse-Width Modulated Systems [C]. 2011 50th IEEE Conference on Decision and Control and European Control Conference (CDC-ECC), Orlando, FL, USA, 2011:12 - 15.

[160] TOBIAS GEYER, GEORGIOS PAPAFOTIOU, ROBERTO FRASCA. Constrained Optimal Control of the Step-Down DC-DC Converter [J]. IEEE TRANSACTIONS ON POWER ELECTRONICS, 2008, 23(5): 2454 - 2464.

[161] T GEYER, G PAPAFOTIOU, M MORARI. Hybrid model predictive control of the step-down DC-DC converter [J]. IEEE Trans. on Control Systems Technology, 2008, 16(6): 1112 - 1124.

[162] S MARI'ETHOZ, M MORARI. Explicit model predictive control of a PWM inverter with an LCL filters [J]. IEEE Trans. on Ind. El., 2009, 56(2):389 - 399.

[163] 李琼林,刘会金,宋晓凯. 基于切换系统理论的三相变流器建模及其稳定性分析 [J]. 电工技术学报,2009,24(11):89 - 96.

[164] 张志学. 基于混杂系统理论的电力电子电路故障诊断 [D].杭州:浙江大学,2005.

[165] 安群涛. 三相电机驱动系统中逆变器故障诊断与容错控制策略研究 [D].杭州:浙江大学,2011.

[166] S BOLOGNANI, M ZORDAN, M ZIGLIOTTO. Experimental fault-tolerant control of pmsm drives [J]. IEEE Trans. On Ind. Electron, 2000, 47(2):1134 - 1141.

[167] S BOLOGNANI, M ZIGLIOTTO, M ZORDAN. Innovative Remedial Strategies for Inverter Faults in IPM Synchronous Motor Drives [J]. IEEE Trans. Energy Conversion, 2003, 18(2):306 - 312.

[168] SILVERIO BOLOGNANI, MARCO ZORDAN, MAURO ZIGLIOTTO. Experimental Fault-Tolerant Control of a PMSM Drive [J]. IEEE Trans. Ind. Eletron, 2000, 47(5):1134 - 1141.

[169] 黄劲. 基于三相四桥臂逆变器的电机驱动系统 EMC 及可靠性研究 [D]. 武汉:华中科技大学,2009.

[170] 孙青,庄奕琪,王锡吉. 电子元器件可靠性工程 [M].北京:电子工业出版社,2002.

[171] GJB/Z 299C.电子设备可靠性预计手册[S].中国人民解放军总装备部,2006.

[172] CHETTY P R K.Current Injected Equivalent Circuit Approach to Modeling Switching DC-DC Converters [C].IEEE Transaction on Aerospace and Electronics Systems,1981,17(6):802 - 808.

[173] 徐德鸿.电力电子系统建模及控制 [M].北京:机械工业出版社,2011.172 - 179.

[174] R ALUR,C COURCOUBERIS,T A. Henzinger.Hybrid Automata:An Algorithmic Approach to the Specification and Verification of Hybrid Systems [C].In workshop on Theory of Hybrid System,Lecture Notes in Computer Science,Denmark,1993, 209 - 229.

[175] 梁艳.计量供暖系统的混杂自动机建模与控制策略研究 [D]北京:北京工业大学,2004.

[176] P J ANTSAKLIS.Modeling and Analysis of Hybrid Control Systems [C].Proceeding of the 31st IEEE Conference on Decision and Contro1,1992,3748 - 3751.

[177] 郭静.基于抽象时间空间模型的混杂系统综述 [J].浙江大学学报(工学版),2009,12(2):271 - 275.

[178] ESTIMA J O,MARQUES C A J. A new approach for real-time multiple open-circuit fault diagnosis in voltage-source inverters [J]. IEEE Transactions on Industry Applications,2011,47(6) : 2487 - 2494.

[179] FREIRE N M,ESTIMA J O,CARDOSO A J M. A new approach for current sensor fault diagnosis in PMSG drives for wind energy conversion systems [J]. IEEE Transactions on Industridl Applications,2014,50 (2) :1206 - 1214.

[180] 白雪.混杂系统的模型等价与可达性分析 [D].北京化工大学研究生学位论文, 2008.

[181] HEEMELS W,D SEHUTTER, A BEMPORAD. Equivalence of hybrid dynamical models [J]. Automatica,2001,37(7):125 - 131.

[182] 董锋斌,皇金锋,傅周兴.一种三相四桥臂逆变器的数学模型分析 [J].电力自动化设备,2011,31(6):98-100.

[183] S MARI'ETHOZ, U MADER, M MORARI. High-speed FPGA implementation of observers and explicit model predictive controllers [C]. In Proc. IEEE Ind. El. Conf., Porto, Portugal, FL, USA, 2009:354-359.

[184] S ALM'ER, S MARI'ETHOZ, M MORARI. Piecewise Affine Modeling and Control of a Step-Up DC-DC Converter [C]. In American Control Conference, Baltimore, MD, USA, Jun. 2010:3299-3304.

[185] S MARI'ETHOZ, S ALM'ER, M BAJA. Comparison of Hybrid Control Techniques for Buck and Boost DC-DC Converters [J]. IEEE Trans. on Control Systems Technology, 2010, 18(5):1126-1145.

[186] CLAUDIA FISCHER, S'EBASTIEN MARI'ETHOZ, MANFRED MORARI. Multisampled Hybrid Model Predictive Control for Pulse-Width Modulated Systems [C]. 2011 50th IEEE Conference on Decision and Control and European Control Conference (CDC-ECC), Orlando, FL, USA, 2011:3074-3079.

[187] T GEYER, G PAPAFOTIOU, M MORARI. Hybrid model predictive control of the step-down DC-DC converter [J]. IEEE Trans. on Control Systems Technology, 2008, 16(6): 1112-1124.

[188] 马志学. 基于混杂系统理论的电力电子电路故障诊断 [D].浙江:杭州,浙江大学,2005.

[189] 马皓,毛兴云,徐德鸿. 基于混杂系统的 DC/DC 电力电子电路参数辨识 [J].中国电机工程学报,2005,25(10):50-54.

[190] 张志学,马皓. 电力电子电路拓扑向量的寻求 [J].中国电机工程学报,2006,26(20):57-63.

[191] SCHNEICER H, FRANK P M. Fuzzy logic based threshold adoption for fault detection in robots [J]. IEEE Trans on Industrial Electronic Society. 1994, 28(3):1127-1132.

[192] VISINSKY M L. New dynamic model-based fault detection threshold for robot manipulators [C]. Proceedings of the IEEE International Conference on Robotics and Automation, SanDiego, CA, 1994:1388-1395.

[193] THOMAS J, BUISSON J, DUMUR D. Predictive Control of Hybrid Systems under a Multi-MLD Formalism [C].Proceedings of the 2004 American Control Conference, Boston, MA, USA, 2004:2516-2521.

[194] JEAN THOMAS, DIDIER DUMUR, JEAN BUISSON. Predictive Control of Hybrid Systems under Multi-MLD Formalism with State Space Polyhedral Partition. Division of Automatic Control, submitted [C]. Proceedings of the 2004 American Control Conference, Boston, MA, USA, 2004:2531-2537.

[195] JUN HAN, MCMAHON G. A node-oriented branch and bound algorithm for the capacitated minimum spanning tree problem [C]. 28th Annual IEEE International Conference on Local Computer Networks, Man and Cyberneties, 2003:460-469.

[196] D Q MAYNE, J B RAWLINGS, C V RAO. Constrained model predictive control: Stability and optimality [J]. Automatica, 2000, 36(6):789 - 814.

[197] S J QIN, T A BADGWELL. A survey of industrial model predictive control technology [J]. Control Engineering Practice, 2003, 11(7): 733 - 764.

[198] S MULLER, U AMMANN, S REES. New time-discrete modulation scheme for matrix converters [J]. IEEE Trans. Ind. Electron., 2005, 52(6):1607 - 1615.

[199] R VARGAS, J RODRIGUEZ, U AMMANN. Predictive current control of an induction machine fed by a matrix converter with reactive power control [J]. IEEE Trans. Ind. Electron., 2008, 55(12):4362 - 4371.

[200] J RODRÍGUEZ, J PONTT, C SILVA. Predictive current control of a voltage source inverter [J]. IEEE Trans. Ind. Electron, 2007, 54(1):495 - 503.

[201] J RODRÍGUEZ, J PONTT, C SILVA, et al. Predictive control of a three-phase inverter [J]. Electron. Lett, 2004, 40(9):561 - 562.

[202] P CORTES, J RODRIGUEZ, P ANTONIEWICZ. Direct power control of an AFE using predictive control [J]. IEEE Trans. Power Electron, 2008, 23(5):2516 - 2523.

[203] M A PEREZ, P CORTES, J RODRIGUEZ. Predictive control algorithm technique for multilevel asymmetric cascaded h-bridge inverters [J]. IEEE Trans. Ind. Electron., 2008, 55(12):4354 - 4361.

[204] E I SILVA, B P MCGRATH, D E QUEVEDO, et al. Predictive control of a flying capacitor converter [C]. In Proc. Amer. Control Conf, New York, 2007: 3763 - 3768.

[205] P ANTONIEWICZ, M P KAZMIERKOWSKI, S AURTENECHEA. Comparative study of two predictive direct power control algorithms for three-phase ac/dc converters [C]. In Proc. EPE Conf, New York, 2008,1 - 10.

[206] YOHAN BAEK, KUI-JUN LEE, DONG-SEOK HYUN. Improved Predictive Current Control for Grid Connected Inverter Applications with Parameter Estimation [J]. IEEE TRANSACTIONS ON INDUSTRIAL ELECTRONICS, 2009, 56(6):55 - 62.

[207] S AURTENECHEA, M A RODRIGUEZ, E OYARBIDE. Predictive control strategy for dc/ac converters based on direct power control [J]. IEEE Trans. Ind. Electron., 2007, 54 (3): 1261 - 1271.

[208] TOBIAS GEYER, GEORGIOS PAPAFOTIOU, ROBERTO FRASCA. Constrained optimal control of step-down DC-DC converter [J]. IEEE Transactions on Power Electronics, 2008, 23(5): 2454 - 2464.

[209] SEBASTIEN MARIÉTHOZ, STEFAN ALMÉR. Comparison of hybrid control techniques for buck andboost DC-DC conerters [J]. IEEE Transactions on Control Systems Technology, 2010, 18(5): 1126 - 1142.

[210] CLAUDIA FISCHER, SEBASTIEN MARIETHOZ, MANFRED MORARI. Multi-

sampled hybrid model predictive control for pulse-width modulated systems [A]. Proceedings of IEEE Conference on Decision and Control and European Control [C]. Orlando, FL, USA: IEEE, 2011:3074 - 3079.

[211] 王伟华，肖曦. 永磁同步电机改进电流预测控制方法研究 [J]. 电工技术学报，2013，28(3)：50 - 56.

[212] WEI-SHENG HUANG, CHUN-WEI LIU, PAU-LO HSU, et al. Precision Control and Compensation of Servomotors and Machine Tools via the Disturbance Observer [J]. IEEE Transactions on Industrial Electronics, 2010,57(1): 420 - 429.

[213] 牛里，杨明，刘可述，等. 永磁同步电机电流预测控制算法 [J]. 中国电机工程学报，2012，32(6):131 - 137.

[214] 王宏佳，徐殿国，杨明. 永磁同步电机改进无差拍电流预测控制 [J]. 电工技术学报，2011，26(6)：39 - 45.

[215] 徐建英，刘贺平. 永磁同步电动机参考模型逆线性二次型最优电流控制调速系统 [J]. 中国电机工程学报，2007，27(15)：21 - 27.